U0195921

高等学校土木工程学科专业指导委员会规划教材

（按高等学校土木工程本科指导性专业规范编写）

砌 体 结 构

（建筑工程专业方向适用）

杨伟军　主编
施楚贤　主审

中国建筑工业出版社

图书在版编目(CIP)数据

砌体结构/杨伟军主编. —北京：中国建筑工业出版
社，2014.7（2023.4重印）
高等学校土木工程学科专业指导委员会规划教材（按
高等学校土木工程本科指导性专业规范编见）.建筑工程
专业方向适用
ISBN 978-7-112-16766-1

Ⅰ.①砌⋯ Ⅱ.①杨⋯ Ⅲ.①砌体结构-高等学校-教
材 Ⅳ.①TU36

中国版本图书馆CIP数据核字(2014)第079301号

本书为高等学校土木工程学科专业指导委员会规划教材之一，根据
"高等学校土木工程本科指导性专业规范"、最新的工程建设规范和新修订
的"砌体结构"教学大纲编写，重点论述砌体结构的基本理论和设计方
法。全书内容有：绪论，砌体材料及其力学性能，砌体结构的设计原理，
无筋砌体构件承载力计算，配筋砌体构件承载力计算，混合结构房屋墙、
柱设计，过梁、墙梁及挑梁的设计，砌体结构房屋的抗震设计。

本书可作为土木工程专业本科教材，也可作为土木工程技术人员的参
考书。

责任编辑：王　跃　吉万旺
责任设计：陈　旭
责任校对：李美娜　陈晶晶

高等学校土木工程学科专业指导委员会规划教材
（按高等学校土木工程本科指导性专业规范编写）

砌 体 结 构

（建筑工程专业方向适用）

杨伟军　主编

施楚贤　主审

*

中国建筑工业出版社出版、发行（北京西郊百万庄）
各地新华书店、建筑书店经销
北京科地亚盟排版公司制版
北京建筑工业印刷厂印刷

*

开本：787×1092毫米　1/16　印张：13¾　字数：289千字
2014年8月第一版　　2023年4月第二次印刷
定价：**28.00**元
ISBN 978-7-112-16766-1
(25577)

本系列教材编审委员会名单

主　　　任：李国强

常务副主任：何若全　沈元勤　高延伟

副　主　任：叶列平　郑健龙　高　波　魏庆朝　咸大庆

委　　　员：(按拼音排序)

陈昌富　陈德伟　丁南宏　高　辉　高　亮　桂　岚

何　川　黄晓明　金伟良　李　诚　李传习　李宏男

李建峰　刘建坤　刘泉声　刘伟军　罗晓辉　沈明荣

宋玉香　王　跃　王连俊　武　贵　肖　宏　许　明

许建聪　徐　蓉　徐秀丽　杨伟军　易思蓉　于安林

岳祖润　赵宪忠

组 织 单 位：高等学校土木工程学科专业指导委员会

中国建筑工业出版社

3

出 版 说 明

近年来，高等学校土木工程学科专业教学指导委员会根据其研究、指导、咨询、服务的宗旨，在全国开展了土木工程学科教育教学情况的调研。结果显示，全国土木工程教育情况在 2000 年以后发生了很大变化，主要表现在：一是教学规模不断扩大，据统计，目前我国有超过 400 余所院校开设了土木工程专业，有一半以上是 2000 年以后才开设此专业的，大众化教育面临许多新的形势和任务；二是学生的就业岗位发生了很大变化，土木工程专业本科毕业生中 90％以上在施工、监理、管理等部门就业，在高等院校、研究设计单位工作的本科生越来越少；三是由于用人单位性质不同、规模不同、毕业生岗位不同，多样化人才的需求愈加明显。土木工程专业教指委根据教育部印发的《高等学校理工科本科指导性专业规范研制要求》，在住房和城乡建设部的统一部署下，开展了专业规范的研制工作，并于 2011 年由中国建筑工业出版社正式出版了土建学科各专业第一本专业规范——《高等学校土木工程本科指导性专业规范》。为紧密结合此次专业规范的实施，土木工程教指委组织全国优秀作者按照专业规范编写了《高等学校土木工程学科专业指导委员会规划教材（专业基础课）》。本套专业基础课教材共 20 本，已于 2012 年底前全部出版。教材的内容满足了建筑工程、道路与桥梁工程、地下工程和铁道工程四个主要专业方向核心知识（专业基础必需知识）的基本需求，为后续专业方向的知识扩展奠定了一个很好的基础。

为更好地宣传、贯彻专业规范精神，土木工程教指委组织专家于 2012 年在全国二十多个省、市开展了专业规范宣讲活动，并组织开展了按照专业规范编写《高等学校土木工程学科专业指导委员会规划教材（专业课）》的工作。教指委安排了叶列平、郑健龙、高波和魏庆朝四位委员分别担任建筑工程、道路与桥梁工程、地下工程和铁道工程四个专业方向教材编写的牵头人。于 2012 年 12 月在长沙理工大学召开了本套教材的编写工作会议。会议对主编提交的编写大纲进行了充分的讨论，为与先期出版的专业基础课教材更好地衔接，要求每本教材主编充分了解前期已经出版的 20 种专业基础课教材的主要内容和特色，与之合理衔接与配套、共同反映专业规范的内涵和实质。此次共规划了四个专业方向 29 种专业课教材。为保证教材质量，系列教材编审委员会邀请了相关领域专家对每本教材进行审稿。

本系列规划教材贯彻了专业规范的有关要求，对土木工程专业教学的改革和实践具有较强的指导性。在本系列规划教材的编写过程中得到了住房和城乡建设部人事司及主编所在学校和单位的大力支持，在此一并表示感谢。希望使用本系列规划教材的广大读者提出宝贵意见和建议，以便我们在重印再版时得以改进和完善。

高等学校土木工程学科专业指导委员会

中国建筑工业出版社

2014 年 4 月

前　　言

　　本书是高等学校土木工程学科专业指导委员会规划教材之一，根据"高等学校土木工程本科指导性专业规范"、最新的工程建设规范和新修订的"砌体结构"教学大纲编写；重点论述砌体结构的基本理论和设计方法，比较详细地介绍了现行《砌体结构设计规范》GB 50003—2011 的有关内容。全书内容包括：绪论，砌体材料及其力学性能，砌体结构的设计原理，无筋砌体构件承载力计算，配筋砌体构件承载力计算，混合结构房屋墙、柱设计，过梁、墙梁及挑梁的设计，砌体结构房屋的抗震设计。

　　在本书的编写过程中，我们结合多年积累的教学经验，以《高等学校土木工程本科指导性专业规范》为准绳，反映最新规范内容，力求贯彻少而精和理论联系实际的原则，以利于学生的学习及学以致用，我们在文字叙述上尽可能将问题交代清楚，使例题数量尽可能多一些。此外，每章之后附有思考题与习题，可供教学选择、参考。本书除作为全日制本科教材外，还可作为有关工程技术人员参考书。

　　本书第 1 章、第 3 章由长沙理工大学杨伟军编写，第 2 章、第 4 章由南京工业大学郭樟根编写，第 5 章、第 6 章由长沙理工大学杨春侠编写，第 7 章、第 8 章由大连理工大学徐博瀚编写。全书由杨伟军、杨春侠统稿。

　　湖南大学施楚贤教授审阅了全书，并提出宝贵意见，在此表示衷心的感谢！

　　限于编者水平，书中难免有不妥之处，恳请有关专家和广大读者批评指正。

编者
2014 年 1 月

目　　录

第1章
绪　论

本章知识点

> 知识点：
> 1. 掌握砌体结构的概念。
> 2. 了解砌体结构的发展史以及国内外研究现状。
> 3. 了解砌体结构的特点、应用范围以及发展前景。
> 重点：砌体结构的优缺点及发展趋势。

1.1　砌体结构发展

砌体结构是砖砌体、砌块砌体、石砌体建造的结构的统称。这些砌体是将黏土砖、各种砌块或石材等块体用砂浆砌筑而成的。由于过去大量应用的是砖砌体和石砌体，所以习惯上称为砖石结构。在铁路、公路、桥涵等工程中又称为圬工结构。

人类自巢居、穴居进化到室居以后，最早发现的建筑材料就是块材，如石块、土块等。人类利用这些原始材料垒筑洞穴和房屋，并在此基础上逐步从土坯发展为烧制砖瓦，从乱石块加工成块石等，"秦砖汉瓦"至今亦有一千多年。因此，砌体材料是一种最原始又是最广泛的传统建筑材料，在人类历史上，砌体结构在绝大部分时间，几乎和木结构占据了统治地位。现代砌体结构仍然是最重要的结构类型，尤其在中国广阔的土地上，从南到北，从东到西，无不有砌体材料的普遍应用，而且时至今日，全国城乡仍以砌体材料为主要建筑材料，并用以建造的各类房屋仍占90%以上。

早在原始时代，人们就用天然石建造藏身之所，随后逐渐用石块建筑城堡、陵墓或神庙。我国1979年5月在辽宁西部喀喇沁左翼蒙古族自治县东山嘴村发现一处原始社会末期的大型石砌祭坛遗址。1983年以后，又在相距50km的建平、凌源两县交界处牛河梁村发现一座女神庙遗址和数处积石冢群，以及一座类似城堡或方形广场的石砌围墙遗址。经碳十四测定和树轮校正，这些遗址距今已有5000多年历史（人民日报1986年7月25日）。公元前2723年～前2563年间在尼罗河三角洲的吉萨建成的三座大金字塔（图1-1），为精确的正方锥体，其中最大的胡夫金字塔，塔高146.6m，底边长230.60m，约用重25kN的230万块石块砌成。

图 1-1 古埃及金字塔（石砌体）

秦朝（公元前 221～公元前 206 年）建造的万里长城，盘山越岭，气势磅礴，在砌体结构史上写下了光辉的一页，为人类在地球上留下一大奇观，她是中华民族的骄傲。

随着石材加工业的不断发展，石结构的建造艺术和水平不断提高。如公元 70～82 年建成的罗马大斗兽场，采用块石结构，平面为椭圆形，长轴 189m、短轴 156.4m。该建筑总高 48.5m，分四层，可容纳观众 5～8 万人。

隋朝（公元 581～618 年）李春建造的河北赵县安济桥，净跨 37.02m，矢高 7.23m，宽 9.6m，距今约有 1400 年的历史，仍完好无损。据考证，该桥是世界上现存最早、跨度最大的一座空腹式石拱桥，无论在材料的使用上，结构受力上，还是在艺术造型上和经济上，都达到了很高的水平。1991 年安济桥被美国土木工程师学会（ASCE）选为第 12 个国际历史上土木工程里程碑。

北宋年间（公元 1055 年），在河北定县建造的料敌塔，高 82m（11 层），为砖楼面和砖砌双层筒体结构，是我国古代保留至今最高的砌体结构。这种筒中筒结构体系，在现代高层建筑中得到了继承和发展。公元 960～1127 年在福建漳州所建虎渡桥，为简支石梁桥，桥面为三根石梁，最大跨径达 23m，梁宽 1.9m，厚约 1.7m，每根梁重达 2000kN。

明代（公元 1368～1644 年）建造的南京灵谷寺无梁殿后走廊，为砖砌穹窿结构，将砖砌体直接用于房屋建筑中，使抗拉承载力低的砌体结构能跨越较大的空间。

中世纪在欧洲用砖砌筑的拱、券、穹窿和圆顶等结构也得到很大发展。如公元 532～537 年建于君士坦丁堡的圣索菲亚教堂为砖砌大跨结构，东西向长 77m，南北向长 71.7m，正中是直径 32.6m、高 15m 的穹顶，全部用砖砌成。图 1-2 为近代采用砖砌体建于西班牙马德里的无梁殿建筑。

图 1-2 建于西班牙马德里的无梁殿（砖砌体）

19 世纪中叶至新中国成立前，在大约 100 年的时期内，由于水泥的发明，砂浆强度的提高，促进了砖砌体结构的发展，我国广泛采用承重砖墙，但砌体材料仍主要是黏土砖。在这个时期，砌体结构的设计是采用容许应力法粗略进行估算，对砌体结构的静力分析尚缺乏较正确的理论依据。

1891年美国芝加哥建造了一幢17层砖房，由于当时的技术条件限制，其底层承重墙厚1.8m。1957年瑞士苏黎世采用强度58.8MPa、空心率为28%的空心砖建成一幢19层塔式住宅，墙厚才380mm，引起了各国的兴趣和重视。欧美各国加强了对砌体结构材料的研究和生产，在砌体结构的理论研究和设计方法上取得了许多成果，推动了砌体结构的发展。

我国自新中国成立以来，砌体结构得到迅速发展，取得了显著的成绩。20世纪50年代，主要是学习苏联在砖石结构方面的设计和施工经验，在大规模的基本建设中，采用了苏联的砖石结构设计规范。在这个时期，也采用了一些新材料、新结构和新技术。在新材料方面，采用了硅酸盐和泡沫硅酸盐砌块、混凝土空心砌块、混凝土多孔砖以及各种承重和非承重的空心砖。在新结构方面，曾研究和建造各种形式的砖薄壳。在新技术方面，采用振动砖板墙及各种配筋砌体，包括预应力空心砖楼板等。

砌体结构的发展进程可归纳为：原始时代的用于藏身的石结构；古代的寺院、佛塔、陵墓和神庙等类建筑结构；古代用于军事的城堡、城墙和要塞以及地位象征的宫殿、达官贵人的娱乐场所和纪念性建筑；大型工程构筑物；近代的公共建筑；民用建筑和工业建筑；现代砌体（新型墙体材料、构造柱砌体、配筋砌体等结构）。

20世纪60年代到70年代初，我国开展了有关砌体结构的试验和理论研究。根据大量的砌体结构试验资料和调研制定了适合我国国情的《砖石结构设计规范》GBJ3—73，提出了多系数分析、单系数表达的半经验半概率的极限状态设计方法。

20世纪70年代初到80年代，在我国砌体结构科研及设计人员的努力下，又完成了许多砌体结构的专题研究，总结了一套具有我国特色、比较先进的砌体结构设计理论、计算方法和应用经验，并制定了适合我国国情的新的《砌体结构设计规范》GBJ3—88。该规范在采用以概率理论为基础的极限状态设计方法，多层砌体结构中考虑房屋的空间工作，以及考虑墙体和梁的共同工作设计墙梁等方面已达到世界先进水平。

进入21世纪，我国在砌体结构基本理论与设计方法、结构可靠度与荷载分析、新型结构的开发、结构抗震研究、有限元方法及电子计算机在砌体结构分析中的应用等方面取得了一大批新的科研成果和丰富的工程建设经验。于1998年到2001年对《砌体结构设计规范》GBJ 3—88进行了全面的修订，在2002年3月1日颁布施行了《砌体结构设计规范》GB 50003—2001。在2001版规范中明确了工程设计人员必须遵守的强制性条文，为设计人员在坚持原则的情况下创造性地、灵活地使用规范提供了条件；在砌体材料方面引入了蒸压灰砂砖、蒸压粉煤灰砖、轻骨料混凝土砌块及混凝土小型空心砌块灌孔等新型砌体的计算指标；补充了以重力荷载效应为主的组合表达式，并对砌体结构可靠度作了适当调整，引进了与砌体结构可靠度有关的砌体施工质量控制等级；在构件设计与计算上，增加了无筋砌体构件双向偏心受压的计算方法，补充了刚性垫块上局部受压的计算及跨度大于等于9m的梁在支座处约束弯矩的分析方法，修改了砌体沿通缝受剪构件计算方法，补充了连续墙梁、框支墙梁及砖砌体和混凝土构造柱组合墙的设计方法，增加了配筋砌块砌体剪力墙结构和砌体结构构件的抗震设计方法；在墙体构造方面，依据建筑节能要求，增加了砌体夹心墙的构造措施，依据住房商品化要求，较大地加强了砌体结构房屋的抗裂措施，特别是对新型墙材砌体结构的防裂、抗裂构造措施。

最新实施的《砌体结构设计规范》GB 50003—2011（以下简称《规范》）继续采用与《砌体结构设计规范》GB 50003—2001一样的以概率理论为基础的极限状态设计方法，增加了适应节能减排、墙材革新要求，成熟可行的新型砌体材料，并提出相应的设计方法；根据试验研究，修订了部分砌体强度的取值方法，对砌体强度调整系数进行了简化；增加了提高砌体耐久性的有关规定；完善了砌体结构的构造要求；针对新型砌体材料墙体存在的裂缝问题，增补了防止或减轻因材料变形而引起墙体开裂的措施；完善和补充了夹心墙设计的构造要求；补充了砌体组合墙平面外偏心受压计算方法；扩大了配筋砌块砌体结构的应用范围，增加了框支配筋砌块剪力墙房屋的设计规定；根据地震震害，结合砌体结构特点，完善了砌体结构的抗震设计方法，补充了框架填充墙的抗震设计方法。《规范》吸收了我国最新的科研成果和丰富的工程实践经验，它的实施必将对工程设计水平的进一步提高起到积极的作用。

1.2　砌体结构的优缺点及其应用

1.2.1　砌体结构的优缺点

众所周知，砖、石是地方材料，用之建造房屋符合"因地制宜、就地取材"的原则。砌体结构和钢筋混凝土结构相比，可以节约水泥和钢材，降低造价。砖石材料具有良好的耐火性，较好的化学稳定性和大气稳定性，又具有较好的保温隔热和隔声性能，易满足建筑功能要求。在施工方面，砌体砌筑时不需要特殊的技术设备，施工工艺单一、方便，新砌砌体可承受一定的荷载，可连续施工，在寒冷地区可用冻结法施工。砌体建筑作为凝固的艺术，承载着大量而丰富的历史信息，是铭刻一个民族历史的丰碑，适合建造纪念性建筑。由于其优良的围护功能，是围护结构的最合适选择。砌体结构的另一个特点是其抗压强度远大于抗拉、抗剪强度，即使砌体强度不是很高，也具有较高的结构承载力，特别适合于以受压为主构件的应用。

砌体结构也存在许多缺点：与其他材料结构相比，砌体的强度较低，因而必须采用较大截面的墙、柱构件，体积大、自重大、材料用量多，运输量也随之增加；砂浆和块材之间的粘结力较弱，因此砌体的抗拉、抗弯和抗剪承载力较低，抗震性能差，使砌体结构的应用受到限制；砌体基本上采用手工方式砌筑，劳动量大，生产效率较低。此外，在我国大量采用的黏土砖与农田争地的矛盾十分突出，已经到了政府不得不加大禁用黏土砖力度的程度。

随着科学技术的进步，针对上述种种缺点已经采取各种措施加以克服和改善，古老的砖石结构已经逐步走向现代砌体结构。

1.2.2　砌体结构的应用

砌体材料是一种最原始又是最广泛的传统建筑材料。尤其在中国广阔的土地上，从南到北，从东到西，无不有砌体材料的普遍应用，而且时至今日，全国城乡仍以砌体材料为主要建筑材料，并用以建造的各类房屋仍占 90％以上。

由于上述这些特点，砌体结构得到了广泛的应用，不但大量应用于一般工业与民用建筑，而且在高塔、烟囱、料仓、挡墙等构筑物以及桥梁、涵洞、墩台等也有广泛的应用。

据估计，我国 1980 年砖的年产量为 1600 亿块，1996 年增至 6200 亿块，为世界其他各国砖年产量的总和，全国基建中 90％以上的墙体采用砌体材料。我国已从过去用砖石建造低矮的民房，发展到现在建造大量的多层住宅、办公楼等民用建筑和中小型单层工业厂房、多层轻工业厂房以及影剧院、食堂、仓库等建筑。

砌体结构受压承载力较高，因此，它最适用于受压构件，如混合结构房屋中的竖向承重构件（墙和柱）。目前，5 层以内的办公楼、教学楼、试验楼，7 层以内的住宅、旅馆采用砌体作为竖向承重结构已很普遍。在非抗震设防区，8～9 层的砖楼房也为数不少。在中小型工业厂房和农村居住建筑中，也可用砌体作围护或承重结构。

砌体结构抗弯、抗拉性能较差，一般不宜作为受拉或受弯构件。当弯矩、剪力或拉力较小时，仍可酌情采用，如跨度较小（1.5m 以内）的门窗过梁可采用砌体结构。如采用配筋砌体或与钢筋混凝土形成组合构件，则承载力较高，可跨越较大的空间。

工业中的一些特殊结构，如小型管道支架、料仓、高度在 60m 以内的烟囱、小型水池；在交通土建方面，如拱桥、隧道、地下渠道、涵洞、挡土墙；在水利建设方面，如小型水坝、水闸、堰和渡槽支架等，也常用砌体结构建造。

在地震设防区建造砌体结构房屋，除进行抗震计算、保证施工质量外，应采取一定的抗震构造措施。设置钢筋混凝土构造柱和圈梁等采取适当的构造措施，可有效地提高砌体结构房屋的抗震性能。震害调查和抗震研究表明，抗震设防烈度在 6 度以下的地区，一般的砌体结构房屋能经受地震的考验；若按抗震设计要求进行处理，完全可在 7 度和 8 度设防区建造砌体结构房屋。

1.3 现代砌体结构的发展及其特点

古老的砖石结构由于块材品种少、强度低、自重大、抗震性能差、块材与砂浆之间的粘结力小，因而发展缓慢。近40多年来，砌体结构的发展使它焕发出新的活力，也形成了近代砌体结构的特点，归纳起来主要有以下几个方面。

1.3.1 墙体材料的高强轻质和优良的建筑性能

近代砌体结构采用高强度、大尺寸、高孔洞率的块材，不仅可以节省原材料、减轻结构自重、改善抗震性能、提高施工效率、扩大砌体结构的应用范围，还可以使砌体在保温、隔热、隔声、防火和建筑节能等方面优于其他结构材料。国外砖的抗压强度一般约为 $30\sim60\text{MPa}$，最高可达 230MPa，而承重块材的空洞率一般为 $25\%\sim40\%$，高的可达 60%。空心砖的重力密度一般为 13kN/m^3，轻的达 7.3kN/m^3。由于重量减轻，砖的尺寸可以做得大一些，因而节省劳动，减少灰缝，更加改善了结构性能。花色繁多的块材类型满足了近代砌体结构在结构和建筑上的各种要求。例如配筋砌体的要求、保温的要求、外墙装饰的要求。

砌体砂浆是影响砌体强度和整体性的一个重要因素，国内外对影响砂浆性能的因素做了很多研究工作，特别是在提高砂浆粘结能力方面下了不少功夫。美国 ASTMC270 规定的 M、S 和 N 三类水泥石灰混合砂浆，抗压强度分别为 25.5MPa、20MPa 和 13.8MPa。美国还对已使用的高粘结性砂浆，要求其最低抗压强度不低于 42MPa，抗拉强度不低于 5.3MPa。由于砖和砂浆材料性能的改善，砌体的抗压强度大大提高。美国砖砌体的抗压强度为 $17.2\sim44.8\text{MPa}$，已接近或超过普通强度等级的混凝土强度。

我国目前大量生产的块材和砂浆强度还较低，但新的材料和砌体规范已在逐步淘汰低强度等级，增加高强度等级的砌体。

推广黏土空心砖和各种空心砌块是节土、节能、减轻结构自重的有效途径。据江苏省的调查，生产空心砖比实心砖节约土源 $20\%\sim30\%$，节约燃料 $30\%\sim40\%$；采用空心砖，结构自重可减轻 $20\%\sim30\%$，加快施工进度约 20%，节约运输费用约 20%。

1.3.2 结构性能的大大改善和混凝土砌体的发展

传统的砌体结构不仅承载力低，而且整体性差、拉弯剪强度相当低、抗震性能差，这些不足限制了砌体结构的应用。近代砌体结构在结构性能方面作了较大的改善。

改善砌体结构抗震性能最简单有效的措施是设置混凝土圈梁和构造柱，这已在历次地震中、试验和理论分析中得到验证。我国砌体和抗震规范对圈梁和构造柱的设置要求均作了详细规定。

无筋砌体的抗弯、抗拉和抗剪强度要大大低于其抗压强度，这在很大程度上限制了砌体结构的应用范围。为此，多年来国内外致力于配筋砌体的研究，并已取得了很大进展。在高强空心砖或空心砌块内配置竖向和水平钢筋，并灌注砂浆或混凝土，或在墙中间设置钢筋砂浆或钢筋混凝土夹层，可以大大提高墙体的抗弯、抗剪能力和延性。近代，配筋砌体结构已得到广泛的应用。

预应力砌体结构与配筋砌体一样，能改善结构的性能，而且预应力砌体结构后张法施工简单，预应力损失较预应力混凝土中钢筋的预应力损失小。

以结构而言实际上砌体结构已经发展成为混凝土砌体结构，这从上面三点可看出。因而，它的许多原理、分析手段、方法与混凝土结构有关。

1.3.3 工业化、机械化

大量非黏土制品的应用提高了建筑业工业化程度。

采用大型墙板作为承重的内墙和悬挂的外墙，以及采用各种轻质板材作隔墙，可减轻砌筑墙体繁重的体力劳动，加快建设速度，是提高建筑业机械化和工业化施工的途径。我国在这方面已做了不少工作，在南宁、唐山、湘潭等地建造了一批单层和多层的大板建筑。

在城市建设中，利用工业废料，如粉煤灰和炉渣，制作硅酸盐砖或加气硅酸盐砌块及煤渣混凝土砌块。这样，既可处理城市中的部分工业废料，又可缓和烧砖与农争地的矛盾。特别是对于土层薄、缺乏黏土资源的地区更是具有重要意义。

1.3.4 混凝土小型空心砌块的发展

混凝土小型空心砌块已有百余年历史，20世纪60~70年代，在我国南方广大城乡逐步得到推广应用，取得了显著的社会经济效益。改革开放以来不仅在广大乡镇普及而且在一些大中城市迅速推广，由乡镇推向城市；由南方推向北方；低层推向多层甚至到中高层；从单一功能发展到多功能，例如承重、保温、装饰相结合的砌块。

根据中国建筑砌块协会统计，我国混凝土小砌块年产量1992年为600万m^3，1998年统计年产量已达3500万m^3，各类砌块建筑的总面积达到8000万m^2。建筑砌块与砌块建筑不仅具有较好的技术经济效益，而且在节土、节能、利废等方面具有巨大的社会效益和环境效益。

按照有关方面的规划设想，21世纪我国建筑砌块事业要进入成熟发展的阶段，要接近和赶上发达国家的发展水平，包括砌块的生产与建筑砌块的应用两个方面的发展水平，其中最根本的是要提高建筑砌块生产质量与应用技术水平。

1995年颁布实行的《混凝土小型空心砌块建筑技术规程》JGJ/T 14—95对全国砌块建筑推广应用起到了推动作用。

1996年全国墙体节能会议重申2000年必须达到50%节能目标，因此，

8

应用砌块复合墙及多功能化（承重、保温、防渗、装饰）砌块前景广阔。1998年，中国建筑科学研究院才真正在全国首先提出集装饰、保温、承重为一体的混凝土复合砌块。目前国内的多功能砌块有：北京"三合一"砌块、北京多功能混凝土小型砌块、济南多功能复合砌块、湘西Nb保温砌块、湘西Y式砌块（图1-3）、杭州多功能连锁砌块、长沙理工大学提出的多功能混凝土空心砌块等。国外的多功能砌块主要有：美国的TB型保温隔热复合砌块、加拿大的IMSI保温隔热砌块、波兰的咬合式保温砌块等。

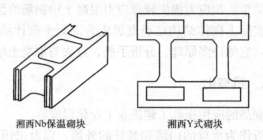

湘西Nb保温砌块　　　　　　湘西Y式砌块

图1-3　湘西Nb保温砌块和Y式砌块

近年发展起来的混凝土小型空心砌块的小型化产品——混凝土多孔砖（空心砖）强度高。在砖的表面上排列着垂直于砖大面的小孔洞，既增强了砖的隔热保温性能，又有助于减轻墙体的自重，同时又不会影响管线的暗埋。其尺寸规格与黏土实心砖相似，砌筑简单，有利于推广。同时还有助于解决混合结构房屋中因为屋盖、楼盖、砖墙各自材料的不同引起的裂缝。因此，混凝土多孔砖（空心砖）在全国各地得到了迅速广泛的应用。

1.3.5　应用方面

传统砌体结构主要用于低层民用建筑。由于材料和结构性能的改善，近代砌体结构应用十分广泛。除各种住宅、办公楼、工业厂房、影剧院等工业

图1-4　建于辽宁盘锦的
配筋砌块砌体建筑

民用建筑，还有挡土墙、水箱、筒仓、烟囱等构筑物，特别是出现在高层建筑中和在地震区的广泛应用。美国、新西兰等国采用配筋砌体在地震区建造高层房屋，层数一般达15～20层，1990年落成的拉斯维加斯28层配筋砌体结构——爱斯凯利堡旅馆位于地震2区（相当于我国的7度区）是目前最高的配筋砌体建筑。我国先后在上海、抚顺、盘锦、哈尔滨、株洲等城市分别建造了13～18层的配筋砌体建筑多栋。图1-4为建于辽宁盘锦的配筋砌块砌体高层建筑。

沈阳用加强构造柱体系即组合墙结构，在7度区建造8层砖房比钢筋混凝土框架节省投资20%～30%，而且还研究修建了底部框架剪力墙1层托7层组合墙和2层托6层组合墙房屋。1994年编制了《沈阳市钢筋混凝土-砖组合墙结构技术规程》。

徐州市根据约束砌体工作原理，采取砖墙加密构造柱、圈梁的办法，即墙面每 1.5～2.5m 设柱，每半层设梁对墙面形成很强的约束作用。这种房屋在 6 度区可建 10 层、7 度区 9 层、8 度区 7 层。1994 年编制了徐州地区《约束砖砌体建筑技术规程》。

兰州市将横墙加密的砖房（横墙间距不大于 4.2m，而且纵横墙交叉点均设构造柱）与少量的钢筋混凝土剪力墙相结合，提高了房屋的抗震能力，在 6 度区可建 10 层、7 度区 9 层、8 度区 8 层。1995 年编制了甘肃省规程《中高层砖墙与混凝土剪力墙组合砌体结构设计与施工规程》。

青岛市于 1993 年公布了《青岛市中高层底部框架砖房抗震设计暂行规定》，这是针对 7 度区底部框架剪力墙 1 托 7、2 托 6 的组合墙房屋的规定。

我国在 1983、1986 年广西南宁即已修建配筋砌块 10 层住宅楼和 11 层办公楼试点房屋，当时采用的 MU20 高强砌块是用两次人工投料振捣而成，这种砌块无法大量生产，也无法推广。其后辽宁本溪市用煤矸石混凝土砌块配筋修建了一批 10 层住宅楼。

1997 年由中国建筑东北设计院设计在辽宁盘锦市建成了一栋 15 层配筋砌块剪力墙点式住宅楼，所用砌块是从美国引进的砌块成型机生产的，砌块强度等级达到 MU20。

1998 年上海住宅总公司在上海修建成一栋配筋砌块剪力墙 18 层房屋，所用砌块也是用美国设备生产 MU20 的砌块，这是我国最高的 18 层砌块高层房屋，而且建在 7 度设防的上海市，其影响和作用都是比较大的。

2000 年抚顺建成一栋 6.6m 大开间 12 层配筋砌块剪力墙板式住宅楼。

2003 年根据长沙理工大学等单位做的试验研究，用混凝土多孔砖（空心砖）在长沙市建成了两栋 7 层的学生公寓楼。

近几年大量复合保温砌块（砖）用于节能建筑。

总之，近代砌体结构的发展归纳起来主要有：克服传统砌体结构的缺点，发扬传统砌体结构的优点，吸取其他结构形式的优点，使砌体结构的含义得到更大的拓展。

思考题

1-1 简述《砌体结构设计规范》GB 50003—2011 的特点。

1-2 砌体结构有哪些优缺点？

1-3 近代砌体结构的特点有哪些？

1-4 砌体结构有哪些应用范围？

1-5 你对砌体结构今后的发展有何设想？

第2章
砌体材料及砌体的力学性能

本章知识点

知识点：

1. 熟悉砌体材料与砌体结构的种类及特点、性质，掌握确定块体、砂浆强度等级的方法，并掌握其选用原则，了解工程中常见的新型墙体材料。

2. 掌握影响砌体抗压强度的主要因素及砌体抗压强度的确定方法；了解砌体在受拉、受弯、受剪状态下的破坏形态及其主要影响因素；

3. 了解砌体结构的弹性模量、泊松比、剪变模量等变形性能。

重点：砌体受压破坏形态及影响因素，砌体受拉、受弯及受剪破坏形态，砌体材料选用原则。

难点：砌体受压应力状态、砌体弹性模量的确定及主要影响因素。

2.1 砌体材料

砌体结构材料包括块体（砖、多孔砖、空心砌块、石材等）、砂浆（混合砂浆、水泥砂浆、专用砂浆）和灌孔混凝土。

2.1.1 块体及其强度等级

1. 砖

砌体结构常用的砖主要有以下几种：

（1）烧结普通砖、烧结多孔砖：由黏土、煤矸石、页岩或粉煤灰为主要原料焙烧而成的实心砖，分为烧结黏土砖、烧结煤矸石砖、烧结页岩砖和烧结粉煤灰砖。由上述主要原料经焙烧而成、孔洞率不大于 35% 的多孔砖称为烧结多孔砖。烧结多孔砖的孔小而数量多，目前多孔砖分为 P 型砖和 M 型砖。P 型砖的外形尺寸为 240mm×115mm×90mm（图 2-1），M 型砖的外形尺寸为 190 mm×190 mm×90 mm（图 2-2）。此处，P、M 分别表示普通和模数，即 P 型砖为普通砖，M 型砖为模数砖。

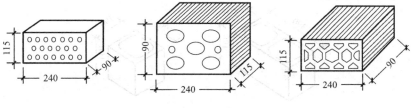

图2-1　P型多孔砖

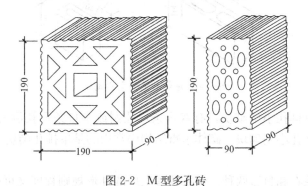

图2-2　M型多孔砖

（2）蒸压灰砂砖、蒸压粉煤灰砖：蒸压灰砂砖、蒸压粉煤灰砖统称为硅酸盐砖，以石灰和砂为主要原料或以粉煤灰和石灰为主要原料并掺加适量石膏和集料经蒸压养护而成的实心砖，标准尺寸和普通砖相同，为240mm×115mm×53mm。

（3）混凝土普通砖、混凝土多孔砖：是以水泥为胶结材料，以砂、石等为主要集料，加水搅拌、成型、养护制成的一种混凝土实心砖或多孔的半盲孔砖。多孔砖的主规格尺寸为240mm×115mm×90mm、240mm×190mm×90mm、190mm×190mm×90mm，实心砖的主规格尺寸为240mm×115mm×53mm、240mm×115mm×90mm。混凝土多孔砖的外形如图2-3所示。

图2-3　混凝土实心砖、多孔砖

2. 砌块

砌块主要有小型空心砌块和中型空心砌块两种。砌体结构中使用的砌块主要是混凝土小型空心砌块，由普通混凝土或轻骨料混凝土制成，主规格尺寸为390mm×190mm×190mm，辅助规格尺寸为190mm×190mm×190mm，空心率为25%～50%，外观尺寸如图2-4所示。砌块的孔洞沿厚度方向只有

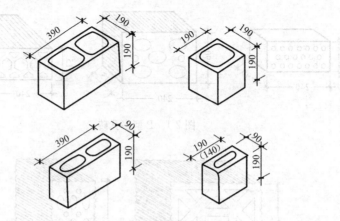

图 2-4　混凝土小型空心砌块

一排孔的为单排孔小型砌块，有双排条形孔洞或多排条形孔洞的为双排孔小型砌块或多排孔小型砌块。砌体承重结构中常用的是单排孔砌块。

3. 石材

石材有毛石和料石两种。料石按加工后的外形规则程度又可分为细料石、半细料石、粗料石和毛料石。形状不规则、中部厚度不小于 200mm 的块石称为毛石。石材具体类型如表 2-1 所示。

石材具体规格尺寸　　　　　　　　　　表 2-1

石材类型		规格尺寸
料石	细料石	通过细加工，外表规则，叠砌面凹入深度不应大于 10mm，截面的宽度、高度不应小于 200mm，且不应小于长度的 1/4
	半细料石	规格尺寸同上，但叠砌面凹入深度不应大于 15mm
	粗料石	规格尺寸同上，但叠砌面凹入深度不应大于 20mm
	毛料石	外形大致方正，一般不加工或仅稍加修整，高度不应小于 200mm，叠砌面凹入深度不应大于 25mm
毛石		形状不规则，中部厚度不应小于 200mm

由于烧结黏土砖具有毁坏农田、污染环境、消耗能源等缺点，从 20 世纪 80 年代开始，我国已开始实行禁止生产和使用黏土砖，推广新型墙体材料的墙体改革政策。近年来，墙体改革中开发了一系列利废（利用矿渣、垃圾焚烧炉渣、粉煤灰、煤矸石、湖泊淤泥等）节土、节能的新型墙体材料，取得了显著成效。

4. 块体的强度等级

块体材料的强度等级用符号"MU"表示，强度等级由标准试验方法得出的块体极限抗压强度的平均值确定，单位为"MPa"。

《砌体结构设计规范》GB 50003—2011 中规定的承重结构的块体强度等级分别为：

（1）烧结普通砖、烧结多孔砖强度等级分为：MU30、MU25、MU20、MU15 和 MU10。

（2）蒸压灰砂砖、蒸压粉煤灰砖强度等级分为：MU25、MU20、MU15。

（3）混凝土实心砖、混凝土多孔砖强度等级分为：MU30、MU25、MU20、MU15。

（4）混凝土砌块、轻集料混凝土砌块的强度等级分为：MU20、MU15、MU10、MU7.5和MU5。

（5）石材的强度等级分为：MU100、MU80、MU60、MU50、MU40、MU30和MU20。

2.1.2 砂浆及其强度等级

砂浆常由砂、无机胶结料（石灰岩、石膏、水泥、黏土等）按一定比例加水搅拌而成，按其成分有水泥砂浆、混合砂浆及非水泥砂浆三类。对于块体高度较大的砌块，普通砂浆很难保证竖向灰缝的砌筑质量，应采用混凝土砌块（砖）专用砌筑砂浆。蒸压粉煤灰砖由于表面光滑，导致其砌筑砌体抗剪强度较低，所以采用粘结强度高的蒸压灰砂砖、蒸压粉煤灰砖专用砌筑砂浆。

砂浆在砌体中的作用主要是填满块体间的空隙，使块体受力均匀，并使块体与砂浆接触面产生粘结力和摩擦力，从而将单个块体凝结成为整体而承受荷载。因此，砌体结构使用的砂浆不仅要满足强度要求，还必须要有较好的可塑性和保水性。

砂浆的强度等级用龄期为28d的标准立方体试块（70.7mm×70.7mm×70.7mm）的抗压强度平均值来划分，强度等级用符号"M"表示，单位为"MPa"。确定砂浆强度等级时应采用同类块体为砂浆强度试块底模。

《砌体规范》中规定的砂浆选用要求如下：

（1）烧结普通砖和烧结多孔砖砌体采用普通砂浆的强度等级：M15、M10、M7.5、M5、M2.5。

（2）混凝土普通砖、混凝土多孔砖、单排孔混凝土砌块和煤矸石混凝土砌块砌体采用砂浆的强度等级：Mb20、Mb15、Mb10、Mb7.5、Mb5。

（3）孔洞率不大于35%的双排孔或多排孔轻集料混凝土砌块砌体采用砂浆的强度等级：Mb10、Mb7.5、Mb5。

（4）蒸压灰砂普通砖、蒸压粉煤灰普通砖砌体采用的专用砌筑砂浆强度等级：Ms15、Ms10、Ms7.5、Ms5。

（5）毛料石、毛石砌体采用砂浆的强度等级：M7.5、M5、M2.5。

当验算施工阶段砂浆尚未硬化的新砌砌体强度和稳定性时，砂浆强度可取为零。

2.1.3 灌孔混凝土

灌孔混凝土由水泥、集料、水以及根据需要掺入的掺合料和外加剂等组分，按一定比例，采用机械搅拌而成，一般用于浇筑混凝土空心砌块砌体芯柱或其他需要填实部位孔洞的混凝土。混凝土空心砌块孔洞一般较小，混凝土灌注后通常不能振捣，为了保证芯柱混凝土质量，特别是配筋砌块砌体结构的工程质量和受力性能，灌孔混凝土一般应采用高流态、低收缩、高强度的专用灌孔混凝土。

2.1.4 块体和砂浆的选择

在设计砌体结构时，材料选择要因地制宜，就地取材，充分利用工业废料，并考虑建筑物耐久性要求、工作环境、受荷性质与大小、施工技术水平等，优先选择技术经济指标和使用功能都比较好的新型墙体材料，此外，要满足规范中有关强度和耐久性及其他方面的要求（隔热、隔声等）。

实际多层砌体结构工程设计中，底部几层承重墙体可选用强度等级较高的块体和砂浆，顶上几层可选用强度等级相对较低的块体和砂浆。同一层内不宜采用不同强度等级的块体及砂浆。

2.2 砌体种类

砌体结构按使用的块体材料可以分为砖砌体、砌块砌体及石砌体，按是否配置钢筋可以分为无筋砌体和配筋砌体。

砖砌体是由烧结普通砖、烧结多孔砖、混凝土普通砖及多孔砖、蒸压灰砂砖、蒸压粉煤灰砖和砂浆砌筑而成的砌体。砖砌体墙厚根据强度和稳定性的要求确定，一般为 240mm（一砖）、370 mm（1 砖半）和 490mm（两砖），也有 190 mm、290 mm、390 mm 厚的墙体。砖砌体通常采用一顺一丁或三顺一丁的砌法。为了保证墙体承载力，竖向灰缝必须错缝砌筑（图 2-5）。

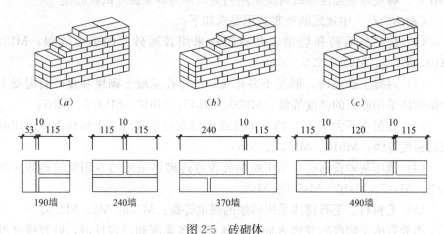

图 2-5 砖砌体

(a) 240 砖墙 一顺一丁式；(b) 240 砖墙 多顺 一丁式；(c) 240 砖墙 十字式

砌块砌体是由混凝土小型空心砌块、轻集料混凝土砌块和砂浆砌筑而成的砌体。混凝土空心砌块是近年来代替黏土砖的主要新型墙体材料之一，在工程上得到了广泛应用。混凝土空心砌块砌体砌筑工艺较复杂，一方面要保证上下皮砌块搭接长度不得小于 90mm，另一方面，要保证空心砌块的孔、肋对齐砌筑。此外，和砖砌筑方式不同，在砌筑过程中不允许砍砌块。因此，砌块在砌筑前要进行排块设计，即将各配套砌块的排列方式进行设计。砌块排列要求有规律，排列应整齐，同时尽量减少通缝（图2-6）。

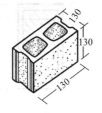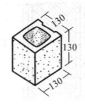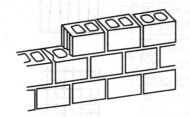

图 2-6　混凝土砌块砌体

石砌体是由石材和砂浆砌筑而成的砌体，一般在山区使用较多。石砌体类型有料石砌体（细料石砌体、半细料石砌体、粗料石砌体和毛料石砌体）、毛石砌体（图2-7）。料石加工通常比较困难，但应用广泛。毛石在产石的山区应用较多，用毛石砌体建造的房屋可达5层。

图 2-7　料石和毛石砌体

配筋砌体是指在砌体内配置适量钢筋形成的砌体，根据块材的不同可分为配筋砖砌体和配筋砌块砌体，根据配筋形式可以分为水平配筋砌体、竖向配筋砖砌体、砖砌体-混凝土构造柱组合墙、配筋砌块砌体剪力墙。

为了提高砖砌体强度，减小构件截面尺寸，可以在相隔一定距离的水平砂浆灰缝层配置横向钢筋网，形成水平配筋砖砌体，又称网状配筋砖砌体（图2-8）。横向钢筋网可以限制墙体横向变形的发展，从而提高墙体的纵向承载力。

竖向配筋砌体一般是在砌体的一侧或两侧配置纵向钢筋混凝土（或钢筋砂浆）面层，代替部分砌体并与原砌体共同工作，形成组合砌体（图2-9）。竖向配筋砌体的刚度和承载力都得到了大大提高，且承受竖向偏心荷载的能力大大增强。竖向配筋砌体在砌体房屋的加固改造中得到了广泛应用。

砖砌体-混凝土构造柱组合墙是在墙体间隔一定位置设置钢筋混凝土构造柱，与原砌体形成组合墙体（图2-10）。构造柱可以有效提高组合墙的变形能力，大大增强墙体的抗倒塌能力等抗震性能，当构造柱间距较小时，墙体的抗剪承载力也得到了明显增强。

15

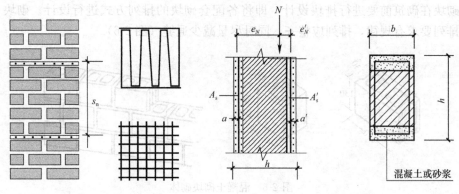

图 2-8　水平配筋砖砌体　　　　　　　　　　图 2-9　竖向配筋砌体

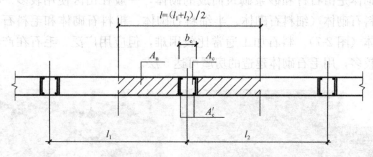

图 2-10　砖砌体-混凝土构造柱组合墙

　　配筋砌块砌体剪力墙是在块体竖向孔洞中浇灌高性能的注芯混凝土，形成竖向连续的芯柱，并在墙体的水平和竖向配置一定数量的钢筋（图 2-11）。采用高强小砌块、高强度和高工作性能的砂浆砌筑的配筋砌块砌体剪力墙结构的承载能力和抗震性能均有大幅度的提高，可适用于在地震区建造高层砌块建筑。美国抗震规范把配筋砌块砌体剪力墙视为与钢筋混凝土剪力墙结构具有完全相同的适用范围。目前世界上已建成的最高配筋砌块砌体建筑是 20世纪 80 年代末期建造于美国拉斯维加斯的 28 层 Excalibur Hotel 旅馆。

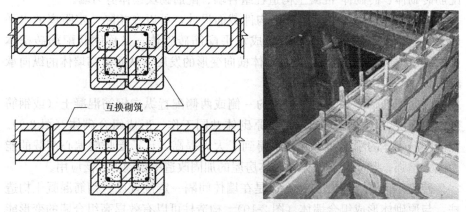

图 2-11　配筋砌块砌体剪力墙

　　根据墙体承重方案，砌体结构可以分为横墙承重体系、纵墙承重体系、纵横墙承重体系、底部框架承重体系。

按砌体材料和配筋情况，砌体结构的具体种类如表 2-2 所示。

砌体的种类   表 2-2

无筋砌体	砖砌体	烧结普通砖砌体
		烧结多孔砖砌体
		蒸压粉煤灰砖和蒸压灰砂砖砌体
		混凝土实心砖和多孔砖砌体
	砌块砌体	混凝土空心砌块砌体
		轻骨料混凝土砌块砌体
	石砌体	毛石砌体
		料石砌体
配筋砌体	配筋砖砌体	网状配筋砖砌体
	组合砖砌体	砖砌体和钢筋混凝土面层或钢筋砂浆面层的组合砌体
		砖砌体和钢筋混凝土构造柱组合墙砌体
	配筋砌块砌体	

2.3 砌体的受压性能及抗压强度

2.3.1 砌体的受压性能

砌体是由单块块材（如砖、混凝土砌块或石材等材料）通过砂浆粘结为整体，两种材料的力学性能差异构成砌体的非匀质特性。由于砂浆厚度和密实性的不均匀以及块材和砂浆的交互作用，导致砌体的抗压强度大大低于块材的抗压强度。

1. 砖砌体轴心受压破坏过程

如图 2-12 所示，普通砖砌体轴心受压时，从开始加载至最后破坏大致经历弹性、弹塑性（裂缝开展）、破坏三个阶段。

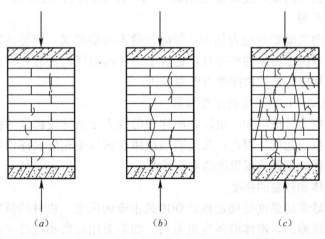

（a）   （b）   （c）

图 2-12 砖砌体的受压破坏

18

第一阶段：加载初期荷载很小时，砌体未出现裂缝，处于整体工作阶段；当加载至极限荷载的 $50\%\sim70\%$ 时，在单块砖中出现细小裂缝，裂缝多呈垂直或略偏斜向，形成不立即贯通的短裂缝（图 2-12a）。这是由于砖块本身形状不规则或砂浆层的不均匀致使砖块受弯、受剪而形成。若不再增加荷载，裂缝不再发展。

第二阶段：继续增加荷载，细小裂缝向上、下发展，形成贯通数皮块材的竖向裂缝，同时不断产生新的裂缝（图 2-12b）。此时，即使不再增加荷载，裂缝也会继续发展，砌体处于即将破坏的危险状态。

第三阶段：继续增加荷载，当加载至极限荷载的 $80\%\sim90\%$ 时，转入第三阶段。此时砌体中的竖向裂缝随荷载增大而急剧扩展，连成几条贯通裂缝，将砌体分割为若干受力不均匀的小立柱（图 2-12c），砌体明显向外鼓出，最后因小立柱被压碎或失稳而导致整个砌体破坏。

2. 砌体受压应力状态分析

上述受压砌体的破坏过程和特点与砌体内单块块体和砂浆的应力状态有关。砌体受压破坏时，单块砖的抗压强度并未得到充分发挥，其原因在于砖开裂后，砌体中竖向裂缝扩展连通将砌体分割成小立柱，造成了砌体的最终破坏。砌体抗压强度小于块体抗压强度的主要原因有以下几方面：

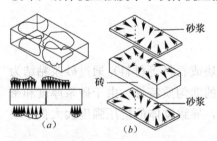

图 2-13　砌体内砖的复杂受力状态

（1）由于砂浆厚度和密实性的不均匀，砌体内单块砖并非均匀受压，而是支承于凸凹不平的砂浆层上，使单块砖既有压应力，又有弯、剪应力（图 2-13a）。由于砖的脆性使其抵抗复合应力的能力很差，导致砖过早开裂。

（2）砌体横向变形时砖和砂浆的交互作用。在受压砌体中由于砖和砂浆的弹性模量和横向变形系数不同，砖的横向变形小于砂浆，当砌体受压时两者的横向变形相互约束，使砂浆受横向压力、砖受横向拉力作用（图 2-13b），加快了砖的开裂。

（3）竖向灰缝处的应力集中。竖向灰缝不可能填满，使得砂浆与块体的粘结力不足以保证砌体的整体性，造成了块体间的竖向灰缝处存在剪应力和横向拉应力集中，导致块体受力更为不利。

3. 影响砌体抗压强度的主要因素

从上述应力分析可知，块体在砌体中的受力复杂导致砌体的抗压强度远低于块体的抗压强度。因此，凡是影响块体在砌体中充分发挥作用的各种因素，也就是影响砌体抗压强度的主要因素。

（1）块体和砂浆的强度

块体和砂浆的强度是确定砌体强度最主要的因素。块材的强度等级、砂浆的强度等级愈高，砌体的强度也愈高。如果采用抗弯和抗剪强度较高的块体，则可有效地提高砌体的抗压强度。

（2）砂浆的和易性

砂浆的和易性好，容易铺成厚度和密实性较均匀的灰缝，可以减小上面所述的弯剪应力，使得块材受力更均匀，从而可以在某种程度上提高砌体的强度。采用混合砂浆代替水泥砂浆就是为了提高砂浆的流动性。纯水泥砂浆容易失水而降低流动性，影响铺砌质量和砌体强度，所以纯水泥砂浆砌筑砌体的强度较低。当掺入一定比例的石灰和塑化剂形成混合砂浆，则可得以明显的改善。然而，如果掺入过多的塑化剂而使流动性过大时，砂浆硬化后的变形率就较高，反而会影响砌体的抗压强度。

（3）砌筑质量

砌筑质量主要表现在灰缝的质量上，灰缝均匀、饱满，可减少砌体中块材受到的附加拉、弯、剪应力，从而提高砌体的强度。

现场质量管理水平、砌筑工人技术水平、块体和砂浆强度的离散性、砂浆的拌合方式、块体搭接交错方式、砌体一次砌筑高度、砌体的位置和垂直度偏差等都会影响砌筑质量。

为了在确定砌体的计算指标时考虑这一因素，《砌体规范》中将砌体施工质量控制等级为 B 级作为确定砌体各类强度的前提条件。

（4）块体的形状和灰缝厚度

块材形状平整规则、尺寸准确是影响砌体强度的一个重要因素。试验和应力分析表明，砌体中表面歪曲的块体会引起较大的弯、剪作用。块体平整是保证灰缝厚度较为一致从而减少弯、剪等块材附加应力的影响，提高砌体抗压强度的重要条件，或块材高度愈大，均可使灰缝均匀饱满或减少灰缝数量，达到减小影响，从而提高砌体强度。

当块体尺寸较大时，在块体内产生的弯、剪作用相对较小，砌体抗压强度的降低也就愈小；当采用厚度较小的普通砖时，块体内会产生较大的附加弯、剪作用，且不可忽视，对砌体抗压强度的影响愈大。所以在检验厚度较小的多孔砖等材料时，应使其抗压强度和抗折强度均符合规范的要求。

砂浆灰缝厚度较大时，难以保证它的均匀、密实性和厚度的一致性，反而因横向变形较大而使块体内的弯、剪作用加大；相反，灰缝过薄又会使块体不平整造成的弯、剪作用增大，较大地降低砌体的抗压强度。因此，灰缝适宜厚度与块体形状、平整度密切相关。块体表面不平整、厚度不均匀，则灰缝厚度就应该加大。只有当块体表面平整时，灰缝厚度才可小些。通常，对砖和小型砌块砌体，灰缝厚度为 8～12mm；对中型砌块和料石砌体，不宜大于 20mm。

此外，影响砌体抗压强度的因素还包括搭缝方式、砂浆和块体的粘结力、块体含水率等。

2.3.2　砌体抗压强度平均值

如前所述，由于影响砌体抗压强度的因素很多，因此目前对各类砌体抗压强度平均值计算公式是根据大量、系统的试验结果回归得出的经验公式。

砌体抗压强度平均值是确定抗压设计值的主要依据。

1. 轴心抗压试验

《砌体基本力学性能试验标准》中规定了进行砌体抗压强度试验的有关规定。对外形尺寸为 240mm×115mm×53mm 的普通砖，其砌体抗压试件尺寸（厚度×宽度×高度）应采用 240mm×370mm×720mm。非普通砖的砌体抗压试件，其截面尺寸可稍作调整，但高度应按高厚比 β 等于 3 确定。

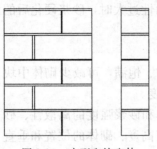

图 2-14　小型砌块砌体
抗压试件

小型砌块的砌体抗压试件，其厚度应为砌块厚度，宽度应为主规格砌块的长度的 1.5～2 倍，高度应为五皮砌块高加灰缝厚度，如图 2-14 所示。

料石砌体抗压试件的厚度应为 200～250mm，宽度应为 350～400mm；毛石砌体抗压试件的厚度应为 400mm，宽度应为 700～800mm；两类试件的高度均应按高厚比 β 为 3～5 确定，料石砌体试件中间一皮石块应有一条竖缝。

各类砌体抗压试件应砌筑在带钩的刚性垫板或厚度不小于 10mm 的钢垫板上。试件顶部应用厚度为 10mm 的 1：3 水泥砂浆找平。

制成后的上述试件，待龄期达 28 天方可按国家标准《砌体基本力学性能试验方法》规定的步骤进行试验。

2. 抗压强度平均值计算公式

《砌体规范》根据大量试验资料及统计分析，提出了适于各类砌体一般情况下抗压强度平均值计算公式：

$$f_{\mathrm{m}} = k_1 f_1^{\alpha}(1 + 0.07 f_2)k_2 \tag{2-1}$$

式中　f_{m}——砌体轴心抗压强度平均值（MPa）；

$\quad\quad f_1$——块材（砖、石、混凝土砌块）的抗压强度等级值或平均值（MPa）；

$\quad\quad f_2$——砂浆的抗压强度平均值（MPa）；

$\quad\quad k_2$——砂浆强度对砌体抗压强度影响的修正系数；

$\quad k_1$、α——与砌体种类有关的系数。

k_1、k_2、α 的具体取值见表 2-3。

各类砌体轴心抗压强度平均值计算式中的系数　　　　表 2-3

砌体种类	k_1	α	k_2
烧结普通砖、烧结多孔砖、蒸压灰砂砖、蒸压粉煤灰砖、混凝土普通砖、混凝土多孔砖	0.78	0.5	当 $f_2 < 1$ 时，$k_2 = 0.6 + 0.4 f_2$
混凝土砌块、轻集料混凝土砌块	0.46	0.9	当 $f_2 = 0$ 时，$k_2 = 0.8$
毛料石	0.79	0.5	当 $f_2 < 1$ 时，$k_2 = 0.6 + 0.4 f_2$
毛石	0.22	0.5	当 $f_2 < 2.5$ 时，$k_2 = 0.4 + 0.24 f_2$

注：表 2-4 所列条件以外时 k_2 均等于 1。

公式（2-1）是对各类砌体抗压强度的统一表达式，其计算值与试验值符合较好，且与国际标准比较接近。公式（2-1）表明，块材的抗压强度 f_1 是影响砌体轴心抗压强度的重要因素，其次是砂浆强度的影响。公式（2-1）采用系数 α 来表示块体在砌体中的利用程度，即 α 值愈大，块体利用程度愈高些，而当 α 相同时，也可反映出砖石的利用程度，其顺序为毛料石、砖、毛石；公式（2-1）引入 k_2 来反映低强度砂浆对砌体抗压强度的降低影响，因为砂浆强度等级较低时，其变形率较大使块体中产生附加拉力从而导致砌体抗压强度降低的影响。

对于混凝土砌块砌体，试验和分析结果表明，当材料强度过大或砂浆强度大于砌块强度时，按公式（2-1）的计算值大于试验值。因此，当 $f_2 >$ 10MPa 时混凝土砌块砌体的轴心抗压强度平均值为：

$$f_\mathrm{m} = 0.46 f_1^{0.9}(1 + 0.07 f_2)(1.1 - 0.01 f_2) \qquad (2\text{-}2)$$

当混凝土砌块强度等级为 MU20，$f_2 > 10$MPa 时，其砌体的轴心抗压强度平均值应乘系数 0.95，且满足 $f_1 \geqslant f_2$。

2.4 砌体的轴心抗拉、弯曲抗拉和抗剪强度

2.4.1 轴心受拉破坏、受弯、受剪破坏形态

1. 受拉破坏

图 2-15 是砌体受拉时可能产生的三种破坏形态。当块材的强度较低而砂浆的强度较高时，将会出现图 2-15（a）所示沿竖向灰缝和块体本身的受拉破坏，因不计入竖向灰缝的作用，实际只有一半块体截面参与工作。当块材的强度较高而砂浆的强度较低时，将会出现图 2-15（b）所示沿水平和竖向灰缝的齿缝受拉破坏。当拉力与水平灰缝垂直时，将会出现图 2-15（c）所示沿水平灰缝的受拉破坏。由于砂浆灰缝的法向粘结强度较低，所以这种受力状态在工程中应予以避免。

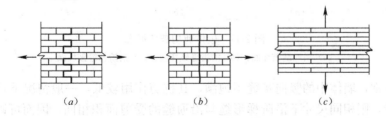

(a) (b) (c)

图 2-15 砌体受拉破坏形态
（a）沿齿缝受拉破坏；（b）沿竖向灰缝和块体破坏；（c）垂直于水平灰缝破坏

2. 受弯破坏

试验研究表明：砌体受弯时，破坏总是从受拉一侧开始，发生弯曲受拉破坏。破坏形态一般有三种：沿齿缝破坏、沿块材和竖向灰缝破坏及沿水平灰缝破坏。如图 2-16 所示一砌体挡土墙，在水平土压力作用下，墙体跨中截

21

面内侧弯曲受压、外侧弯曲受拉，沿齿缝或沿通缝产生的拉应力会导致墙体发生沿齿缝或沿通缝的受弯破坏。当砌体中块体强度较高时，会发生沿齿缝受弯破坏（图 2-16b）；当块体强度过低而砂浆强度较高时，会发生沿通缝的受弯破坏（图 2-16c）；当弯矩作用使砌体水平通缝受拉时，墙体将在弯矩最大截面的水平灰缝处发生弯曲受拉破坏（图 2-16a）。

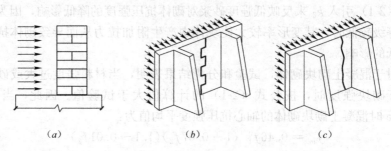

图 2-16　砌体弯曲破坏形态

(a) 沿水平灰缝破坏面；(b) 沿齿缝破坏面；(c) 沿块材和竖向灰缝破坏面

3. 受剪破坏

砌体在剪力作用下，有可能发生沿通缝、沿齿缝或沿阶梯形缝的三种剪切破坏（图 2-17）。历次震害表明，沿阶梯形缝剪切破坏是地震中墙体最常见的破坏形态（图 2-17c）。在没有拉杆的拱砌体的支座处，可能会发生如图 2-17 (a) 所示沿通缝的受剪破坏。图 2-17 (b) 所示的沿齿缝的受剪破坏，一般只发生在块体搭接质量差的砖砌体或毛石砌体中，可通过采取措施予以避免。此外，当房屋发生不均匀沉降或房屋顶层屋盖与墙体收缩不一致时也常发生沿阶梯形灰缝裂缝。

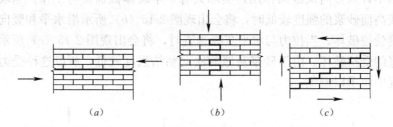

图 2-17　砌体剪切破坏形态

(a) 沿通缝破坏面；(b) 沿齿缝破坏面；(c) 沿阶梯缝破坏面

通常，墙体中的竖向灰缝不饱满，其抗剪作用较低，一般情况下可以忽略不计，则相同尺寸下沿阶梯形缝与沿通缝的受剪面积相同，因而可以统一采用沿通缝的抗剪强度。

2.4.2　轴心抗拉、抗弯、抗剪强度平均值

试验表明，砌体的抗拉、抗弯及抗剪强度大大低于其抗压强度。通常情况下，砌体的抗拉、抗弯及抗剪强度主要取决于砂浆强度，即灰缝中砂浆和块体的粘结强度。

《砌体规范》对轴心抗拉、弯曲抗拉和抗剪强度采用统一的经验公式进行计算:

砌体轴心抗拉强度平均值(MPa):

$$f_{t,m} = k_3 \sqrt{f_2} \tag{2-3}$$

砌体弯曲抗拉强度平均值(MPa):

$$f_{tm,m} = k_4 \sqrt{f_2} \tag{2-4}$$

砌体抗剪强度平均值(MPa):

$$f_{v,m} = k_5 \sqrt{f_2} \tag{2-5}$$

式中,参数 k_3、k_4、k_5 的取值见表2-4。

砌体抗拉、抗弯和抗剪强度平均值计算式中的系数　　　　表2-4

砌体种类	k_3	k_4		k_5
		沿齿缝	沿通缝	
烧结普通砖、烧结多孔砖 混凝土普通砖、混凝土多孔砖	0.141	0.250	0.125	0.125
蒸压灰砂砖、蒸压粉煤灰砖	0.09	0.18	0.09	0.09
混凝土砌块	0.069	0.081	0.056	0.069
毛石	0.075	0.113	—	0.188

2.5　砌体的变形性能及有关性能

1. 砌体的弹性模量

砌体是弹塑性材料,其受压应力-应变曲线如图2-18所示。从图中可以看出,曲线呈现明显的非线性特征。加载初期,应力与应变即不是线性关系。随着荷载的增加,变形增长逐渐加快。接近极限状态时,变形急剧增加,而荷载增加很少。

湖南大学通过对试验数据的回归分析,提出了以砌体抗压强度平均值为基本变量的砖砌体应力-应变关系表达式:

$$\varepsilon = -\frac{1}{\xi} \ln\left(1 - \frac{\sigma}{f_m}\right) \tag{2-6}$$

式中　ξ——与块体类别和砂浆强度有关的弹性特征值,对于砖砌体 $\xi = 460\sqrt{f_m}$。

公式(2-6)能较全面地反映砌体强度和砂浆强度及其变形性能对砌体变形的影响。对于不同类型的砌体,只要依据试验资料统计得到相应的 ξ 值即可。在相同应力与强度比下,砌体的变形随弹性特征值 ξ 的加大而降低。

同济大学提出的曲线上升段简化砌体应力—应变公式为:

$$\frac{\sigma}{f_m} = \frac{\dfrac{\varepsilon}{\varepsilon_0}}{0.2 + 0.8\dfrac{\varepsilon}{\varepsilon_0}} \quad (\varepsilon \leqslant \varepsilon_0) \tag{2-7}$$

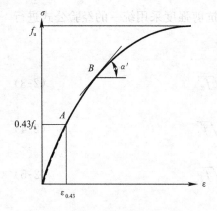

图 2-18　砌体受压应力-应变曲线

砌体的弹性模量一般根据砌体受压时的应力-应变曲线确定。如图 2-18 所示，取应力为 $0.43f_u$（砌体抗压强度极限值）点的割线模量作为弹性模量。即：

$$E = \frac{0.43f_m}{\varepsilon_{0.43}} \quad (2-8)$$

将公式（2-6）代入式（2-8）可得：

$$E = 0.8\xi f_m \quad (2-9)$$

《砌体规范》给出了根据砌体抗压强度设计值 f 确定的弹性模量，如表 2-5 所示。弹性模量的标准值取其概率分布的 0.5 分位值，确定弹性模量时尚须通过与强度设计值的换算。

砌体的弹性模量（MPa）　　　　　　　　　　　　表 2-5

砌体种类	砂浆强度等级			
	≥M10	M7.5	M5	M2.5
烧结普通砖、烧结多孔砖	$1600f$	$1600f$	$1600f$	$1390f$
混凝土普通砖、混凝土多孔砖砌体	$1600f$	$1600f$	$1600f$	—
蒸压灰砂普通砖、蒸压粉煤灰普通砖	$1060f$	$1060f$	$1060f$	—
非灌孔混凝土砌块砌体	$1700f$	$1600f$	$1500f$	—
粗料石、毛料石、毛石砌体	—	5650	4000	2250
细料石砌体	—	17000	12000	6750

注：1. 轻集料混凝土砌块砌体的弹性模量，可按表中混凝土砌块砌体的弹性模量采用；

　　2. 表中砌体抗压强度设计值不按 4-4 节中的要求进行调整；

　　3. 表中砂浆为普通砂浆，采用专用砂浆砌筑的砌体的弹性模量也按此表取值；

　　4. 对混凝土普通砖、混凝土多孔砖、混凝土和轻集料混凝土砌块砌体，表中的砂浆强度等级分别为：≥Mb10、Mb7.5、Mb5。

对于单排孔且对孔砌筑的混凝土砌块灌孔砌体，其弹性模量按公式（2-10）计算：

$$E = 2000f_g \quad (2-10)$$

式中　f_g——灌孔砌体的抗压强度设计值。

国内外试验研究表明：砌体受压时产生的变形主要灰缝中砂浆的变形，因此认为影响砌体变形的主要因素是砂浆。

2. 砌体的剪变模量

砌体的剪变模量 G 是根据砌体的泊松比，按材料力学公式计算的。即：

$$G = \frac{E}{2(1+\nu)} \quad (2-11)$$

式中　ν——泊松比。

砖砌体的泊松比一般取 0.15；砌块砌体取 0.3。为方便应用，《砌体规范》建议，各类砌体的剪变模量可按砌体弹性模量的 0.4 倍采用，即 $G = 0.4E$。

3. 砌体的线膨胀系数和收缩系数

砌体的线膨胀系数和收缩系数可按表 2-6 采用。

砌体的线膨胀系数和收缩系数   表 2-6

砌体类别	线膨胀系数（$10^{-6}/℃$）	收缩系数（mm/m）
烧结普通砖、烧结多孔砖砌体	5	−0.1
蒸压灰砂砖、蒸压粉煤灰砖砌体	8	−0.2
混凝土普通砖、混凝土多孔砖、混凝土砌块砌体	10	−0.2
轻集料混凝土砌块砌体	10	−0.3
料石和毛石砌体	8	—

注：表中的收缩率系由达到收缩允许标准的块体砌筑 28d 的砌体收缩系数。当地方有可靠的砌体收缩试验数据时，亦可采用当地的试验数据。

从表 2-7 中可以看出，烧结黏土砖砌体的线膨胀系数和收缩系数均较小，而混凝土砖、混凝土和轻骨料混凝土砌块砌体则较大。因此，工程实践中对于混凝土砖和砌块砌体房屋，应采取有效的构造措施防止出现因墙体膨胀和收缩引起的裂缝。

4. 砌体的摩擦系数

当砌体结构或构件沿砌体、木材、钢、砂、土等滑移面滑动时，在滑移面上将产生摩擦阻力，摩擦阻力的大小与法向压力和连接面摩擦系数有关。砌体的摩擦系数与摩擦面的干燥或潮湿状态有关。一般情况下，砌体的摩擦系数可按表 2-7 采用。

摩擦系数   表 2-7

材料类别	摩擦面情况	
	干燥的	潮湿的
砌体沿砌体或混凝土滑动	0.70	0.60
砌体沿木材滑动	0.60	0.50
砌体沿钢滑动	0.45	0.35
砌体沿砂或卵石滑动	0.60	0.50
砌体沿粉土滑动	0.55	0.40
砌体沿黏性土滑动	0.50	0.30

思考题

2-1 如何确定块体的强度等级？

2-2 如何确定砂浆强度等级？砌体结构对砂浆的要求有哪些？为什么？

2-3 简述砌体结构种类。砌体结构选用材料应注意哪些问题？

2-4 简述砌体轴心受压过程及破坏特征。影响砌体抗压强度的因素有哪些？

2-5 如何确定砌体的抗压强度？为什么砌体的抗压强度会远低于块体的

抗压强度？

2-6　简述砌体受拉破坏、受弯破坏及受剪破坏形态。影响砌体抗拉、抗剪、抗弯强度的主要因素是什么？

2-7　如何确定砌体的弹性模量？简述其主要影响因素。

2-8　为什么砂浆强度等级高的砌体抗压强度比砂浆的强度低？而对砂浆强度等级低的砌体，当块体强度高时，抗压强度又比砂浆强度高？

第3章
砌体结构的设计原理

本章知识点

知识点：
1. 了解我国规范关于砌体结构设计的可靠度理论。
2. 掌握我国规范的砌体结构概率极限状态设计法。
3. 掌握砌体强度标准值和设计值的取值原则。
4. 了解砌体结构的耐久性设计原理。
重点：砌体材料分项系数，砌体强度标准值和设计值的关系。
难点：砌体结构概率极限状态设计法。

3.1 砌体结构可靠度设计方法的发展

在早期人们只是凭经验建造砖石结构，随着生产的发展和科学技术的进步，砌体结构可靠度的设计方法也逐渐上升到理性阶段。

在 19 世纪末到 20 世纪 30 年代，均将砌体视为各向同性的理想弹性体，按材料力学方法计算砌体结构的应力 σ，并要求该应力不大于材料的允许应力 $[\sigma]$。即采用线性弹性理论的允许应力设计法，其表达式为：

$$\sigma \leqslant [\sigma] \tag{3-1}$$

试验研究说明，采用材料力学公式计算的承载能力与结构的实际承载能力相差甚大。20 世纪 30 年代末，苏联规范已在计算中引入修正系数，以考虑与试验结果的不一致，并于 40 年代初，在砌体结构中采用了破坏强度设计法，即考虑砌体材料破坏阶段的工作状态进行结构构件设计的方法，又称为最大荷载设计法。其设计表达式为：

$$KN_{ik} \leqslant \Phi(f_{m},\alpha) \tag{3-2}$$

式中　K——安全系数；

　　N_{ik}——荷载标准值产生的内力；

　$\Phi(\cdot)$——结构件抗力函数；

　　f_{m}——砌体平均极限强度；

　　α——截面几何特征值。

在 20 世纪 50 年代苏联规范 HNTy120-55 中规定砌体结构设计时采用按承载能力、极限变形及裂缝的出现和开展的极限状态设计法。对于承载能力极限状态，其表达式为：

$$\sum n_i N_{ik} \leqslant \Phi(m, kf_k, \alpha) \tag{3-3}$$

式中　n_i——荷载系数；

　　　m——构件工作条件系数；

　　　k——砌体匀质系数；

　　　f_k——砌体强度标准值。

这种方法对荷载或荷载效应和材料强度的标准值分别以数理统计方法取值，但未考虑荷载效应和材料抗力的联合概率分布和结构的失效概率，故属半概率极限状态设计法。由于式（3-3）中采用了三个系数，又通称为三系数法。它远优越于允许应力设计法和破坏强度设计法。但三系数法在材料强度及部分荷载的取值上过分强调小概率，因而其结果有的与实际情况不相符。此外，它只以三个系数来反映影响结构安全的因素，故结构的安全度可能偏大或偏小。

我国自 20 世纪 50 年代后期至 70 年代初在砖石结构的设计中基本采用苏联的三系数法。1973 年颁布的《砖石结构设计规范》GBJ 3—73，也属于半概率极限状态设计法，只是按多系数来分析影响结构的安全因素，最后采用单一安全系数。其设计表达式为：

$$KN_{ik} \leqslant \Phi(f_m, \alpha) \tag{3-4}$$

$$K = k_1 k_2 k_3 k_4 k_5 c \tag{3-5}$$

式中　K——安全系数；

　　　k_1——砌体强度变异影响系数；

　　　k_2——砌体因材料缺乏系统试验的变异影响系数；

　　　k_3——砌筑质量变异影响系数；

　　　k_4——构件尺寸偏差、计算公式假定与实际不完全相符等变异影响系数；

　　　k_5——荷载变异影响系数；

　　　c——考虑各种最不利因素同时出现的组合系数。

由于结构自设计、施工直至使用，均存在各种随机因素的影响，这许多因素又存在不定性，即使采用上述定量的安全系数也达不到从定量上来度量结构可靠度的目的。为了使结构安全度的分析有一个可靠的理论基础，结构的可靠与否只能借助于概率来保证。结构的可靠度，是指结构在规定的时间内、在规定的条件下，完成预定功能的概率。结构可靠度愈高，表明它失效的可能性愈小。因而设计时要求结构的失效概率控制在可接受的概率范围内。1988 年以来我国砌体结构可靠度设计采用以概率理论为基础的极限状态设计方法，从而使砌体结构的可靠度设计发展到一个新的阶段。

3.2　概率极限状态设计法在砌体结构中的应用

这种设计方法将结构的极限状态分为承载能力极限状态和正常使用极限状态两大类，它以极限状态方程和具体的限值作为结构设计的依据，用结构的失效概率或可靠指标度量结构可靠度，并用概率理论使结构的极限状态方程和可靠度建立起内在关系。

当结构上仅有作用效应 S 和结构抗力 R 两个基本变量时，其功能函数为：

$$Z = g(S,R) = R - S \tag{3-6}$$

当 $Z>0$ 时，结构处于可靠状态；当 $Z<0$ 时，结构处于失效状态；当 $Z=0$ 时，结构处于极限状态。因此，$Z=R-S$ 又称为安全裕度。

由结构的极限状态方程

$$Z = g(S,R) = R - S = 0 \tag{3-7}$$

可知结构的失效概率为：

$$p_f = P(Z < 0) \tag{3-8}$$

当 R、S 为正态分布，即 $R(\mu_R, \sigma_R)$、$S(\mu_S, \sigma_S)$ 时，Z 也为正态分布，即 $Z(\mu_Z, \sigma_Z)$，可得 $\mu_Z = \mu_R - \mu_S$，$\sigma_Z = \sqrt{\sigma_R^2 + \sigma_S^2}$。现取

$$\beta = \frac{\mu_Z}{\sigma_Z} = \frac{\mu_R - \mu_S}{\sqrt{\sigma_R^2 + \sigma_S^2}} \tag{3-9}$$

式中 μ_Z、μ_R、μ_S 和 σ_Z、σ_R、σ_S 分别为 Z、R、S 的平均值和标准差。μ_Z 和 σ_Z 又分别称为安全裕度的平均值和标准差。

由式（3-8）可得：

$$p_f = p(Z - \mu_Z < -\mu_Z) = p\left(\frac{Z - \mu_Z}{\sigma_Z} < -\frac{\mu_Z}{\sigma_Z}\right) = \Phi\left(-\frac{\mu_Z}{\sigma_Z}\right) \quad (\text{其中 } \sigma_Z > 0)$$

结构的失效概率与 β 之间有下列关系式：

$$p_f = \Phi(-\beta) \text{ 或 } \beta = \Phi^{-1}(1 - p_f) \tag{3-10}$$

式中，$\Phi(\cdot)$ 为标准正态分布函数。

如安全裕度的概率密度函数为 $f_Z(Z)$，则失效概率 $p_f = \int_{-\infty}^{0} f_Z(Z)\mathrm{d}z$。因而式（3-10）中 β 与 p_f 在数值上一一对应（图 3-1），当 β 越大时，图中尾部面积愈小，即结构的失效概率愈小，表明结构愈可靠。它可代替失效概率来衡量结构的可靠度。当基本变量的统计参数已知，可由式（3-9）计算 β 值，通常 β 称为"可靠指标"。

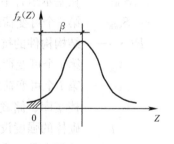

图 3-1　失效概率与安全指标的关系

影响结构可靠度的因素较多，它们又有各自的分布规律，现阶段只能采用近似概率法，在我国称为以概率理论为基础的极限状态设计法，即考虑基本概率分布类型的一次二阶矩方法。由于设计上直接采用可靠指标来进行计算尚有许多困难，使用上也不习惯，因此在应用时采用荷载标准值、材料强度标准值等基本变量和荷载系数、材料强度系数等分项系数形式表达的设计式。

为了确定设计表达式，首先需对原有设计的各种结构构件的可靠度进行校准，以确定规范采用的可靠指标（目标可靠指标）。如对于安全等级为二级、具有脆性破坏的结构构件，β 不应小于3.7；具有延性破坏的结构构件，β 不应小于3.2，最后在各项标准值已给定的前提下，选取一组分项系数，使极

限状态设计表达式设计的各种结构构件所具有的可靠性指标与规范的可靠指标之间在总体上误差最小，亦即选定最优的荷载分项系数和抗力系数。

根据《建筑结构可靠度设计统一标准》GB 50068，《砌体规范》结构设计仍采用概率极限状态设计原则和分项系数表达的计算方法，针对以自重为主的结构构件，永久荷载的分项系数增加了 1.35 的组合，以改进这类自重为主构件可靠度偏低的情况，并根据我国国情适当提高了建筑结构的可靠度水准。即砌体结构按承载能力极限状态设计时，应按下列公式中最不利组合进行计算：

$$\gamma_0 \left(1.2 S_{Gk} + 1.4 \gamma_{L1} S_{Q1k} + \sum_{i=2}^{n} \gamma_{Qi} \gamma_{Li} \psi_{ci} S_{Qik} \right) \leqslant R(f, a_k \cdots\cdots) \quad (3\text{-}11)$$

$$\gamma_0 \left(1.35 S_{GK} + 1.4 \sum_{i=1}^{n} \gamma_{Li} \psi_{ci} S_{Qik} \right) \leqslant R(f, a_k \cdots\cdots) \quad (3\text{-}12)$$

式中　γ_0——结构重要性系数，对安全等级为一级或设计使用年限为 50 年以上的结构构件，不应小于 1.1；对安全等级为二级或设计使用年限为 50 年的结构构件，不应小于 1.0；对安全等级为三级或设计使用年限为 1~5 年的结构构件，不应小于 0.9；

　　　　γ_{Li}——第 i 个可变荷载考虑设计使用年限的调整系数，楼面和屋面活荷载考虑设计使用年限的调整系数：设计使用年限为 5 年，取 0.9；设计使用年限为 50 年，取 1.0；设计使用年限为 100 年，取 1.1；当设计使用年限不为 5、50、100 年时可内插；对于荷载标准值可控制的活荷载，设计使用年限调整系数取 1.0；

　　　　S_{Gk}——永久荷载标准值的效应；

　　　　S_{Q1k}——在基本组合中起控制作用的一个可变荷载标准值的效应；

　　　　S_{Qik}——第 i 个可变荷载标准值的效应；

　　　　$R(\cdot)$——结构构件的抗力函数；

　　　　γ_{Qi}——第 i 个可变荷载的分项系数；

　　　　ψ_{ci}——第 i 个可变荷载的组合值系数，一般情况下应取 0.7；对书库、档案库、储藏室或通风机房、电梯机房应取 0.9；

　　　　f——砌体的强度设计值；

　　　　a_k——几何参数标准值。

当楼面活荷载标准值大于 $4kN/m^2$ 时，式（3-11）、式（3-12）中系数 1.4 应为 1.3。

当砌体结构作为一个刚体，需验算整体稳定性时，应按下列公式中最不利组合进行验算：

$$\gamma_0 \left(1.2 S_{G2k} + 1.4 \gamma_L S_{Q1k} + \gamma_L \sum_{i=2}^{n} S_{Qik} \right) \leqslant 0.8 S_{G1k} \quad (3\text{-}13)$$

$$\gamma_0 \left(1.35 S_{G2k} + 1.4 \gamma_L \sum_{i=1}^{n} \psi_{ci} S_{Qik} \right) \leqslant 0.8 S_{G1k} \quad (3\text{-}14)$$

式中　S_{Gik}——起有利作用的永久荷载标准值的效应；

　　　　S_{G2k}——起不利作用的永久荷载标准值的效应。

3.3 砌体强度设计值

在上述砌体结构设计表达式中，砌体的强度标准值 f_K、设计值 f 的确定方法及与平均值 f_m 的关系如下：

$$f_K = f_m - 1.645\sigma_f = (1 - 1.645\delta_f)f_m \qquad (3\text{-}15)$$

$$f = f_K/\gamma_f \qquad (3\text{-}16)$$

式中 σ_f——砌体强度的标准差；

δ_f——砌体强度的变异系数，按表 3-1 的规定采用；

γ_f——砌体结构的材料性能分项系数，一般情况下，宜按施工控制等级为 B 级考虑，取 $\gamma_f=1.6$；当为 C 级时，取 $\gamma_f=1.8$。

砌体强度标准值、设计值与平均值的关系　　　　表 3-1

类　别	δ_f	f_K	f
各类砌体受压	0.17	$0.72f_m$	$0.45f_m$
毛石砌体受压	0.24	$0.60f_m$	$0.37f_m$
各类砌体受拉、受弯、受剪	0.20	$0.67f_m$	$0.42f_m$
毛石砌体受拉、受弯、受剪	0.26	$0.57f_m$	$0.36f_m$

注：表内 f 为施工质量控制等级为 B 级时的值。

上述规定表明，砌体工程施工质量控制等级对砌体强度有直接影响。施工质量控制等级是指根据施工现场质量保证体系、砂浆和混凝土强度以及砌筑技术水平等方面的综合水平划分的等级，分为 A、B、C 三个等级。在设计计算时，通常按 B 级考虑，即取 $\gamma_f=1.6$；当为 C 级时，取 $\gamma_f=1.8$，即调整系数 $\gamma_a=1.6/1.8=0.89$；当为 A 级时，取 $\gamma_f=1.5$，即 $\gamma_a=1.05$。施工质量控制等级由设计和建设单位商定，并明确写在施工图中。砌体强度与施工质量控制等级的上述关系，旨在反映管理水平、施工技术和材料消耗水平的关系，不应理解为是砌体结构可靠度的降低。

各类砌体强度标准值、设计值及平均值的关系，可查阅表 3-1。

龄期为 28d 的以毛截面计算的各类砌体强度设计值，当施工质量控制等级为 B 级时，应根据块体和砂浆的强度等级分别按下列规定采用。

1. 抗压强度

（1）烧结普通砖和烧结多孔砖砌体的抗压强度设计值，应按表 3-2 采用。

（2）混凝土普通砖和混凝土多孔砖砌体的抗压强度设计值，应按表 3-3 采用。

近年来混凝土普通砖及混凝土多孔砖在各地大量涌现，尤其在浙江、上海、湖南、辽宁、河南、江苏、湖北、福建、安徽、广西、河北、内蒙古、陕西等省市区得到迅速发展，一些地区颁布了当地的地方标准。《砌体规范》增加了混凝土多孔砖砌体的抗压强度指标。根据长沙理工大学等单位的大量试验研究结果，混凝土多孔砖砌体的抗压强度试验值与按烧结黏土砖砌体计算公式的计算值比值平均为 1.127，偏安全地取烧结黏土砖的抗压强度值。

31

烧结普通砖和烧结多孔砖砌体的抗压强度设计值（MPa）　　表 3-2

砖强度等级	砂浆强度等级					砂浆强度
	M15	M10	M7.5	M5	M2.5	0
MU30	3.94	3.27	2.93	2.59	2.26	1.15
MU25	3.60	2.98	2.68	2.37	2.06	1.05
MU20	3.22	2.67	2.39	2.12	1.84	0.94
MU15	2.79	2.31	2.07	1.83	1.60	0.82
MU10	—	1.89	1.69	1.50	1.30	0.67

注：当烧结多孔砖的孔洞率大于 30% 时，表中数值应乘以 0.9。

混凝土普通砖和混凝土多孔砖砌体的抗压强度设计值（MPa）　　表 3-3

砖强度等级	砂浆强度等级					砂浆强度
	Mb20	Mb15	Mb10	Mb7.5	Mb5	0
MU30	4.61	3.94	3.27	2.93	2.59	1.15
MU25	4.21	3.60	2.98	2.68	2.37	1.05
MU20	3.77	3.22	2.67	2.39	2.12	0.94
MU15	—	2.79	2.31	2.07	1.83	0.82

（3）蒸压灰砂砖和蒸压粉煤灰砖砌体抗压强度设计值，应按表 3-4 采用。

蒸压灰砂砖和蒸压粉煤灰砖砌体抗压强度设计值（MPa）　　表 3-4

砖强度等级	砂浆强度等级				砂浆强度
	M15	M10	M7.5	M5	0
MU25	3.60	2.98	2.68	2.37	1.05
MU20	3.22	2.67	2.39	2.12	0.94
MU15	2.79	2.31	2.07	1.83	0.82

注：当采用专用砂浆砌筑时，其抗压强度设计值按表中数值采用。

　　根据较大量的试验结果，蒸压灰砂砖砌体、蒸压粉煤灰砖砌体的抗压强度与烧结普通砖砌体的抗压强度接近。因此在 MU15～MU25 的情况下，表 3-4 的值与表 3-2 的值相等。应当注意的是，蒸压灰砂砖砌体和蒸压粉煤灰砖砌体的抗压强度指标应采用同类砖为砂浆强度试块底模时的抗压强度指标。若采用黏土砖作底模，砂浆强度会提高，相应的砌体强度按表 3-4 取设计值会高估 10% 左右。还应指出，表 3-4 不适用于蒸养灰砂砖砌体和蒸养粉煤灰砖砌体。

　　（4）混凝土和轻骨料混凝土砌块砌体。

　　单排孔混凝土砌块和轻骨料混凝土砌块砌体的抗压强度设计值，应按表 3-5 采用。

单排孔混凝土和轻骨料混凝土砌块砌体的抗压强度设计值（MPa）　　表 3-5

砌体强度等级	砂浆强度等级					砂浆强度
	Mb20	Mb15	Mb10	Mb7.5	Mb5	0
MU20	6.30	5.68	4.95	4.44	3.94	2.33

砌体强度等级	砂浆强度等级					砂浆强度
	Mb20	Mb15	Mb10	Mb7.5	Mb5	0
MU15		4.61	4.02	3.61	3.20	1.89
MU10		—	2.79	2.50	2.22	1.31
MU7.5		—	—	1.93	1.71	1.01
MU5		—	—	—	1.19	0.70

注：1. 对独立柱或厚度为双排组砌的砌块砌体，应按表中数值乘以 0.7；

2. 对 T 形截面砌体，应按表中数值乘以 0.85。

孔洞率不大于 35% 的双排孔或多排孔轻骨料混凝土砌块砌体的抗压强度设计值，应按表 3-6 采用。

双排孔或多排孔轻骨料混凝土砌块砌体的抗压强度设计值（MPa）表 3-6

砌块强度等级	砂浆强度等级			砂浆强度
	Mb10	Mb7.5	Mb5	0
MU10	3.08	2.76	2.45	1.44
MU7.5	—	2.13	1.88	1.12
MU5	—	—	1.31	0.78
MU3.5	—	—	0.95	0.5

注：1. 表中的砌块为火山渣、浮石和陶粒轻骨料混凝土砌块；

2. 对厚度方向为双排组砌的组骨料混凝土砌块砌体的抗压强度设计值，应按表中数值乘以 0.8。

空心砌块对孔砌筑的砌体的抗压强度高于错孔砌体的抗压强度，故错孔砌筑砌体的抗压强度应予降低。对于多排孔（包括双排孔）砌块，按单排砌筑的砌体的抗压强度高于单排孔砌体的抗压强度，但按双排组砌体的抗压强度则低，根据试验结果，表 3-5 和表 3-6 中对此作了相应的规定。

值得指出的是，轻集料砌块应遵照国家标准《墙体材料应用统一技术规范》GB 50574，对轻集料砌块强度等级和密度等级双控的原则进行质量控制。

（5）灌孔混凝土砌块砌体。

单排孔砌筑的灌孔砌体的抗压强度设计值 f_g 应按下列公式计算：

$$f_g = f + 0.6\alpha f_c \qquad (3\text{-}17)$$

$$\alpha = \delta\rho \qquad (3\text{-}18)$$

式中 f_g——灌孔砌体的抗压强度设计值，并不应大于未灌孔砌体抗压强度设计值的 2 倍；

f——未灌孔砌体的抗压强度设计值，应按表 3-6 采用；

f_c——灌孔混凝土的轴心抗压强度设计值；

α——砌块砌体中灌孔混凝土面积和砌体毛面积的比值；

δ——混凝土砌块的孔洞率；

ρ——混凝土砌块砌体的灌孔率，系截面灌孔混凝土面积和截面孔洞面积的比值，灌孔率应根据受力或施工条件确定，且不应小于 33%。

砌块砌体的灌孔混凝土强度等级不应低于 Cb20，也不应低于 1.5 倍的块体强度等级。

33

（6）料石砌体。

块体高度为 180～350mm 的毛料石砌体的抗压强度设计值，应按表 3-7 采用。

毛料石砌体的抗压强度设计值（MPa）　　　　表 3-7

毛料石强度等级	砂浆强度等级			砂浆强度
	M7.5	M5	M2.5	0
MU100	5.42	4.80	4.18	2.13
MU80	4.85	4.29	3.73	1.91
MU60	4.20	3.71	3.23	1.65
MU50	3.83	3.39	2.95	1.51
MU40	3.43	3.04	2.64	1.35
MU30	2.97	2.63	2.29	1.17
MU20	2.42	2.15	1.87	0.95

对其他类料石砌体的抗压强度设计值，应按表 3-8 中数值分别乘以下列系数而得。

细料石砌体　　　　1.4；

粗料石砌体　　　　1.2；

干砌勾缝石砌体　　0.8。

（7）毛石砌体。

毛石砌体的抗压强度设计值，应按表 3-8 采用。

毛石砌体的抗压强度设计值（MPa）　　　　表 3-8

毛料石强度等级	砂浆强度等级			砂浆强度
	M7.5	M5	M2.5	0
MU100	1.27	1.12	0.98	0.34
MU80	1.13	1.00	0.87	0.30
MU60	0.98	0.87	0.76	0.26
MU50	0.90	0.80	0.69	0.23
MU40	0.80	0.71	0.62	0.21
MU30	0.69	0.61	0.53	0.18
MU20	0.56	0.51	0.44	0.15

2. 轴心抗拉、弯曲抗拉和抗剪强度

（1）砌体的轴心抗拉强度设计值、弯曲抗拉强度设计值和抗剪强度设计值，应按表 3-9 采用。

沿砌体灰缝截面破坏时砌体的轴心抗拉强度设计值、弯曲
抗拉强度设计值和抗剪强度设计值（MPa）　　　表 3-9

强度类别		破坏特征及砌体种类	砂浆强度等级			
			≥M10	M7.5	M5	M2.5
轴心抗拉	沿齿缝	烧结普通砖、烧结多孔砖	0.19	0.16	0.13	0.09
		混凝土普通砖、混凝土多孔砖	0.19	0.16	0.13	—
		蒸压灰砂砖、蒸压粉煤灰砖	0.12	0.10	0.08	—
		混凝土砌块和轻集料混凝土砌块	0.09	0.08	0.07	—
		毛石	—	0.07	0.06	0.04

强度类别	破坏特征及砌体种类		砂浆强度等级			
			≥M10	M7.5	M5	M2.5
弯曲抗拉	沿齿缝	烧结普通砖、烧结多孔砖	0.33	0.29	0.23	0.17
		混凝土普通砖、混凝土多孔砖	0.33	0.29	0.23	—
		蒸压灰砂砖、蒸压粉煤灰砖	0.24	0.20	0.16	—
		混凝土砌块和轻集料混凝土砌块	0.11	0.09	0.08	—
		毛石	—	0.11	0.09	0.07
	沿通缝	烧结普通砖、烧结多孔砖	0.17	0.14	0.11	0.08
		混凝土普通砖、混凝土多孔砖	0.17	0.14	0.11	—
		蒸压灰砂砖、蒸压粉煤灰砖	0.12	0.10	0.08	—
		混凝土砌块和轻集料混凝土砌块	0.08	0.06	0.05	—
抗剪	烧结普通砖、烧结多孔砖		0.17	0.14	0.11	0.08
	混凝土普通砖、混凝土多孔砖		0.17	0.14	0.11	—
	蒸压灰砂砖、蒸压粉煤灰砖		0.12	0.10	0.08	—
	混凝土和轻骨料混凝土砌块		0.09	0.08	0.06	—
	毛石		—	0.19	0.16	0.11

注：1. 对于用形状规则的块体砌筑的砌体，当搭接长度与块体高度的比值小于1时，其轴心抗拉强度设计值 f_t 和弯曲抗拉强度设计值 f_{tm} 按表中数值乘以搭接长度与块体高度比值后采用；

2. 表中数值是依据普通砂浆砌筑的砌体确定，采用经研究性试验且通过技术鉴定的专用砂浆砌筑的蒸压灰砂砖普通砖、蒸压粉煤灰普通砖砌体，其抗剪强度设计值按相应普通砂浆强度等级砌筑的烧结普通砖砌体采用；

3. 对混凝土普通砖、混凝土多孔砖、混凝土和轻骨料混凝土砌块砌体，表中的砂浆强度等级分别为：≥Mb10，Mb7.5 及 Mb5。

蒸压灰砂砖等材料有较大的地区性，如灰砂砖所用砂的细度和生产工艺不同，且砌体抗拉、弯、剪的强度较烧结普通砖砌体的强度要低，其中蒸压灰砂砖和蒸压粉煤灰砖砌体的抗剪强度设计值为烧结普通砖砌体抗剪强度设计值的70%。对蒸压灰砂砖、蒸压粉煤灰砖、烧结页岩砖、烧结煤矸石砖和烧结粉煤灰砖砌体，在有可靠的试验数据时，允许其抗拉、弯、剪的强度设计值作适当调整，有利于这些地方性材料的推广应用。

为有效提高蒸压硅酸盐砖砌体的抗剪强度，确保结构的工程质量，应积极推广、应用专用砌筑砂浆。表中的砌筑砂浆为普通砂浆，当该类砖采用专用砂浆砌筑时，其砌体沿砌体灰缝截面破坏时砌体的轴心抗拉强度设计值、弯曲抗拉强度设计值和抗剪强度设计值按普通烧结砖砌体的采用。当专用砂浆的砌体抗剪强度高于烧结普通砖砌体时，其砌体抗剪强度仍取烧结普通砖砌体的强度设计值。

对于用形状规则的块体砌筑的砌体，其轴心抗拉强度和弯曲抗压强度受块体搭接长度与块体高度之比值（l/h）大小的影响。采用一顺一丁、梅花丁或全部丁砌时，$l/h=1.0$，表3-9中的轴心抗拉强度设计值即根据这类情况的试验结果获得。当采用三顺一丁砌筑方式时，$l/h>1$砌体沿齿缝截面的轴心抗拉强度可提高20%，但因施工图中一般不规定砌筑方法，故表3-9中不考虑其提高。如采用其他砌筑方式且该比值小于1时，f_t 则应乘以 l/h 值予以

35

36

减小。同理，对于其弯曲抗拉强度设计值也作了表 3-9 中注 1 的规定。

（2）单排孔混凝土砌体的抗剪强度设计值为：

$$f_{vg} = 0.2 f_g^{0.55} \tag{3-19}$$

式中　f_{vg}——灌孔混凝土砌块体抗剪强度设计值；

　　　f_g——灌孔混凝土砌块砌体抗压强度设计值（MPa），按式（3-17）计算。

3. 砌体强度设计值的调整

工程上砌体的使用情况多种多样，在某些情况下砌体的强度可能降低，在有的情况下需要适当提高或降低结构构件的安全储备，因而在设计计算时需考虑砌体强度的调整，即将上述砌体强度设计值乘以调整系数 γ_a，这一点易被忽视。如只一味取砌体强度设计值为 f 而不是取 $\gamma_a f$，往往造成计算结果错误，不符合《砌体规范》规定的要求。

砌体强度设计值的调整系数，应按下列规定采用：

（1）对无筋砌体构件，其截面面积小于 0.3m² 时，γ_a 为其截面面积加 0.7。对配筋砌体构件，当其中砌体截面面积小于 0.2m² 时，γ_a 为其截面面积加 0.8。构件截面面积以 "m²" 计；

（2）当砌体用强度等级小于 M5.0 的水泥砂浆砌筑时，对表 3-2～表 3-8 中的数值，γ_a 为 0.9；对表 3-9 中的数值，γ_a 为 0.8；

（3）当验算施工中房屋的构件时，γ_a 为 1.1。

施工阶段砂浆尚未硬化的新砌砌体的强度和稳定性，可按砂浆强度为零进行验算。对于冬期施工采用掺盐砂浆法施工的砌体，砂浆强度等级按常温施工的强度等级提高一级时，砌体强度和稳定性可不验算。配筋砌体不得用掺盐砂浆施工。

3.4　砌体结构的耐久性

结构的耐久性是在设计确定的环境作用和维修、使用条件下，结构构件在设计使用年限内保持其适用性和安全性的能力。结构耐久性设计的主要目标，是为了确保主体结构能达到规定的设计使用年限，满足建筑物的合理使用年限要求。砌体结构的耐久性包括两个方面，一是对配筋砌体结构构件的钢筋的保护，二是对砌体材料保护。砌体结构的耐久性与钢筋混凝土结构既有相同处但又有一些优势。相同处是指砌体结构中的钢筋保护增加了砌体部分，而比混凝土结构的耐久性好，无筋砌体尤其是烧结类砖砌体的耐久性更好。《砌体规范》中 4.3 节耐久性规定主要是根据工程经验并参照国内外有关规范增补的。

3.4.1　影响砌体结构耐久性的主要因素

影响结构耐久性的因素较多，归纳起来主要有以下几个方面，即设计使用年限，环境作用，材料的性能，防止材料劣化的技术措施以及使用期的检测、维护。在这些因素作用下，结构耐久性设计的定量计算方法，尚未成熟到能在工程中普遍应用的程度。因而至今，国内外对结构耐久性设计仍采用传统的经验方法。在我国，结构耐久性暂归入正常使用极限状态进行设计控制。对砌体结构，其状态主要表现为砌体产生可见的裂缝、酥裂、风化、粉化，配筋砌体中钢筋锈蚀、胀裂。它们将导致结构功能降低，达不到设计预期的使用年限，甚至产生严重的工程事故。

确保砌体、混凝土材料耐久性的措施主要可从以下几个方面入手：

（1）材料最低强度等级。强度等级高，材料孔隙率小，砌体材料抵抗有害介质入侵的能力强。

（2）含水率。材料含水少，孔隙小，抗冻融，因而提高了材料的耐久性。

（3）碳化。碳化会使材料的内部结构破坏，强度下降，不仅砌体性能劣化，对于配筋砌体，随着碳化深度加大，引起钢筋锈蚀。为此应控制材料的碳化系数。碳化系数就是碳化后试件与碳化前对比试件抗压强度的比值。一般要求块材的碳化系数不小于 0.85。

（4）冻融。砌体内部含水量高时，尤其是多孔、轻质材料，冻融循环的作用会引起其内部或表面的冻融、损伤，甚至胀裂。材料在 -15℃冻结后，再于 20℃的水中融化，称为一次冻融循环。在经过规定的循环冻融次数后，材料重量损失不超过 5%，且强度损失不超过 25% 时，可满足一般抗冻性能的要求。

（5）耐水性。材料长期在饱和水作用下，其强度显著降低，甚至丧失强度，这是材料耐水性差的表现。耐水性用软化系数来衡量。一般而言，吸水率低，则软化系数高；反之，吸水率高，则软化系数低。通过耐水性试验测定砌体材料的软化系数，从而评定砌体材料在长期潮湿环境中的使用性能。

软化系数 k 值，处于 0~1 之间，接近于 1，说明耐水性好。受水浸泡或处于潮湿环境中的重要建筑物所选用的材料软化系数不得小于 0.85。因此，软化系数大于 0.85 的材料常被认为是耐水的。干燥环境中使用的材料可以不考虑耐水性。

（6）有害成分。砌体及混凝土中的有害成分主要是氯离子、碱骨料。材料中的氯离子会大大促进电化学反应的速度，必须严格控制其氯离子含量。材料中碱性骨料与水反应体积膨胀，发生碱骨料反应，使砌体、混凝土产生膨胀裂缝，需控制材料的最大含碱量。

3.4.2 砌体结构耐久性设计

对于结构耐久性设计，主要是依据结构的设计使用年限、环境类别，选择性能可靠的材料和采取防止材料劣化的措施。结构的设计使用年限，应按建筑物的合理使用年限确定，不低于《工程结构可靠性设计统一标准》GB 50153 规定的设计使用年限。

1. 砌体结构的环境类别

砌体结构的环境类别如表 3-10 规定，与混凝土结构耐久性设计的环境类别有所差异，但大体上接近。

砌体结构的环境类别　　　　　表 3-10

环境类别	条　件
1	正常居住及办公建筑的内部干燥环境
2	潮湿的室内或室外环境，包括与无侵蚀性土和水接触的环境
3	严寒和使用化冰盐的潮湿环境（室内或室外）
4	与海水直接接触的环境，或处于滨海地区的盐饱和的气体环境
5	有化学侵蚀的气体、液体或固态形式的环境，包括有侵蚀性土壤的环境

2. 砌体中钢筋的选择及技术措施

设计使用年限为 50 年时，砌体中钢筋的耐久性选择，应符合表 3-11 的规定；夹心墙的钢筋连接件或钢筋网片、连接钢板、锚固螺栓或钢筋，应采用重镀锌或等效的防护涂层，镀锌层的厚度不应小于 290g/m²；当采用环氧涂层时，灰缝钢筋涂层厚度不应小于 290μm，其余部件涂层厚度不应小于 450μm。

砌体中钢筋耐久性选择　　　　　表 3-11

环境类别	钢筋种类和最低保护要求	
	位于砂浆中的钢筋	位于灌孔混凝土中的钢筋
1	普通钢筋	普通钢筋
2	重镀锌或有效保护的钢筋	当采用混凝土灌孔时，可为普通钢筋；当采用砂浆灌孔时应为重镀锌或有效保护的钢筋
3	不锈钢或有效保护的钢筋	重镀锌或等效保护的钢筋
4、5	不锈钢或等效保护的钢筋	不锈钢或等效保护的钢筋

注：1. 对夹心墙的外叶墙，应采用重镀锌或有等效保护的钢筋；
　　2. 表中的钢筋即为国家现行标准《混凝土结构设计规范》GB 50010 和《冷轧带肋钢筋混凝土结构技术规程》JGJ 95 等标准规定的普通钢筋或非预应力钢筋。

3. 砌体中钢筋的保护层厚度

砂浆的防腐性能通常较相同厚度的密实混凝土防腐性能差，因此在相同暴露情况下，要求的保护层厚度通常比混凝土截面保护层大。砌体中钢筋的混凝土保护层厚度要求基本上同混凝土规范，但适用的环境条件也根据砌体结构复合保护层的特点有所扩大。

设计使用年限为 50 年时，砌体中钢筋的保护层厚度，应符合下列规定：

（1）配筋砌体中钢筋的最小混凝土保护层厚度，应符合表 3-12 的规定。

钢筋的最小保护层厚度（mm）　　　　　表 3-12

环境类别	混凝土强度等级			
	C20	C25	C30	C35
	最低水泥含量（kg/m³）			
	260	280	300	320
1	20	20	20	20
2	—	25	25	25
3	—	40	40	30

环境类别	混凝土强度等级			
	C20	C25	C30	C35
	最低水泥含量（kg/m³）			
	260	280	300	320
4	—	—	40	40
5	—	—	—	40

注：1. 材料中最大氯离子含量和最大碱含量应符合《混凝土结构设计规范》GB 50010 的规定；
2. 当采用防渗砌体块体和防渗砂浆砌筑时，可考虑部分砌体（含抹灰层）的厚度作为保护层，但对环境类别 1、2、3，其混凝土保护层的厚度分别不应小于 10mm、15mm 和 20mm；
3. 钢筋砂浆面层的组合砌体构件的钢筋保护层厚度，可近似按 M7.5～M15 对应 C20，M20 对应 C25 的关系，按表中规定的混凝土保护层厚度数值增加 5～10mm；
4. 对安全等级为一级或设计使用年限为 50 年以上的砌体结构，钢筋的保护层厚度应至少增加 10mm。

（2）灰缝中钢筋外露砂浆保护层厚度不应小于 15mm。

（3）所有钢筋端部均应有与对应钢筋的环境类别条件相同的保护层厚度。

（4）对填实的夹心墙或特别的墙体构造，钢筋的最小保护层厚度，应符合下列要求：

1）用于环境类别 1 时，应取 20mm 厚砂浆或灌孔混凝土与钢筋直径较大者。

2）用于环境类别 2 时，应取 20mm 厚灌孔混凝土与钢筋直径较大者。

3）采用重镀锌钢筋时，应取 20mm 厚砂浆或灌孔混凝土与钢筋直径较大者。

4）采用不锈钢钢筋时，应取钢筋直径。

4. 砌体材料的选择及技术措施

无筋高强度砖石结构经历数百年和上千年考验其耐久性是不容置疑的。对非烧结块材、多孔块材的砌体处于冻胀或某些侵蚀环境条件下其耐久性易于受损，故提高其砌体材料的强度等级是最有效和普遍采用的方法。

设计使用年限为 50 年时，砌体材料的耐久性应符合下列规定：

（1）地面以下或防潮层以下的砌体、潮湿房间的墙或环境类别 2 的砌体，所用材料的最低强度等级应符合表 2-2 的规定。对安全等级为一级或设计使用年限大于 50 年的房屋，表中材料强度等级应至少提高一级。

（2）在冻胀地区，地面以下或防潮层以下的砌体，不宜采用多孔砖，如采用时，其孔洞应用不低于 M10 的水泥砂浆预先灌实；当采用混凝土空心砌块砌体时，其孔洞应采用强度等级不低于 Cb20 的混凝土预先灌实。

（3）处于环境类别 3～5 等有侵蚀性介质的砌体材料，应符合下列要求：

1）不应采用蒸压灰砂砖、蒸压粉煤灰砖。

2）应采用实心砖，砖的强度等级不应低于 MU20，水泥砂浆的强度等级不应低于 M10。

3）混凝土砌块的强度等级不应低于 MU15，灌孔混凝土的强度等级不应低于 Cb30，砂浆的强度等级不应低于 Mb10。

4）应根据环境类别对砌体材料的抗冻指标、耐酸、耐碱性能提出要求，或符合有关规范的规定。

以上规定表明，砌体中的烧结块材和质地坚硬的石材是耐久的，但随着新型、轻质块体特别是非烧结块材及多孔块材的应用，处于冰胀或某些侵蚀环境条件下，其耐久性降低。工程上提高砌体材料的强度等级是有效和普遍采用的增强耐久性的方法。

思考题

3-1 砌体结构按承载能力极限状态设计时，荷载最不利组合如何进行？

3-2 在砌体结构设计中为什么要考虑以承受结构自重为主的荷载组合？

3-3 砌体强度的标准值和设计值如何确定？

3-4 什么是施工质量控制等级？在设计时是如何体现的？

3-5 砌体结构的耐久性包括哪些方面的内容？影响砌体结构耐久性的主要因素有哪些？

第4章
无筋砌体构件的承载力计算

本章知识点

知识点：

1. 掌握受压构件的破坏特点，掌握偏心影响系数、稳定影响系数等影响无筋砌体受压构件承载力的主要因素，掌握砌体构件受压承载力计算方法及适用条件，了解矩形截面双向偏心受压构件承载力计算公式。

2. 掌握砌体局部受压特点及破坏形态，熟悉工程中砌体局部受压种类，掌握砌体局部受压时的破坏特征，掌握砌体局部均匀受压、梁端局部非均匀受压承载力计算方法，了解梁端设有刚性垫块、钢筋混凝土垫梁的承载力计算公式。

3. 掌握砌体轴心受拉、受弯、受剪承载力的计算方法。

重点：砌体受压构件的破坏特点及影响无筋砌体受压构件承载力的主要因素；砌体局部均匀受压、梁端局部非均匀受压承载力计算方法。

难点：梁端局部非均匀受压承载力计算，梁端设有刚性垫块、钢筋混凝土垫梁的承载力计算。

4.1 受压构件

实际工程中，受压为砌体结构构件最常见的受力形式。受压砌体截面常为方形、矩形、T形、十字形等。砌体受压构件随纵向压力 N 作用位置的不同分为轴心受压和偏心受压两种情况（包括轴力 N 和弯矩 M 共同作用情况）。根据高厚比的变化，砌体受压构件按是否考虑纵向弯曲对承载力的影响，分为受压短柱与长柱。

4.1.1 受压构件应力分析

国内试验研究资料表明：偏心距 e 的大小直接影响砌体受压构件受力状况及承载力。

图 4-1 所示为砌体受压构件截面应力分布规律及纵向承载力随偏心距 e 的大小而变化。

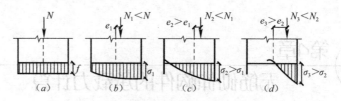

图 4-1　砌体受压时截面应力分布

（1）当 $e=0$ 时，即构件承受轴心压力时，砌体截面上受到的压应力是均匀分布的，构件破坏时，截面所能承受的极限压应力为砌体的轴心抗压强度 f（图 4-1a）。

（2）当 $e>0$ 时，砌体截面上产生的压应力是不均匀分布的，压应力的分布随着偏心距 e 的变化而变化；当偏心距不大时，整个截面受压，应力图形呈曲线分布（图 4-1b），这时破坏将发生在压应力较大即靠近纵向压力作用的一侧，破坏时该侧压应力及压应变比轴心受压破坏时的应力及应变略有增加，但是受压承载力较轴心受压时小。

随着偏心距 e 的增大，在远离竖向荷载的一侧，截面由受压逐渐过渡到受拉，受压区面积逐渐减小，靠近荷载一侧的压应力逐渐增大，但只要在受压边压碎之前受拉边的拉应力尚未达到砌体的通缝抗拉强度，则截面的受拉边就不会开裂，直至破坏之前，仍是全截面受力（图 4-1c），但构件的受压承载力逐渐降低。

随着偏心距 e 的进一步增大，远离荷载一侧截面的砌体拉应力达到砌体的抗拉强度，产生了沿截面通缝的水平裂缝，已开裂的截面退出工作，实际受压区面积进一步减小（图 4-1d），偏心距 e 越大，截面实际受压区面积越小，受压区压应力的合力将与偏心荷载保持平衡，受压截面的压应力进一步加大，并出现竖向裂缝，最后由于受压区的砌体压碎导致构件破坏。破坏时，虽然砌体受压一侧的极限变形和极限强度都比轴压构件高，但由于受压区面积的减小，构件破坏时截面所能承担的轴向压力明显下降，且随着偏心距的增大而减小。

4.1.2　偏心影响系数

试验研究表明：砌体受压构件的承载力，除受截面尺寸、材料强度影响外，还与偏心距 e 大小（偏心影响系数）、受压构件的高厚比 β（稳定影响系数）有关。

当构件高厚比 $\beta \leqslant 3$ 时，可视为受压短柱，此时的受压承载力与砌体抗压强度、截面形式以及偏心距 e 的大小有关。将同类短构件偏心受压时与轴心受压时的承载力比值定义为受压构件承载力偏心影响系数，或统称为受压构件承载力影响系数 φ。图 4-2 所示为国内对矩形、T 形、十字形和环形截面偏心受压短柱的偏心影响系数 φ 与构件 e/i 的试验统计结果。从图 4-2 中分散的试验点可以看出，受压构件承载力偏心影响系数 φ 与偏心矩 e 和截面回转半径 i 的比值 e/i 大致成某种曲线关系，接近于反二次抛物线的关系。这里 $i=\sqrt{I/A}$，I 为截面偏心方向的惯性矩，A 为截面面积。

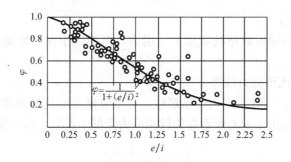

图 4-2 偏心影响系数 φ 与 e/i 的关系

通过对试验结果的回归，得到偏心影响系数 φ 的计算公式为：

$$\varphi = \frac{1}{1 + (e/i)^2} \tag{4-1}$$

按公式（4-1）计算得到的曲线如图 4-2 所示的粗线，从图 4-2 中可以看出，曲线和试验结果趋势基本一致，总体上是吻合的。

4.1.3 稳定影响系数

当构件高厚比较大时，由于轴线的弯曲、截面材料的不均匀性、荷载作用偏离重心轴以及其他原因，即使构件轴心受压，通常也会产生一定的侧向挠度，从而产生相应的附加纵向弯曲，导致受压构件的承载力降低（图 4-3）。偏心荷载作用下，受压构件的侧向挠度和纵向弯曲的不利影响进一步加大。随着偏心距的增大，受压面积逐渐减小，受压构件的刚度和稳定性逐渐降低，导致构件受压承载力进一步减小。

通常当高厚比 $\beta \leqslant 3$ 时，构件可视为受压短柱，可不考虑高厚比对承载力的影响；当高厚比 $\beta > 3$ 时，应考虑高厚比即稳定影响系数对构件受压承载力的影响。

4.1.4 受压承载力计算

根据以上分析，偏心距 e 大小（偏心影响系数）和受压构件的高厚比 β（稳定影响系数）是影响受压构件承载力的主要因素。《砌体规范》用一个系数 φ 来综合考虑轴向力偏心距 e（偏心影响系数）和构件的高厚比 β（稳定影响系数）的影响，则砌体受压构件的承载力计算公式为：

$$N \leqslant \varphi f A \tag{4-2}$$

式中　N——轴向力设计值；

　　　φ——高厚比 β 和轴向力的偏心距 e 对受压构件承载力的影响系数，以下简称影响系数；

　　　f——砌体抗压强度设计值；

　　　A——砌体截面面积，对各类砌体均按毛截面面积计算，对带壁柱墙，其计算截面翼缘宽度 b_f，可按下列规定采用：

（1）多层房屋，有门窗洞口时，可取窗间墙宽度；无门窗洞口时，可取壁柱高度的 1/3；

（2）单层房屋可取壁柱宽加 2/3 墙高，但不大于窗间墙宽度和相邻壁柱间距离。

1. 短柱受压承载力计算

当 $\beta \leqslant 3$ 时，构件可视为受压短柱，可不考虑高厚比对承载力的影响，影响系数 φ 仅表示由于偏心距引起构件承载力降低的系数，即为偏心影响系数。

$$\varphi = \frac{1}{1 + (e/i)^2} \tag{4-3}$$

式中　i——截面回转半径，$i = \sqrt{I/A}$，

　　　e——轴向力偏心距：$e = M/N$，M、N 分别为弯矩和轴向压力设计值。

如图 4-1 所示，当纵向压力的偏心距较大时，构件的受压承载力将随着偏心距的增大和受压区高度的减小而明显降低，构件的刚度和稳定性亦随之削弱。此外，当偏心距过大时，受拉区水平灰缝也会过早开裂。因此，《砌体规范》规定，无筋砌体单向偏心受压构件的偏心距 e 的计算值不应超过 $0.6y$（y 为截面重心到轴向力所在偏心方向截面边缘的距离），当超过 $0.6y$ 时，则应采取措施减小轴向力的偏心距。

对于矩形截面 $i = h/\sqrt{12}$，则：

$$\varphi = \frac{1}{1 + 12(e/h)^2} \tag{4-4a}$$

式中　h——矩形截面轴向力偏心方向的边长，当为轴心受压时取截面较小边长。

对于 T 形和十字形截面，也可采用矩形截面的计算公式，但应采用折算厚度 h_T，即：

$$\varphi = \frac{1}{1 + 12(e/h_T)^2} \tag{4-4b}$$

式中　h_T——T 形、十字形截面折算厚度，可近似取 $h_T = 3.5i$。

偏心影响系数 φ 除了按公式（4-3）计算外，也可由表 4-3～表 4-5 按 $\beta \leqslant 3$ 项来查得。

当偏心距 $e = 0$，构件为轴心受压，此时 $\varphi = 1$。

2. 长柱受压承载力计算

当 $\beta > 3$ 时，附加纵向弯曲会导致受压构件的承载力降低，应考虑纵向弯曲引起的附加偏心距 e_i 的影响（图 4-3）。影响系数 φ 表示轴向力偏心距 e（偏心影响系数）和构件的高厚比 β（稳定影响系数）引起构件承载力降低的系数：

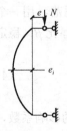

图 4-3　单向偏心受压长柱附加偏心距 e_i

$$\varphi = \frac{1}{1 + \left(\dfrac{e + e_i}{i}\right)^2} \tag{4-5}$$

式中　φ——高厚比 β 和轴向力偏心距 e 对受压构件承载力的影响；

　　　e_i——构件纵向弯曲引起的附加偏心距。

对矩形截面

$$\varphi = \frac{1}{1 + 12\left(\dfrac{e + e_i}{h}\right)^2} \tag{4-6}$$

对 T 形截面

$$\varphi = \frac{1}{1 + 12\left(\dfrac{e + e_i}{h_{\mathrm{T}}}\right)^2} \tag{4-7}$$

当偏心距 $e = 0$ 时，$\varphi = \varphi_0$，此处 φ_0 是构件轴心受压时的稳定系数，称为轴心受压稳定系数。

$$\varphi_0 = \frac{1}{1 + \left(\dfrac{e_i}{i}\right)^2} \tag{4-8}$$

可得 e_i 的计算公式：$e_i = i\sqrt{\dfrac{1}{\varphi_0} - 1}$，代入公式（4-5），可得：

$$\varphi = \frac{1}{1 + \left(\dfrac{e + e_i}{i}\right)^2} = \frac{1}{1 + \dfrac{\left[e + i\left(\dfrac{1}{\varphi_0} - 1\right)^{\frac{1}{2}}\right]^2}{i^2}} \tag{4-9}$$

将 $i = h/\sqrt{12}$ 代入式（4-9），可得影响系数 φ 的计算公式为：

$$\varphi = \frac{1}{1 + 12\left[\dfrac{e}{h} + \sqrt{\dfrac{1}{12}\left(\dfrac{1}{\varphi_0} - 1\right)}\right]^2} \tag{4-10}$$

根据理论分析，轴心受压稳定系数 φ_0 主要与构件高厚比和砂浆强度有关：

$$\varphi_0 = \frac{1}{1 + \alpha\beta^2} \tag{4-11}$$

式中　α——与砂浆强度等级有关的系数，按表 4-1 采用；

　　　β——构件高厚比。

α 系数　　　　　　　　　　　　　　　　　　　　　　　　　表 4-1

砂浆强度等级	≥M5	M2.5	0
α	0.0015	0.002	0.009

当偏心距 $e = 0$ 时，构件为轴心受压，此时：

$$\varphi = \varphi_0 = \frac{1}{1 + \alpha\beta^2} \tag{4-12}$$

在计算 φ 或查 φ 表时，构件高厚比 β 按下列公式确定，以考虑砌体类型对受压构件承载力的影响。

矩形截面

$$\beta = \gamma_\beta \frac{H_0}{h} \tag{4-13a}$$

T 形截面

$$\beta = \gamma_\beta \frac{H_0}{h_{\mathrm{T}}} \tag{4-13b}$$

式中　γ_β——不同砌体材料的高厚比修正系数，按表 4-2 采用；

h——矩形截面轴向力偏心方向的边长，当轴心受压时为截面的短边；

h_T——T 形截面的折算厚度，可近似取 $h_T = 3.5i$；

i——截面回转半径，$i = \sqrt{\dfrac{I}{A}}$；

H_0——受压构件的计算高度，按表 6-4 确定。

高厚比修正系数 γ_β　　表 4-2

砌体材料类别	γ_β
烧结普通砖、烧结多孔砖	1.0
混凝土普通砖、混凝土多孔砖混凝土及轻骨料混凝土砌块	1.1
蒸压灰砂砖、蒸压粉煤灰砖、细料石、半细料石	1.2
粗料石、毛石	1.5

注：对灌孔混凝土砌块砌体，γ_β 取 1.0。

按公式（4-10）计算影响系数 φ 比较复杂，为了方便，《砌体规范》根据不同砂浆强度等级（≥M5、M2.5、0 三种情况）给出了影响系数 φ 的计算结果，如表 4-3～表 4-5 所示。具体设计时可根据砂浆强度等级、高厚比 β 及 e/h 直接查表 4-3～表 4-5 得到影响系数 φ 的取值。若 e/h 或 e/h_T 超过表中数值，则按公式（4-10）计算 φ 值。

影响系数 φ（砂浆强度等级≥M5）　　表 4-3

β	\multicolumn{13}{c}{$\frac{e}{h}$ 或 $\frac{e}{h_T}$}
	0	0.025	0.05	0.075	0.1	0.125	0.15	0.175	0.2	0.225	0.25	0.275	0.3
≤3	1	0.99	0.97	0.94	0.89	0.84	0.79	0.73	0.68	0.62	0.57	0.52	0.48
4	0.98	0.95	0.90	0.85	0.80	0.74	0.69	0.64	0.58	0.53	0.49	0.45	0.41
6	0.95	0.91	0.86	0.81	0.75	0.69	0.64	0.59	0.54	0.49	0.45	0.42	0.38
8	0.91	0.86	0.81	0.76	0.70	0.64	0.59	0.54	0.50	0.46	0.42	0.39	0.36
10	0.87	0.82	0.76	0.71	0.65	0.60	0.55	0.50	0.46	0.42	0.39	0.36	0.33
12	0.82	0.77	0.71	0.66	0.60	0.55	0.51	0.47	0.43	0.39	0.36	0.33	0.31
14	0.77	0.72	0.66	0.61	0.56	0.51	0.47	0.43	0.40	0.36	0.34	0.31	0.29
16	0.72	0.67	0.61	0.56	0.52	0.47	0.44	0.40	0.37	0.34	0.31	0.29	0.27
18	0.67	0.62	0.57	0.52	0.48	0.44	0.40	0.37	0.34	0.31	0.29	0.27	0.25
20	0.62	0.57	0.53	0.48	0.44	0.40	0.37	0.34	0.32	0.29	0.27	0.25	0.23
22	0.58	0.53	0.49	0.45	0.41	0.38	0.35	0.32	0.30	0.27	0.25	0.24	0.22
24	0.54	0.49	0.45	0.41	0.38	0.35	0.32	0.30	0.28	0.26	0.24	0.22	0.21
26	0.50	0.46	0.42	0.38	0.35	0.33	0.30	0.28	0.26	0.24	0.22	0.21	0.19
28	0.46	0.42	0.39	0.36	0.33	0.30	0.28	0.26	0.24	0.22	0.21	0.19	0.18
30	0.42	0.39	0.36	0.33	0.31	0.28	0.26	0.24	0.22	0.21	0.20	0.18	0.17

影响系数 φ（砂浆强度等级≥M2.5）　　表 4-4

β	\multicolumn{13}{c}{$\frac{e}{h}$ 或 $\frac{e}{h_T}$}
	0	0.025	0.05	0.075	0.1	0.125	0.15	0.175	0.2	0.225	0.25	0.275	0.3
≤3	1	0.99	0.97	0.94	0.89	0.84	0.79	0.73	0.68	0.62	0.57	0.52	0.48
4	0.97	0.94	0.89	0.84	0.78	0.73	0.67	0.62	0.57	0.52	0.48	0.44	0.40
6	0.93	0.89	0.84	0.78	0.73	0.67	0.62	0.57	0.52	0.48	0.44	0.40	0.37

β	\(\frac{e}{h}\) 或 \(\frac{e}{h_T}\)												
	0	0.025	0.05	0.075	0.1	0.125	0.15	0.175	0.2	0.225	0.25	0.275	0.3
8	0.89	0.84	0.78	0.72	0.67	0.62	0.57	0.52	0.48	0.44	0.40	0.37	0.34
10	0.83	0.78	0.72	0.67	0.61	0.56	0.52	0.47	0.43	0.40	0.37	0.34	0.31
12	0.78	0.72	0.67	0.61	0.56	0.52	0.47	0.43	0.40	0.37	0.34	0.31	0.29
14	0.72	0.66	0.61	0.56	0.51	0.47	0.43	0.40	0.36	0.34	0.31	0.29	0.27
16	0.66	0.61	0.56	0.51	0.47	0.43	0.40	0.36	0.34	0.31	0.29	0.26	0.25
18	0.61	0.56	0.51	0.47	0.43	0.40	0.36	0.33	0.31	0.29	0.26	0.24	0.23
20	0.56	0.51	0.47	0.43	0.39	0.36	0.33	0.31	0.28	0.26	0.24	0.23	0.21
22	0.51	0.47	0.43	0.39	0.36	0.33	0.31	0.28	0.26	0.24	0.23	0.21	0.20
24	0.46	0.43	0.39	0.36	0.33	0.31	0.28	0.26	0.24	0.23	0.21	0.20	0.18
26	0.42	0.39	0.36	0.33	0.31	0.28	0.26	0.24	0.22	0.21	0.20	0.18	0.17
28	0.39	0.36	0.33	0.30	0.28	0.26	0.24	0.22	0.21	0.20	0.18	0.17	0.16
30	0.36	0.33	0.30	0.28	0.26	0.24	0.22	0.21	0.20	0.18	0.17	0.16	0.15

影响系数 φ（砂浆强度等级 0）　　　　表 4-5

β	\(\frac{e}{h}\) 或 \(\frac{e}{h_T}\)												
	0	0.025	0.05	0.075	0.1	0.125	0.15	0.175	0.2	0.225	0.25	0.275	0.3
≤3	1	0.99	0.97	0.94	0.89	0.84	0.79	0.73	0.68	0.62	0.57	0.52	0.48
4	0.87	0.82	0.77	0.71	0.66	0.60	0.55	0.51	0.46	0.43	0.39	0.36	0.33
6	0.76	0.70	0.65	0.59	0.54	0.50	0.46	0.42	0.39	0.36	0.33	0.30	0.28
8	0.63	0.58	0.54	0.49	0.45	0.41	0.38	0.35	0.32	0.30	0.28	0.25	0.24
10	0.53	0.48	0.44	0.41	0.37	0.34	0.32	0.29	0.27	0.25	0.23	0.22	0.20
12	0.44	0.40	0.37	0.34	0.31	0.29	0.27	0.25	0.23	0.21	0.20	0.19	0.17
14	0.36	0.33	0.31	0.28	0.26	0.24	0.23	0.21	0.20	0.18	0.17	0.16	0.15
16	0.30	0.28	0.26	0.24	0.22	0.21	0.19	0.18	0.17	0.16	0.15	0.14	0.13
18	0.26	0.24	0.22	0.21	0.19	0.18	0.17	0.16	0.15	0.14	0.13	0.12	0.12
20	0.22	0.20	0.19	0.18	0.17	0.16	0.15	0.14	0.13	0.12	0.12	0.11	0.10
22	0.19	0.18	0.16	0.15	0.14	0.14	0.13	0.12	0.12	0.11	0.10	0.10	0.09
24	0.16	0.15	0.14	0.13	0.13	0.12	0.11	0.11	0.10	0.10	0.09	0.09	0.08
26	0.14	0.13	0.13	0.12	0.11	0.11	0.10	0.10	0.09	0.09	0.08	0.08	0.07
28	0.12	0.12	0.11	0.11	0.10	0.10	0.09	0.09	0.08	0.08	0.08	0.07	0.07
30	0.11	0.10	0.10	0.09	0.09	0.09	0.08	0.08	0.07	0.07	0.07	0.07	0.06

　　对矩形截面受压构件，当轴向力偏心方向的截面边长大于另一方向的边长时，除按偏心受压计算外，还应对较小边长方向，按轴心受压进行验算。

　　3. 矩形截面双向偏心受压构件承载力计算

　　《砌体规范》附录D中给出了无筋砌体矩形截面双向偏心受压时的承载力计算公式。受压承载力仍可采用式（4-10）计算，但其承载力影响系数 φ 应修正。

　　如图 4-4 所示，对无筋砌体矩形截面双向偏心受压构件的承载力影响系数 φ，可按下式计算：

47

4.1 受压构件

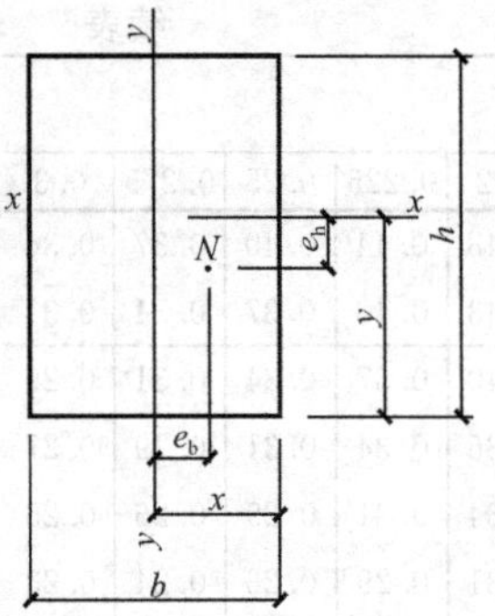

$$\varphi = \cfrac{1}{1 + 12\left[\left(\cfrac{e_b + e_{ib}}{b}\right)^2 + \left(\cfrac{e_h + e_{ih}}{h}\right)^2\right]}$$

$$(4\text{-}14)$$

式中　e_b、e_h——轴向力在截面重心 x 轴、y 轴方向
的偏心距，e_b、e_h 宜分别不大于
$0.5x$ 和 $0.5y$；

x、y——自截面重心沿 x 轴、y 轴至轴向力
所在偏心方向截面边缘的距离；

e_{ib}、e_{ih}——轴向力在截面重心 x 轴、y 轴方向
的附加偏心距，分别为：

图 4-4　双向偏心受压

$$e_{ib} = \frac{b}{\sqrt{12}}\sqrt{\frac{1}{\varphi_0} - 1}\left[\frac{\frac{e_b}{b}}{\frac{e_b}{b} + \frac{e_h}{h}}\right], \quad e_{ih} = \frac{h}{\sqrt{12}}\sqrt{\frac{1}{\varphi_0} - 1}\left[\frac{\frac{e_h}{h}}{\frac{e_b}{b} + \frac{e_h}{h}}\right]$$

当一个方向的偏心率（e_b/b 或 e_h/h）不大于另一个方向的偏心率的 5%
时，可简化按另一个方向的单向偏心受压的规定确定承载力的影响系数 φ。

试验研究表明：砌体构件双向偏心受压且偏心距较大时，随着竖向压力
的增加，砌体内水平裂缝和竖向裂缝几乎同时产生，甚至水平裂缝较竖向裂
缝出现早。因而对于双向偏心受压砌体构件，对偏心距的限制较单向偏心受
压时对偏心距的限制要严。

4.1.5　计算示例

【例题 4-1】　已知一截面为 $490\text{mm} \times 620\text{mm}$ 的砖柱，采用强度等级为
MU15 的蒸压灰砂砖和 Ms7.5 砂浆砌筑，柱的计算高度 $H_0 = 4.8\text{m}$，该柱底
承受的轴心荷载设计值 $N = 430\text{kN}$，偏心距 $e = 85\text{mm}$，沿长边方向。试验算
柱截面承载力。

【解】　查表 3-4 求 f，$f = 2.07\text{N/mm}^2$。

对偏心长边方向验算受压承载力：

$$e = 85\text{mm} < 0.6y = 0.6 \times 620/2 = 186\text{mm}$$

$$\frac{e}{h} = \frac{0.085}{0.62} = 0.137$$

$$\beta = \frac{4.8}{0.62} = 7.74 < [\beta] = 16$$

因块材采用的是蒸压灰砂砖，$\gamma_\beta = 1.2$，取 $\beta = 1.2 \times 7.74 = 9.3$。

查表 4-3 得：

$$\varphi = 0.59$$

$$A = 0.49 \times 0.62 = 0.3038\text{m}^2$$

偏心受压承载力

$$\varphi f A = 0.59 \times 2.07 \times 0.3038 \times 10^3 = 371.03\text{kN} < 430\text{kN}$$

该柱承载力不满足要求。

【例题 4-2】　某柱截面尺寸为 $390\text{mm} \times 590\text{mm}$，采用 MU10 单排孔砌块、

Mb7.5 砌块专用砂浆砌筑，单排孔砌块孔洞率为 45%，空心部位用 Cb20 细石混凝土灌实，灌孔率 $\rho = 50\%$，柱子的计算高度 $H_0 = 6.0$m，承受竖向荷载设计值 $N = 275$kN，荷载作用偏心距 $e = 86$mm，沿长边方向。试验算该混凝土砌块柱承载力。

【解】 （1）验算长边偏心方向受压承载力

MU10 混凝土砌块、Mb7.5 砌块砌筑砂浆，查表 3-5 得 $f = 2.5\text{N/mm}^2$，乘以独立柱 f 值调整系数 0.7 后，$f = 1.75\text{N/mm}^2$，已知 $\delta = 0.45$，$\rho = 0.5$，Cb20 细石混凝土 $f_c = 9.6\text{N/mm}^2$。

则灌孔砌体的抗压强度为：

$$
\begin{aligned}
f_g &= f + 0.6\delta\rho f_c \\
&= 1.75 + 0.6 \times 0.45 \times 0.5 \times 9.6 \\
&= 1.75 + 1.30 = 3.05\text{N/mm}^2 < 2f = 3.5\text{N/mm}^2
\end{aligned}
$$

柱截面面积

$$
A = 0.39 \times 0.59 = 0.23\text{m}^2 < 0.3\text{m}^2
$$

调整系数

$$
\gamma_a = 0.7 + A = 0.7 + 0.23 = 0.93
$$

对灌孔混凝土砌块

$$
\gamma_\beta = 1.0
$$

$$
\beta = \gamma_\beta \frac{H_0}{h} = 1.0 \times \frac{6.0}{0.59} = 10.2 < [\beta] = 16
$$

$$
e = 89\text{mm} < 0.6y = 0.6 \times 590/2 = 177\text{mm}
$$

$$
e/h = \frac{89}{590} = 0.15
$$

根据 β 和 e/h 查表 4-3 得 $\varphi = 0.54$。

承载力验算：

$$
\varphi\gamma_a f_g A = 0.54 \times 0.93 \times 3.05 \times 0.23 \times 10^3 = 352.3\text{kN} > 275\text{kN}
$$

满足要求。

（2）验算短边方向轴心受压承载力

$$
\beta = \gamma_\beta \frac{H_0}{b} = \frac{6000}{390} = 15.38 < [\beta] = 16
$$

根据 β 查表 4-3 得 $\varphi = 0.699$。

承载力验算：

$$
\varphi\gamma_a f_g A = 0.699 \times 0.93 \times 3.05 \times 0.23 \times 10^3 = 456\text{kN} > 275\text{kN}
$$

满足要求。

【例题 4-3】 已知某一房屋承重内横墙，采用 190mm 厚，强度等级为 MU10 的混凝土小型空心砌块与强度等级为 Mb7.5 的砂浆砌筑，墙体计算高度 $H_0 = 3000$mm，作用在基础顶面墙体中的轴向力设计值为 245kN/m。试验算该墙体的承载力。

【解】 横墙为连续墙体，可取 1m 长度的墙体单元进行计算，因此轴向力设计值 N 为：

$$N = 245 \times 1 = 245 \text{kN}$$

（1）确定砌体抗压强度设计值 f

由 MU10 混凝土小型空心砌块和 Mb7.5 砂浆，得 $f = 2.5 \text{N/mm}^2$。

（2）计算截面面积 A

$$A = 1000 \times 190 = 190000 \text{mm}^2 = 0.19 \text{m}^2$$

尽管 $A = 0.19 \text{m}^2 < 0.3 \text{m}^2$，但计算 A 时所取单元的横墙截面面积并非是整个连续横墙的截面面积。因此 f 不必乘以强度调整系数 γ_a。

（3）计算承载力影响系数 φ

因块材采用的是混凝土小型空心砌块，$\gamma_\beta = 1.1$，高厚比 β 为：

$$\beta = \gamma_\beta \frac{H_0}{h} = 1.1 \times \frac{3000}{190} = 17.37$$

因采用 Mb7.5 砂浆，可取 $\alpha = 0.0015$，则

$$\varphi = \varphi_0 = \frac{1}{1 + \alpha \beta^2} = \frac{1}{1 + 0.0015 \times 17.37^2} = 0.688$$

（4）验算承载力

$$N_u = \varphi f A = 0.688 \times 2.5 \times 0.19 \times 10^6 = 326.8 \text{kN} > N = 245 \text{kN}$$

承载力满足要求。

【例题 4-4】　已知某一房屋承重内横墙，采用 240mm 厚、强度等级为 MU15 的混凝土多孔砖与强度等级为 Mb7.5 的混合砂浆砌筑，墙体层高 3.2m，纵墙间距 5.8m，作用在墙体顶面的轴向力设计值为 228kN/m。试验算该墙体的承载力。（注：墙体重度取 18kN/m³。）

【解】　横墙为连续墙体，可取 1m 长度的墙体单元进行计算，因此墙底轴向力设计值 N 为：

$$N = 228 \times 1 + 18 \times 1 \times 0.24 = 232.3 \text{kN}$$

（1）确定砌体抗压强度设计值 f

由 MU15 混凝土多孔砖和 Mb7.5 砂浆，得 $f = 2.07 \text{N/mm}^2$。

（2）计算截面面积 A

$$A = 1000 \times 240 = 240000 \text{mm}^2 = 0.24 \text{m}^2$$

尽管 $A = 0.24 \text{m}^2 < 0.3 \text{m}^2$，但计算 A 时所取单元的横墙截面面积并非是整个连续横墙的截面面积。因此 f 不必乘以强度调整系数 γ_a。

（3）计算承载力影响系数 φ

因为 $H < S < 2H$，所以 $H_0 = 0.4S + 0.2H = 2.96$。因块材采用的是混凝土多孔砖，$\gamma_\beta = 1.1$，高厚比 β 为：

$$\beta = \gamma_\beta \frac{H_0}{h} = 1.1 \times \frac{2960}{240} = 13.57$$

因采用 M7.5 砂浆，可取 $\alpha = 0.0015$，则

$$\varphi = \varphi_0 = \frac{1}{1 + \alpha \beta^2} = \frac{1}{1 + 0.0015 \times 13.57^2} = 0.784$$

（4）验算承载力

$$N_u = \varphi f A = 0.756 \times 2.07 \times 0.24 \times 10^6 = 375.58 \text{kN} > N = 232.3 \text{kN}$$

承载力满足要求。

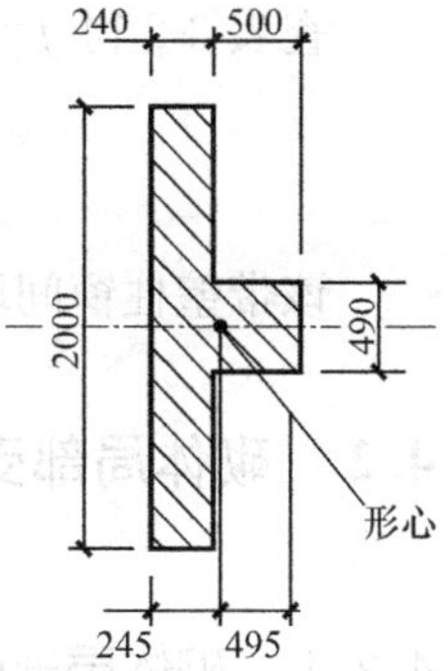

【例题 4-5】 某单层单跨无吊车工业厂房带壁柱窗间墙，截面尺寸如图 4-5 所示，柱高为 $H=8.1\text{m}$，计算高度为 $H_0=1.2\times8.1=9.72\text{m}$，用 MU10 烧结页岩砖及 M5.0 混合砂浆砌筑。若该控制截面（墙底截面）承受的轴向压力设计值为 $N=332\text{kN}$，弯矩设计值为 $M=39.44\text{kN/m}$，试验算该窗间墙承载力。

图 4-5 例题 4-5 图

【解】（1）计算截面几何参数

截面面积

$$A=2\times0.24+0.49\times0.5=0.725\text{m}^2$$

形心到截面边缘的距离

$$y_1=\frac{2\times0.24\times0.12+0.49\times0.5\times0.49}{0.725}=0.245\text{m}$$

$$y_2=0.5+0.24-0.245=0.495\text{m}$$

截面惯性矩

$$I=\frac{2\times0.24^3}{12}+2\times0.24\times(0.245-0.12)^2+\frac{0.49\times0.5^3}{12}$$
$$+0.49\times0.5\times(0.495-0.25)^2=0.0296\text{m}^4$$

回转半径

$$i=\sqrt{\frac{I}{A}}=\sqrt{\frac{0.0296}{0.725}}=0.202\text{m}$$

折算厚度

$$h_\text{T}=3.5i=3.5\times0.202=0.707\text{m}$$

（2）确定偏心距

$$e=\frac{M}{N}=\frac{39.44}{332}=0.119\text{m}$$

$$e/y_1=0.119/0.245=0.485<0.6 \quad \text{符合要求}$$

计算墙体高厚比

$$\beta=\gamma_\beta\frac{H_0}{h_\text{T}}=1.0\times\frac{9.72}{0.707}=13.75$$

由 M5.0 混合砂浆得 $\alpha=0.0015$。

$$\varphi_0=\frac{1}{1+\alpha\beta^2}=\frac{1}{1+0.0015\times13.75^2}=0.779$$

计算承载力影响系数 φ

$$\varphi=\frac{1}{1+12\left[\frac{e}{h_\text{T}}+\sqrt{\frac{1}{12}\left(\frac{1}{\varphi_0}-1\right)}\right]^2}$$

$$=\frac{1}{1+12\left[\frac{0.119}{0.707}+\sqrt{\frac{1}{12}\left(\frac{1}{0.779}-1\right)}\right]^2}$$

$$=0.446$$

查表 3-2 得 $f=1.5\text{N/mm}^2$，$\gamma_a=1.0$，则：

$$\varphi\gamma_a fA = 0.446\times1.0\times1.5\times0.725\times10^3$$
$$=485\text{kN}>N=332\text{kN}$$

该带壁柱窗间墙承载力满足要求。

4.2　砌体局部受压

4.2.1　砌体局部受压特点及破坏特征

局部受压是砌体结构非常普遍的一种受力状态，如钢筋混凝土柱、钢筋混凝土梁或屋架支承在砌体墙体或柱上。局部受压的特点是砌体的局部面积上承受较大的荷载。实际工程中，根据局部压应力的分布，砌体局部受压分为局部均匀受压和局部非均匀受压。当砌体局部受压截面上为均匀压应力时，称为局部均匀受压。当砌体局部受压截面上作用非均匀压应力时，则称为局部非均匀受压，如梁端砌体局部受压等。

试验研究表明，砌体局部受压时可能发生三种破坏形态，如图 4-6 所示，一是因纵向裂缝发展引起的破坏，二是发生劈裂破坏，三是局部受压砌体压碎破坏。

(1) 因竖向裂缝的发展而破坏

当构件截面上影响砌体局部抗压强度的计算面积 A_0 与局部受压面积 A_l 的比值 A_0/A_l 不太大时，在局部受压作用面下一段墙体里产生竖向裂缝，并随局部压力的增加而向上下发展，最后导致墙体破坏（图 4-6a）。

(2) 劈裂破坏

当 A_0/A_l 较大时，墙体受荷后变形不大，随着局部压力的增大，当墙体横向拉应力达到砌体的抗拉强度，墙体内即出现竖向劈裂裂缝导致构件开裂破坏（图 4-6b）。

(3) 局部受压面积下砌体的压碎破坏

当砌体局部受压强度较低时，在局部压力作用下，局部受压范围内砌体被压碎而导致破坏（图 4-6c）。

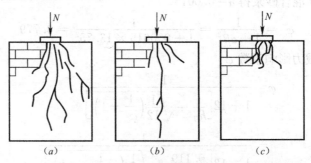

图 4-6　砌体局部受压破坏形态

(a) 因纵向裂缝的发展而破坏；(b) 劈裂破坏；(c) 局部受压砌体压碎破坏

上述三种破坏现象可用"先裂后坏"、"一裂就坏"和"未裂先坏"来简单的概述破坏的特点。

砌体局部受压时，由于存在"套箍强化"和"应力扩散"作用，按局部受压面积计算的抗压强度得到了大大提高。"套箍强化"作用即四周未直接承受压力的砌体对中间局部受压的砌体产生套箍作用，约束其横向变形的发展，使局部受压的砌体处于三向受压的应力状态；"应力扩散"作用即局部受压砌体将局部压应力向四周扩散到未直接承受压力的较大范围的砌体上，两者使砌体局部受压强度得到显著的提高。

根据实际工程中可能出现的情况，砌体局部受压可分为：砌体局部均匀受压、梁端支承处砌体局部非均匀受压、刚性垫块下砌体局部受压及垫梁下砌体局部受压等。下面来具体分析各种砌体局部受压特点及承载力计算方法。

4.2.2 局部均匀受压

如上所述，砌体局部均匀受压时，受压强度有较大提高。《砌体规范》根据试验结果，给出了砌体局部均匀受压时承载力的计算公式：

$$N_l \leqslant \gamma f A_l \tag{4-15}$$

式中 　N_l——局部受压面积上轴向力设计值；

　　　A_l——局部受压面积；

　　　A_0——影响砌体局部抗压强度的计算面积，按图 4-7 确定。

　　　f——砌体的抗压强度设计值，按表 3-2～表 3-8 采用，调整系数可取 $\gamma_a = 1.0$；

　　　γ——砌体局部抗压强度提高系数，按下式计算：

$$\gamma = 1 + 0.35 \sqrt{\frac{A_0}{A_l} - 1} \tag{4-16}$$

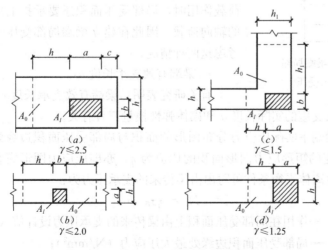

图 4-7　影响砌体局部抗压强度的计算面积 A_0

(a) $A_0 = (a+b+c)h$；　(b) $A_0 = (a+h)h + (b+h_1-h)h_1$；　(c) $A_0 = (b+2h)h$；　(d) $A_0 = (a+h)h$

在图 4-7 中，a、b 为矩形局部受压面积 A_1 的边长；h、h_1 为墙厚或柱的较小边长；c 为矩形局部受压面积的外边缘至构件边缘的较小距离，当 $c>h$ 时，取 h。

由公式（4-16）可知，局部抗压强度提高系数 γ 由两部分组成，其中第一部分可视为局部受压砌体本身的抗压强度，第二部分可视为局部受压面积外砌体（A_0-A_l）所提供的侧向压力的"套箍强化"和"应力扩散"作用对砌体局部受压强度的提高作用。

一般情况下，当砌体截面中心局部受压时，周围影响砌体局部抗压强度的计算面积与局部受压面积的比值 A_0/A_l 越大，则周围砌体对局部砌体的约束作用就越强，砌体的局部抗压强度就越高。

为了避免 A_0/A_l 过大，导致局部受压时出现劈裂破坏，对计算所得提高系数 γ 的最大值应予以限制。在图 4-7（a）情况下，$\gamma\leqslant2.5$；在图 4-7（c）情况下，$\gamma\leqslant1.5$；在图 4-7（b）情况下，$\gamma\leqslant2.0$；在图 4-7（d）情况下，$\gamma\leqslant1.25$。

对灌孔混凝土空心砌块砌体，图 4-7（a）、（b）、（c）情况下，尚应符合 $\gamma\leqslant1.5$；未灌孔混凝土空心砌块砌体，$\gamma=1.0$；对多孔砖砌体孔洞难以灌实时，应按 $\gamma=1.0$ 取用，当设置混凝土垫块时，按垫块下的砌体局部受压计算。

4.2.3　梁端支承处砌体局部非均匀受压

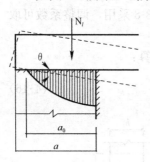

图 4-8　梁端局部
非均匀受压

如图 4-8 所示，当梁端直接支承在砌体上时，支撑部位的砌体处于局部受压受力状态。由于梁在竖向荷载作用下产生了挠曲变形，梁端产生转角 θ，梁端有脱开砌体的趋势，导致梁端有效支承长度 a_0 小于实际支承长度 a，梁端砌体局部受压面积上产生了不均匀压应力，局部压应力为曲线分布（图 4-8）。此外，当梁端上部有荷载作用时，局部受压面积还要承担上部砌体传来的轴向荷载。因此在建立梁端局部受压承载力时要考虑这两种情况。

1. 梁端有效支承长度 a_0。

有关研究表明：梁端有效支承长度 a_0 与梁的刚度、梁伸入支座的实际长度 a 和砌体弹性模量三者有关。

假设梁端下实际压应力分布图形的面积与局部受压面积边缘处最大压应力 σ_l 所确定的矩形应力图形面积的比值为 η，亦即压应力图形完整系数，则由梁端的截离体平衡条件可写出由梁传来的支承压力为：

$$N_l = \eta\sigma_l a_0 b \tag{4-17}$$

式中　N_l——作用在局部受压面积上由梁传来的支承压力设计值（N）；

　　　σ_l——局部受压面积边缘处最大压应力（N/mm²）；

　　　a_0——梁端有效支承长度（mm）；

　　　η——压应力图形完整系数；

　　　b——梁的截面宽度（mm）。

梁端转角 θ、支座边缘处的压缩变形 Δ 及 a_0 三者的几何关系为：$\Delta = a_0 \tan\theta$。假设砌体的压缩刚度系数为 k，试验表明，可将 σ_l 与 Δ 的关系近似表示为 $\sigma_l = k\Delta$，即 $\sigma_l = ka_0\tan\theta$，代入公式（4-17）可得：

$$a_0 = \sqrt{\frac{N_l}{\eta kb\tan\theta}} \tag{4-18}$$

为了简化计算，考虑砌体的塑性变形等影响。近似取 $\eta k = 0.0007f$，则有：

$$a_0 = 38\sqrt{\frac{N_l}{bf\tan\theta}} \tag{4-19}$$

对于承受均布荷载且跨度小于 6m 的钢筋混凝土简支梁，$N_l = ql/2$，$\tan\theta = ql^3/24B_c$，考虑到钢筋混凝土梁出现裂缝后近似取刚度 $B_c = 0.33E_cI_c$，$E_c = 2.55 \times 10^4 \text{N/mm}^2$，$I_c = \dfrac{bh_c^3}{12}$，则可得：

$$\tan\theta = \frac{ql^3}{24 \times 0.33E_cI_c} = \frac{ql^3}{15.3bh_c^3} \tag{4-20}$$

代入式（4-19），可得：

$$a_0 = 38\sqrt{\left(\frac{h_c}{l}\right)^2 \frac{7.65h_c}{f}} = 105.1\frac{h_c}{l}\sqrt{\frac{h_c}{f}} \tag{4-21}$$

对于普通钢筋混凝土梁，可假定 $\dfrac{h_c}{l} = \dfrac{1}{11}$，则：

$$a_0 = 9.56\sqrt{\frac{h_c}{f}} \tag{4-22}$$

为简化计算，《砌体规范》规定对于跨度小于 6m 的钢筋混凝土梁，有效支承长度：

$$a_0 = 10\sqrt{\frac{h_c}{f}} \tag{4-23}$$

式中 h_c——梁的截面高度（mm）；

　　　f——砌体抗压强度设计值（N/mm²）。

2. 上部荷载折减系数 ψ

如图 4-9 所示，作用在梁端局部砌体上的轴向力，除了梁端支承压力外，

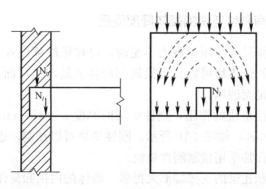

图 4-9　内拱卸荷作用

还可能受到由上部均匀荷载产生的压应力。试验研究表明，由于梁端底部砌体的压缩变形，梁端顶面砌体与梁顶逐渐脱开，使梁顶的上部荷载将会部分或全部卸至两边砌体，形成"内拱卸荷作用"，使砌体内部应力产生重分布。

理论分析表明：这种"内拱卸荷作用"与 $\dfrac{A_0}{A_l}$ 值有关，A_0/A_l 较大时，"内拱卸荷作用"较明显，上部砌体传给梁端支承面的压力 N_0 大部分传给梁端周围的砌体，A_0/A_l 较小时，"内拱卸荷作用"逐渐减弱，传给梁端周围砌体的压力逐渐减小。考虑"内拱卸荷作用"引入了上部荷载的折减系数 ψ，当 $\dfrac{A_0}{A_l} \geqslant 3$ 时，$\psi = 0$，即可不计入 N_0；当 $\dfrac{A_0}{A_l} = 1$ 时，$\psi = 1$，即上部砌体传来的压力 N_0 将全部作用在梁端局部受压面积上。

3. 梁端砌体局部受压承载力计算

梁端局部受压砌体承担的荷载包括梁的支撑反力和上部荷载传来的压力，梁端支承处砌体的局部受压承载力按下式计算：

$$\psi N_0 + N_l \leqslant \eta \gamma f A_l \tag{4-24}$$

式中　ψ——上部荷载的折减系数；$\psi = 1.5 - 0.5\dfrac{A_0}{A_l}$，当 $\dfrac{A_0}{A_l} \geqslant 3$ 时，取 $\psi = 0$；

N_0——局部受压面积内上部轴向力设计值（N），$N_0 = \sigma_0 A_l$；

σ_0——上部平均压应力设计值（N/mm²）；

N_l——梁端支承压力设计值（N）；

η——梁端底面压应力图形的完整系数，一般取 $\eta = 0.7$，对于过梁和墙梁 $\eta = 1.0$；

A_l——梁端砌体局部受压面积，$A_l = a_0 b$，b 为梁的截面宽度（mm）；a_0 为梁端有效支承长度（mm），对于跨度小于 6m 的钢筋混凝土梁，$a_0 = 10\sqrt{\dfrac{h_c}{f}}$，当 $a_0 > a$ 时，取 $a_0 = a$，a 为梁端实际支承长度（mm）；

h_c——梁的截面高度（mm）；

f——砌体的抗压强度设计值（N/mm²）。

4.2.4　梁端设有刚性垫块的砌体局部受压

当梁端部砌体局部受压承载力不足时，可在梁端部设置钢筋混凝土或混凝土刚性垫块。刚性垫块可以扩大梁端部砌体的局部受压面积，避免局部受压砌体因强度不足而破坏。

为了保证刚性垫块的作用，刚性垫块的厚度 $t_b \geqslant 180$mm，且自梁边算起的垫块挑出长度 $\leqslant t_b$，如图 4-10 所示。刚性垫块可以预制，也可以现场浇筑。在实际工程中，往往采用预制刚性垫块。

由于垫块面积比梁的支撑端部大得多，墙体的内拱卸荷作用不那么明显，因此上部墙体传来的轴向力不考虑折减，按应力叠加计算局部受压砌体承担

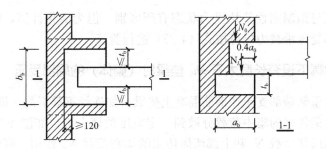

图 4-10　梁端下设有刚性垫块时的局部受压

的竖向荷载，垫块面积以下仍考虑周围砌体的有利影响。

试验表明，刚性垫块下砌体的局部受压可借用砌体偏心受压公式进行计算。梁端下设有刚性垫块的砌体局部受压承载力计算公式为：

$$N_0 + N_l \leqslant \varphi \gamma_1 f A_b \tag{4-25}$$

式中　N_0——垫块面积 A_b 内上部轴向力设计值，$N_0 = \sigma_0 A_b$；

A_b——垫块面积，$A_b = a_b b_b$，a_b 为垫块伸入墙内的长度，b_b 为垫块的宽度；

φ——垫块面积内上部轴力 N_0 与 N_l 合力的影响系数，应取 $\beta \leqslant 3$ 按式（4-10）计算或查表 4-3～表 4-5 求得；

γ_1——垫块外砌体面积的有利影响系数，$\gamma_1 = 0.8\gamma$ 且 $\geqslant 1.0$，γ 为砌体局部抗压强度提高系数，按式（4-16）计算，但以 A_b 代替 A_l，即 $\gamma_1 = 0.8 + 0.28\sqrt{\dfrac{A_0}{A_b} - 1}$；

A_0——影响砌体局部抗压强度的面积（mm²），应按垫块面积 A_b 为 A_l 计算的。

计算垫块上 N_0 及 N_l 合力的影响系数 φ 时，需要知道 N_l 的作用位置。垫块上 N_l 的合力到墙边缘的距离取为 $0.4a_0$，这里 a_0 为刚性垫块上梁的有效支承长度，按下式计算：

$$a_0 = \delta_1 \sqrt{\dfrac{h_c}{f}} \tag{4-26}$$

式中　h_c 和 f——见式（4-23）；

δ_1——刚性垫块影响系数，依据上部平均压应力设计值 σ_0 与砌体抗压强度设计值 f 的比值按表 4-6 取用。

	系数 δ_1 取值				表 4-6
σ_0/f	0	0.2	0.4	0.6	0.8
δ_1	5.4	5.7	6.0	6.9	7.8

当在带壁柱墙的壁柱内设置刚性垫块时（图 4-10），由于翼墙多数位于压应力较小边，翼缘参加工作的程度有限，所以计算面积 A_0 应取壁柱范围内面积，不计翼缘部分，同时壁柱上垫块伸入翼墙内的长度不应小于 120mm。

此外，当现浇刚性垫块与梁端整体浇筑时，垫块可在梁高范围内设置，其局部受压与预制刚性垫块受力状态有所区别，但为简化计算，梁端支承处砌体的局部受压承载力仍可按式（4-25）进行验算。

4.2.5　梁端下设有长度大于 πh_0 垫梁时（砌体）的局部受压

当梁或屋架端部支承在钢筋混凝土垫梁（如连续钢筋混凝土圈梁）上时，垫梁可把大梁传来的集中荷载分散到一定宽度的墙上去，如图 4-11 所示。垫梁上受梁端局部荷载 N_l 和上部墙体传来的均布荷载 N_0 作用，可将其视为一根承受集中荷载的弹性地基梁。参照弹性地基梁理论，垫梁下砌体的竖向压应力的分布按三角形考虑，分布范围为 πh_0，如图 4-11 所示。试验研究表明，当垫梁下砌体发生局压破坏时，梁下竖向压应力峰值与砌体强度之比均在 1.5 以上。根据图 4-11，垫梁下砌体局部受压强度验算条件为：

$$\sigma_{ymax} \leqslant 1.5f \qquad (4\text{-}27)$$

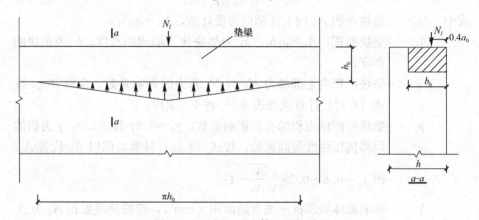

图 4-11　垫梁（下砌体）局部受压

即：

$$N_0 + N_l \leqslant (\sigma_{ymax}\pi h_0 b_b)/2 = (1.5f\pi h_0 b_b)/2 \approx 2.4fb_b h_0 \qquad (4\text{-}28)$$

考虑到荷载沿墙厚方向分布的不均匀性，上式右边应乘以修正系数 δ_2，则局部受压承载力应按下列公式计算：

$$N_0 + N_l \leqslant 2.4\delta_2 fb_b h_0 \qquad (4\text{-}29)$$

$$N_0 = \pi h_0 b_b \sigma_0/2 \qquad (4\text{-}30)$$

$$h_0 = 2\sqrt[3]{\dfrac{E_b I_b}{E_h}} \qquad (4\text{-}31)$$

$$N_0 + N_l \leqslant 2.4\delta_2 fb_b h_0 \qquad (4\text{-}32)$$

式中　N_0——垫梁 $\pi h_0 b_b/2$ 范围内上部轴向力设计值，$N_0 = \pi b_b h_0 \sigma_0/2$；

　　　　b_b——垫梁在墙厚方向的宽度；

　　　　δ_2——柔性垫梁下不均匀局部受压修正系数，当荷载沿墙厚方向均匀分布时，取 $\delta_2 = 1$，当荷载沿墙厚方向不均匀分布时，取 $\delta_2 = 0.8$；

　　　　h_0——垫梁折算高度；

　　　　E_b、I_b——分别为垫梁的混凝土弹性模量和截面惯性矩；

h_b——垫梁的高度；

E——砌体的弹性模量；

h——墙厚。

垫梁上梁端的有效支承长度 a_0 可按公式（4-26）计算。

式（4-31）是按弹性地基梁下最大应力 $\sigma_{ymax} = 0.306 \sqrt[3]{\dfrac{E_b I_b}{Eh}} \cdot N_l/b_b$，用 $N_l = (\sigma_{ymax} \pi h_0 b_b)/2$ 代入后推导得到的近似表达式。

4.2.6 计算示例

【例题 4-6】 如图 4-12 所示，有一截面尺寸为 240mm×240mm 的钢筋混凝土柱支承在厚为 240mm 的砖墙上，墙体采用 MU15 混凝土多孔砖和 Mb7.5 砂浆砌筑，柱传给墙体的轴向力设计值为 89kN。试验算柱下端支承处墙体的局部受压承载力。

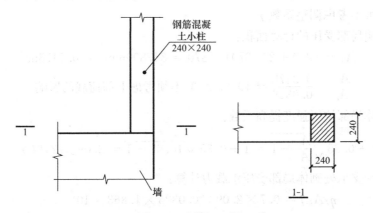

图 4-12　例题 4-6 图

【解】 （1）查表 3-2 得，砌体抗压强度设计值 $f = 2.07 \text{N/mm}^2$，根据本章 4.2.2 小节规定，取 $\gamma_a = 1.0$。

（2）由图 4-12 得，局部抗压强度的面积为：

$$A_0 = (a+h)h = (240+240) \times 240 = 115200 \text{mm}^2$$

（3）局部受压面积为：

$$A_l = 240 \times 240 = 57600 \text{mm}^2$$

局部抗压强度提高系数

$$\gamma = 1 + 0.35 \sqrt{\dfrac{A_0}{A_l} - 1} = 1 + 0.35 \sqrt{\dfrac{115200}{57600} - 1} = 1.35 > 1.25$$

故取 $\gamma = 1.25$。

（4）墙体局部受压面积上的轴向力设计值为：

$$N_l = \gamma f A_l = 1.25 \times 1.30 \times 57600 = 93600 \text{N} = 93.6 \text{kN} > 89 \text{kN}$$

墙体局部受压承载力满足要求。

【例题 4-7】 已知某房屋外纵墙的窗间墙截面尺寸为 1200mm×370mm，如图 4-13 所示，采用 MU15 烧结页岩砖、M7.5 混合砂浆砌筑。墙上支承的

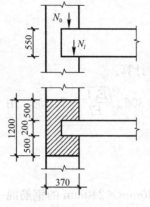

图 4-13 例题 4-7 图

钢筋混凝土大梁截面尺寸为 200mm×550mm，支承长度 $a=200mm$。梁端荷载产生的支承反力设计值为 $N_l=81kN$，上部荷载产生的轴向压力设计值为 236kN。试验算梁端砌体的局部受压承载力。

【解】 由 MU15 烧结页岩砖、M7.5 砂浆，查表 3-2 得砌体抗压强度设计值 $f=2.07N/mm^2$。

有效支承长度：

$$a_0 = 10 \times \sqrt{\frac{h_c}{f}} = 10 \times \sqrt{\frac{550}{2.07}}$$

$$= 163mm < a，取 a_0 = 163mm。$$

局部受压面积：

$$A_l = a_0 b = 163 \times 200 = 32600mm^2 = 0.0326mm^2$$

砌体局部受压面积 $A_l = 0.033m^2 < 0.3m^2$，但规范规定，对于砌体的局部受压，可不考虑调整系数 γ_a。

影响局部受压的计算面积：

$$A_0 = (200 + 2 \times 370) \times 370 = 347800mm^2 = 0.3478m^2$$

$$\frac{A_0}{A_l} = \frac{0.3478}{0.0326} = 10.67 > 3，不须考虑上部荷载的影响。$$

砌体局部抗压强度提高系数：

$$\gamma = 1 + 0.35 \sqrt{\frac{A_0}{A_l} - 1} = 1 + 0.35 \sqrt{10.67 - 1} = 2.09 > 2，取 \gamma = 2.0。$$

梁端支承处砌体局部受压承载力计算：

$$\eta \gamma A_l f = 0.7 \times 2.09 \times 0.0326 \times 1.863 \times 10^3$$

$$= 88.85kN > \psi N_0 + N_l = 0 + 76 = 76kN$$

梁端支承处砌体局部受压承载力满足要求。

【例题 4-8】 已知：除 $N_l=120kN$ 外，其他条件与例 4-7 相同，求通过设置刚性垫块使局部受压承载力满足要求。

【解】 显而易见，梁端不设垫块或垫梁，梁下砌体的局部受压强度是不能满足的。故设置预制刚性垫块，尺寸 $A_b = a_b \times b_b = 370 \times 500 = 185000mm^2 = 0.185m^2$，自梁边挑出长度为 150mm，垫块高度 180mm。

（1）求 γ_1 值

$b_0 = b + 2h = 500 + 2 \times 370 = 1240 > 1200mm$，已超过窗间墙实际宽度，取 $b_0 = 1200mm$。

$$A_0 = 370 \times 1200 = 444000mm^2 = 0.44m^2$$

$$\gamma = 1 + 0.35 \sqrt{\frac{A_0}{A_b} - 1} = 1 + 0.35 \sqrt{\frac{0.44}{0.185} - 1}$$

$$= 1.54，\gamma_1 = 0.8\gamma = 1.232 < 2.0。$$

（2）求 φ 值

由于上部荷载作用在整个窗间墙上，则

$$\sigma_0 = \frac{248000}{1200 \times 370} = 0.56\text{N/mm}^2$$

作用在垫块上的 $N_0 = \sigma_0 A_b = 0.56 \times 185000 = 103.6\text{kN}$

$a = 240\text{mm}$，查表 4-6 得 $\delta_1 = 5.85$。

梁端有效支承长度：

$$a_0 = \delta_1 \times \sqrt{\frac{h_c}{f}} = 5.85 \times \sqrt{\frac{500}{1.863}} = 95.84\text{mm} < a = 240\text{mm}$$

N_l 作用点离边缘为 $0.4a_0 = 0.4 \times 95.84\text{mm} = 38.34\text{mm}$，$(N_0 + N_l)$ 对垫块形心的偏心距 e 为：

$$e = \frac{N_l(\frac{a_b}{2} - 0.40a_0)}{N_0 + N_l} = \frac{120(185 - 38.34)}{103.6 + 120} = 78.71\text{mm}$$

$\frac{e}{h} = \frac{78.71}{370} = 0.213$，查表得 $\varphi = 0.65$。

（3）验算局部受压承载力

$\varphi\gamma_1 f A_b = 0.65 \times 1.232 \times 1.863 \times 0.185 \times 10^3 = 276\text{kN} > (N_0 + N_l) = 223.6\text{kN}$（安全）

【例题 4-9】　如图 4-14 所示，某跨度为 6m 的现浇钢筋混凝土简支梁，$b \times h = 200\text{mm} \times 500\text{mm}$，搁置在带壁柱墙上，支承长度 $a = 190\text{mm}$，壁柱截面为 $390\text{mm} \times 390\text{mm}$，梁支承压力设计值 $N_l = 100\text{kN}$，标准值 $N_{lk} = 70\text{kN}$，上层传来平均压应力设计值 $\sigma_0 = 0.5\text{N/mm}^2$。标准值 $\sigma_K = 0.3\text{N/mm}^2$，墙厚 190mm，窗间墙宽 1200mm，墙体用 MU10 单排孔混凝土砌块和 Mb5 砂浆砌筑，梁下壁柱用 Cb20 混凝土灌实三皮砌块，试验算支承处砌体局

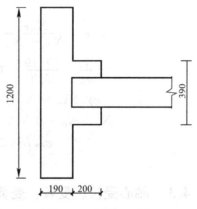

图 4-14　例题 4-9 图

部受压承载力，如不满足要求，通过设置刚性垫块使承载力满足要求。

【解】　由 MU10 砌块及 Mb5 砂浆查表 3-5 得 $f = 2.22\text{N/mm}^2$。

梁有效支承长度：

$$a_0 = 10\sqrt{\frac{h_c}{f}} = 10\sqrt{\frac{500}{2.22}} = 150\text{mm} < a = 190\text{mm}$$

$$A_l = a_0 b = 150 \times 200 = 30000\text{mm}^2$$

计算面积：

$$A_0 = 390 \times 390 = 152100\text{mm}^2 = 0.1521\text{m}^2$$

$A_0/A_1 = \frac{152100}{30000} = 5.07 > 3$，可得 $\psi = 0$。

不考虑上部荷载取：

$$\psi N_0 + N_l = N_l$$

$$\gamma = 1 + 0.35\sqrt{\frac{A_0}{A_l} - 1} = 1 + 0.35\sqrt{\frac{152100}{30000} - 1} = 1.71 < 2.0$$

$\eta\gamma A_l f = 0.7 \times 1.71 \times 30000 \times 2.22 = 79720\text{N} = 79.72\text{kN} < N_l = 100\text{kN}$

不满足要求，在梁端下设预制钢筋混凝土刚性垫块，垫块尺寸：

$a_b \times b_b = 390\text{mm} \times 390\text{mm}$，厚度 $t_b = 190\text{mm}$。

$A_b = 152100\text{mm}^2$，$\frac{A_0}{A_b} = 1$ 取 $\gamma_1 = 1$。

N_l 对垫块重心的偏心距：

$$\sigma_0/f = \frac{0.5}{2.22} = 0.225，查表得，\delta_1 = 5.74。$$

$$a_0 = \delta_1\sqrt{\frac{h_c}{f}} = 5.74\sqrt{\frac{500}{2.22}} = 86.14\text{mm}$$

$$e_l = \frac{a_b}{2} - 0.4a_0 = \frac{390}{2} - 0.4 \times 86.14 = 160.54\text{mm}$$

N_{0K} 作用于垫块截面重心，则

$$N_{0K} = \sigma_K A_b = 0.3 \times 152100 = 45630\text{N} = 45.63\text{kN}$$

$$N_{lk} = 70\text{kN}$$

$$e = \frac{N_{lk}e_l}{N_{0K} + N_{lk}} = \frac{70 \times 160.54}{45.63 + 70} = 97.19\text{mm}$$

$$\frac{e}{a_b} = \frac{97.19}{390} = 0.25，查表 4-3，得 \varphi = 0.57。$$

$$\varphi\gamma_1 f A_b = 0.57 \times 1 \times 2.22 \times 152100 = 192\text{kN}$$

$$N_0 + N_l = 0.5 \times 152100 + 100 \times 10^3 = 176.05\text{kN}$$

$$\varphi\gamma_1 f A_b > N_0 + N_l（满足要求）$$

4.3　轴心受拉、受弯、受剪构件

4.3.1　轴心受拉

砌体轴心抗拉承载力很低，因此工程上用砌体构件来承担轴心拉力的情况很少。如图 4-15 所示，在容积不大的圆形水池或筒仓中，池壁或筒壁构件一般为轴心受拉。由于液体或松散物料对墙壁的压力，在壁内产生环向拉力，使砌体承受轴心拉力。

砌体轴心受拉构件的承载力，按下式计算：

$$N_t \leqslant f_t A \qquad (4-33)$$

式中　N_t——轴心拉力设计值；

　　　f_t——砌体轴心抗拉强度设计值，按表 3-9 采用；

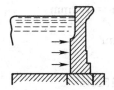

图 4-15　环向受拉水池

　　　A——砌体截面面积。

4.3.2　受弯构件

如图 2-16（a）、（b）所示，在水平荷载作用下，砌体挡土墙承受弯矩，属于受弯构件。由于受弯构件的截面还产生剪力，因此对受弯构件除了要计算受弯承载力外，还应进行受剪承载力计算。

（1）受弯构件的受弯承载力按下式进行计算

$$M \leqslant f_{tm}W \tag{4-34}$$

式中　M——弯矩设计值；

　　f_{tm}——砌体弯曲抗拉强度设计值，按表 3-9 采用；

　　W——截面抵抗矩，对矩形截面 $W=\dfrac{bh^2}{6}$。

（2）受弯构件的受剪承载力按下式进行计算：

$$V \leqslant f_v b_Z \tag{4-35}$$

式中　V——剪力设计值；

　　f_v——砌体的抗剪强度设计值，按表 3-9 采用；

　　Z——内力臂，$Z=\dfrac{I}{S}$，I 为截面惯性矩；S 为截面面积矩；对矩形截面 $Z=\dfrac{2}{3}h$；

　　b、h——分别为截面宽度和高度。

4.3.3　受剪构件

砌体在竖向荷载和水平荷载作用下，可能产生沿通缝截面或沿阶梯形截面的受剪破坏（图 2-17）。

当砌体沿通缝或沿阶梯形截面破坏时，构件的受剪承载力按下式计算：

$$V \leqslant (f_v + \alpha\mu\sigma_0)A \tag{4-36}$$

式中　V——截面剪力设计值；

　　A——水平截面面积，当有孔洞时，取净截面面积；

　　f_v——砌体抗剪强度设计值，对灌孔的混凝土砌块砌体取 f_{vg}；

　　α——修正系数；当 $r_G=1.2$ 时，砖砌体 $\alpha=0.60$，混凝土砌块砌体 $\alpha=0.64$；当 $\gamma_G=1.35$ 时，砖砌体 $\alpha=0.64$，混凝土砌块砌体 $\alpha=0.66$；

　　μ——剪压复合受力影响系数，当 $r_G=1.2$ 时，$\mu=0.26-0.082\dfrac{\sigma_0}{f}$；

　　　　当 $\gamma_G=1.35$ 时，$\mu=0.23-0.065\dfrac{\sigma_0}{f}$；

　　σ_0——永久荷载设计值产生的水平截面平均压应力，为防止墙体产生斜压破坏，其值不应大于 $0.8f$；

　　f——砌体的抗压强度设计值。

64

α 与 μ 的乘积可查表 4-7 得到。

当 $\gamma_G = 1.2$ 及 $\gamma_G = 1.35$ 时 $\alpha\mu$ 的取值　　　　表 4-7

γ_G	α_0/f	0.1	0.2	0.3	0.4	0.5	0.6	0.7	0.8
1.2	砖砌体	0.15	0.15	0.14	0.14	0.13	0.13	0.12	0.12
	砌块砌体	0.16	0.16	0.15	0.15	0.14	0.13	0.13	0.12
1.35	砖砌体	0.14	0.14	0.13	0.13	0.13	0.12	0.12	0.11
	砌块砌体	0.15	0.14	0.14	0.13	0.13	0.13	0.12	0.12

4.3.4　计算示例

【例题 4-10】　已知一圆形砖砌水池，采用 MU15 混凝土多孔砖和 M7.5 混合砂浆砌筑，壁厚 370mm，水池壁承受环向拉力 $N = 72\text{kN/m}$，壁高 $H = 1.2\text{m}$，试验算池壁的受拉承载力。

【解】　由 MU15 混凝土多孔砖和 M7.5 混合砂浆查表 3-9 得 $f_t = 0.16\text{N/mm}^2$，则

$$f_t \times A = 0.16 \times 1200 \times 370 = 71.04\text{kN} < 72 \times 1.2 = 86.4\text{kN}$$

池壁的受拉承载力不满足要求。

【例题 4-11】　已知一矩形水池，如图例 4-16 所示，壁高 $H = 1.5\text{m}$，采用 MU15 烧结页岩砖和 M7.5 混合砂浆砌筑，壁厚 500mm，当不考虑墙体自重产生的竖向压力时，试验算池壁承载力。

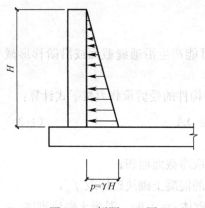

图 4-16　例题 4-11 图

【解】　取 1m 宽竖向板带按悬臂受弯构件计算，在固定端的弯矩的弯矩和剪力为：

$$M = \frac{1}{6}pH^2 = \frac{1}{6} \times 1.5 \times 10 \times 1.5^2$$
$$= 5.63\text{kN} \cdot \text{m}$$

$$V = \frac{pH}{2} = 0.5(1.5 \times 10 \times 1.5)$$
$$= 11.25\text{kN}$$

受弯承载力验算：

$$W = \frac{1}{6}bh^2 = \frac{1}{6} \times 1.0 \times 0.5^2 = 0.042\text{m}^2$$

查表 3-9 得 $f_{tm} = 0.14\text{MPa}$，则

$$f_{tm}W = 0.14 \times 0.042 \times 10^3 = 5.88\text{kN} \cdot \text{m} > 5.63\text{kN} \cdot \text{m}(满足要求)$$

受剪承载力验算：

查表 3-9 得：

$$f_V = 0.14\text{MPa}, \quad z = 2h/3 = 2 \times 500/3 = 333.3\text{mm}$$

$$f_V bz = 0.14 \times 1 \times 0.333 \times 10^3 = 46.67\text{kN} > 11.25\text{kN}(满足要求)$$

【例题 4-12】　已知某房屋中的一片横墙，如图 4-17 所示，长 4.5m，墙厚 240mm，采用强度等级为 MU15 混凝土多孔砖和 Mb7.5 砂浆砌筑，施工

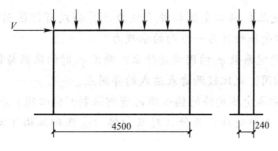

图 4-17 例题 4-12 图

质量控制等级为 B 级。由恒荷载标准值作用于墙顶水平截面上的平均压应力 σ_0 为 0.85N/mm²，作用于墙顶的水平剪力设计值：按可变荷载效应控制的组合为 250kN，按永久荷载效应控制的组合为 270kN，试验算该横墙的受剪承载力。

【解】 查表 3-9 得 $f_v=0.14$N/mm²，查表 3-3 得 $f=2.07$N/mm²。

(1) $\gamma_G=1.2$ 时

$$\sigma_0 = 1.2 \times 0.85 = 1.02 \text{N/mm}^2$$

$$\frac{\sigma_0}{f} = \frac{1.02}{2.07} = 0.49 < 0.8$$

$$\mu = 0.26 - 0.082\frac{\sigma_0}{f} = 0.26 - 0.082 \times 0.49 = 0.220$$

$$\alpha = 0.60, \alpha\mu = 0.60 \times 0.220 = 0.132 \text{(亦可由表 4-7 查到)}$$

按式 (4-36) 可得：

$$(f_v + \alpha\mu\sigma_0)A = (0.14 + 0.132 \times 1.02) \times 4500 \times 240 \times 10^{-3}$$
$$= 296.61 \text{kN} > 250 \text{kN}$$

该横墙受剪承载力满足要求。

(2) $\gamma_G=1.35$ 时

$$\sigma_0 = 1.35 \times 0.85 = 1.15 \text{N/mm}^2$$

$$\frac{\sigma_0}{f} = \frac{1.15}{2.07} = 0.56 < 0.8$$

$$\mu = 0.23 - 0.065\frac{\sigma_0}{f} = 0.23 - 0.065 \times 0.56 = 0.194$$

取 $\alpha=0.60$，$\alpha\mu=0.124$ (亦可由表 4-7 查到)。

按式 (4-36) 可得：

$$(f_v + \alpha\mu\sigma_0)A = (0.14 + 0.124 \times 1.15) \times 4500 \times 240 \times 10^{-3}$$
$$= 352.08 \text{kN} > 270 \text{kN}$$

该横墙受剪承载力满足要求。

思考题

4-1 简述影响受压构件承载力的主要因素。

4-2　轴心受压和偏心受压构件承载力计算公式有何区别？偏心受压时，为什么要按轴心受压验算另一方向的承载力？

4-3　影响稳定系数 φ_0 的因素是什么？确定 φ_0 时的依据与钢筋混凝土轴心受力构件是否相同？试比较两者表达式的异同点。

4-4　无筋砌体受压构件的偏心距 e_0 有何限制？偏心距 e 为什么不宜过大？当超过限值时，如何处理？为什么对双向偏心受压砌体构件偏心距的限制较单向偏压时严？

4-5　砌体局部受压分哪几种情况？试比较其异同点。

4-6　砌体局部受压时有哪几种破坏形态？它与哪些因素有关？

4-7　为什么砌体局部受压时抗压强度有明显提高？局部抗压强度提高系数 γ 与什么因素有关？为什么对其规定限值？

4-8　梁端有效支撑长度 a_0 与哪些因素有关？

4-9　验算梁端支承处局部受压承载力时，为什么对上部轴向力设计值乘以上部荷载的折减系数 ψ？ψ 与什么因素有关？

4-10　当梁端支承处砌体局部受压承载力不满足时，可采取哪些措施？

4-11　为什么在梁端设置刚性垫块后可以提高砌体局部受压承载力？刚性垫块的构造要求是什么？

习题

4-1　已知一截面尺寸为 390mm×590mm 的砌体柱，用 MU15 混凝土小型空心砌块和 Mb7.5 砂浆砌筑，柱的计算高度 $H_0=5.5$m，承受竖向荷载设计值 $N=250$kN，偏心距 $e=130$mm，沿长边方向，试验算该柱的承载力。

4-2　已知一截面为 490mm×620mm 的砌体柱，采用 MU15 烧结页岩砖及 M7.5 混合砂浆砌筑，施工质量控制等级为 B 级，柱计算高度 $H_0=6.8$m，柱顶承受轴向压力设计值 $N=275$kN，弯矩设计值 $M=7.9$kN·m，沿截面长边方向。试验算该砖柱的承载力是否满足要求。

4-3　截面尺寸如图 4-18 所示的砌体墙，采用 MU15 混凝土多孔砖和 Mb7.5 混合砂浆砌筑，墙体计算高度 $H_0=4.2$m，承受弯矩 $M=7.6$kN·m，轴向力设计值 $N=375$kN，轴向力沿翼缘偏心，试验算墙体的承载力是否满足要求。

4-4　一厚 240mm 的承重内横墙，采用 MU15 蒸压灰砂砖和 M7.5 混合砂浆砌筑，已知作用在底层墙顶的竖向荷载设计值为 126kN/m，底层层高 $H=3.2$m，纵墙间距为 6.6m，横墙间距为 3.6m，试验算底层墙体的承载力是否满足要求（墙自重为 3.36kN/m²）。

4-5　已知一截面尺寸为 240mm×370mm 的钢筋混凝土柱，支承在厚 370mm 的砖墙上，作用位置如图 4-19 所示，墙用 MU15 蒸压粉煤灰砖、M5 混合砂浆砌筑，柱传到砖墙上的荷载设计值为 160kN。试验算局部受压承载力是否满足要求。

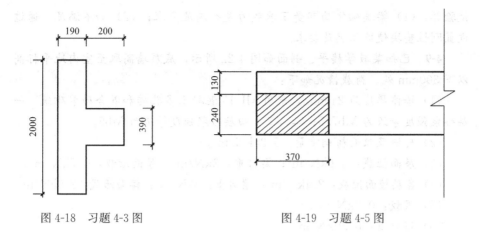

图 4-18 习题 4-3 图   图 4-19 习题 4-5 图

4-6 如图 4-20 所示，已知某外纵墙的窗间墙截面尺寸为 1200mm×240mm，采用 MU15 蒸压灰砂砖和 M7.5 混合砂浆砌筑；墙体中央支承一跨度 6.0m 钢筋混凝土大梁，梁截面尺寸为 $b×h=250mm×600mm$，梁端实际支撑长度为 240mm，梁端荷载产生的支承压力设计值为 126kN，上部荷载产生的轴向压力设计值为 88kN。试验算梁端砌体局部受压承载力是否满足要求。

4-7 如图 4-21 所示，一房屋纵向窗间墙，截面为 1200mm×370mm，上支撑一截面尺寸为 $b×h=200mm×550mm$ 的钢筋混凝土梁，支承长度 $a=240mm$，支座反力 $N_l=92kN$，上部墙体荷载设计值为 265kN，墙体采用强度等级为 MU15 的混凝土多孔砖和 Mb7.5 混合砂浆砌筑，试验算梁端砌体局部受压承载力是否满足要求。

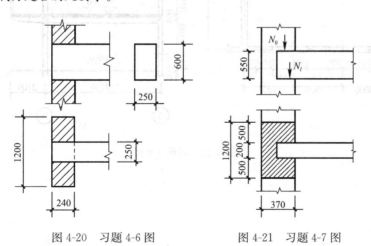

图 4-20 习题 4-6 图   图 4-21 习题 4-7 图

4-8 已知一外纵墙的窗间墙截面为 1200mm×190mm，采用强度等级为 MU10 轻骨料混凝土小型空心砌块和强度等级为 Mb5 混合砂浆孔对孔砌筑，孔洞用 Cb20 混凝土灌孔，中间支撑一跨度为 6.0m、截面尺寸为 $b×h=200mm×500mm$ 的钢筋混凝土梁，已知梁的支撑长度 $a=190mm$，$N_l=130kN$，上部墙体的荷载为 223kN，砌块孔洞率 $\delta=50\%$，灌孔率 $\rho=35\%$。

习 题

试验算：（1）梁端砌体局部受压承载力是否满足要求；（2）如不满足，通过设置刚性垫块使墙体满足要求。

4-9 已知某教学楼平、剖面如图 4-22 所示，底层墙高取至室内地平标高以下 300mm 处。荷载情况如下：

（1）墙体厚度为 240mm，采用 MU15 混凝土多孔砖和混合砂浆砌筑，一层砂浆强度等级为 Mb7.5；二、三、四层砂浆强度等级为 Mb5。

（2）砖墙及双面粉刷重量：5.24kN/m²。

（3）屋面恒载：3.6kN/m²；梁自重：3kN/m²；屋面活载：0.7kN/m²。

（4）各层楼面恒载：2.4kN/m²；梁自重：3kN/m²；楼面活载：2.0kN/m²。

（5）风载：0.3kN/m²。

（6）窗自重：0.30kN/m²。

（7）走廊栏板重：2.0kN/m²。

试验算 A 轴纵墙的承载力是否满足；如不满足，修改到满足为止。

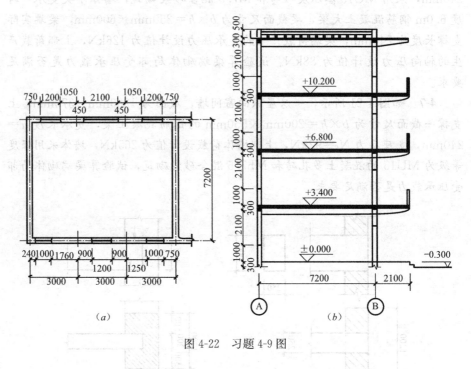

（a）　　　　　　　　　　　（b）

图 4-22　习题 4-9 图

第5章
配筋砌体构件承载力计算

本章知识点

> 知识点:
> 1. 掌握网状配筋砌体的受力特点、计算方法和构造要求。
> 2. 了解组合砖砌体的受力特点,掌握其计算方法和构造要求。
> 3. 了解砖砌体和钢筋混凝土构造柱组合墙的受力特点,掌握其计算方法和构造要求。
> 4. 了解配筋砌块砌体剪力墙的受力特点,掌握它的正截面、斜截面承载力和连梁承载力的计算方法和主要构造要求。
> 重点:配筋砌体构件承载力计算公式的建立、公式适用条件和公式应用,构造措施。
> 难点:不同配筋砌体构件承载力计算公式的不同模式,配筋砌块砌体剪力墙设计及构造措施。

5.1 配筋砖砌体构件

5.1.1 网状配筋砖砌体受压构件

当在砖体上作用有轴向压力,砖砌体在发生纵向压缩的同时也产生横向膨胀变形,如果能用任何方式阻止砌体横向变形的发展,则构件承受轴向压力的能力将大大提高。网状配筋砌体是在砌筑时,将事先制作好的钢筋网片按照一定的间距设置在砖砌体的水平灰缝内(图 5-1a)。在竖向荷载作用下,由于摩擦力和砂浆的粘结作用,钢筋网片被完全嵌固在灰缝内与砌体共同工作。这时,砖砌体纵向受压,钢筋横向受拉,因钢筋的弹性模量很大,变形很小,可以阻止砌体在受压时横向变形的发展,防止砌体因纵向裂缝的延伸过早失稳而破坏,从而间接地提高了受压承载力,故这种配筋又称间接配筋,间接配筋一般有网片式(图 5-1a)和连弯式(图 5-1b)两种,砌体和这种横向间接钢筋的共同工作可一直维持到砌体完全破坏。

1. 网状配筋砖砌体构件的受压性能

试验结果表明,网状配筋砌体在轴心受压时,从加载开始直到破坏,同

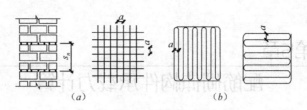

图 5-1　网状配筋方式

(a) 网片式；(b) 连弯式

无筋砌体类似，按照裂缝的出现和发展，也可以为三个受力阶段，但其受力性能和无筋砌体存在差别。

(1) 第一阶段

随着荷载的增加，单块砖内出现第一批裂缝，此阶段的受力特点和无筋砌体相同，但出现第一批裂缝时的荷载约为破坏荷载的 60%～75%，较无筋砌体高。

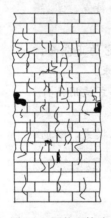

(2) 第二阶段

随着荷载的继续增大，裂缝数量增多，但裂缝发展缓慢。纵向裂缝受到横向钢筋的约束，不能沿砌体高度方向形成连续裂缝，这与无筋砌体受压时有较大的不同。

(3) 第三阶段

当荷载接近破坏荷载时，砌体内部分砖严重开裂甚至被压碎，最后导致砌体完全破坏（图 5-2）。此阶段一般不会像无筋砌体那样形成 1/2 砖的竖向小柱体，砖的强度得以比较充分的发挥。

2. 受压承载力计算

图 5-2　网状配筋砖砌体构件的受压破坏

网状配筋砖砌体受压构件的承载力应按下列公式计算：

$$N \leqslant \varphi_n f_n A \tag{5-1}$$

$$f_n = f + 2\left(1 - \frac{2e}{y}\right)\rho f_y \tag{5-2}$$

$$\rho = \frac{(a+b)A_s}{abs_n} \tag{5-3}$$

式中　N——轴向力设计值；

f_n——网状配筋砖砌体的抗压强度设计值；

A——截面面积；

e——轴向力的偏心距；

ρ——体积配筋率；

f_y——钢筋的抗拉强度设计值，当 f_y 大于 320MPa 时，仍采用 320MPa；

φ_n——高厚比和配筋率以及轴向力的偏心距对网状配筋砖砌体受压构件承载力的影响系数，可按下列公式计算，也可按表 5-1 查用。

$$\varphi_{\mathrm{n}} = \cfrac{1}{1 + 12\left[\cfrac{e}{h} + \sqrt{\cfrac{1}{12}\left(\cfrac{1}{\varphi_{0\mathrm{n}}} - 1\right)}\right]^2} \qquad (5\text{-}4)$$

$$\varphi_{0\mathrm{n}} = \cfrac{1}{1 + (0.0015 + 0.45\rho)\beta^2} \qquad (5\text{-}5)$$

式中　$\varphi_{0\mathrm{n}}$——网状配筋砖砌体受压构件的稳定系数;

　　　β——构件的高厚比。

当采用连弯钢筋网（图 5-1*b*）时，网的钢筋方向应互相垂直，沿砌体高度交错布置，s_{n} 取同一方向网的间距。

试验表明，当荷载偏心作用时，横向配筋的效果将随偏心距的增大而降低。因此，网状配筋砖砌体受压构件尚应符合下列规定:

(1) 偏心距超过截面核心范围，对矩形截面即 $\dfrac{e}{h} > 0.17$ 时，或偏心距未超过截面核心范围，但构件的高厚比 $\beta > 16$ 时，不宜采用网状配筋砖砌体构件;

(2) 对于矩形截面构件，当轴向力偏心方向的截面边长大于另一方向的边长时，除按偏心受压计算外，还应对较小边长方向按轴心受压进行验算。

(3) 当网状配筋砖砌体下端与无筋砌体交接时，尚应验算无筋砌体的局部受压承载力。

影响系数 φ_{n} 　　　　表 5-1

ρ	β \\ e/h	0	0.05	0.10	0.15	0.17
0.1	4	0.97	0.89	0.78	0.67	0.63
	6	0.93	0.84	0.73	0.62	0.58
	8	0.89	0.78	0.67	0.57	0.53
	10	0.84	0.72	0.62	0.52	0.48
	12	0.78	0.67	0.56	0.48	0.44
	14	0.72	0.61	0.52	0.44	0.41
	16	0.67	0.56	0.47	0.40	0.37
0.3	4	0.96	0.87	0.76	0.65	0.61
	6	0.91	0.80	0.69	0.59	0.55
	8	0.84	0.74	0.62	0.53	0.49
	10	0.78	0.67	0.56	0.47	0.44
	12	0.71	0.60	0.51	0.43	0.40
	14	0.64	0.54	0.46	0.38	0.36
	16	0.58	0.49	0.41	0.35	0.32
0.5	4	0.94	0.85	0.74	0.63	0.59
	6	0.88	0.77	0.66	0.56	0.52
	8	0.81	0.69	0.59	0.50	0.46
	10	0.73	0.62	0.52	0.44	0.41
	12	0.65	0.55	0.46	0.39	0.36
	14	0.58	0.49	0.41	0.35	0.32
	16	0.51	0.43	0.36	0.31	0.29

续表

ρ	β $\diagdown$ e/h	0	0.05	0.10	0.15	0.17
0.7	4	0.93	0.83	0.72	0.61	0.57
	6	0.86	0.75	0.63	0.53	0.50
	8	0.77	0.66	0.56	0.47	0.43
	10	0.68	0.58	0.49	0.41	0.38
	12	0.60	0.50	0.42	0.36	0.33
	14	0.52	0.44	0.37	0.31	0.30
	16	0.46	0.38	0.33	0.28	0.26
0.9	4	0.92	0.82	0.71	0.60	0.56
	6	0.83	0.72	0.61	0.52	0.48
	8	0.73	0.63	0.53	0.45	0.42
	10	0.64	0.54	0.46	0.38	0.36
	12	0.55	0.47	0.39	0.33	0.31
	14	0.48	0.40	0.34	0.29	0.27
	16	0.41	0.35	0.30	0.24	0.24
1.0	4	0.91	0.81	0.70	0.59	0.55
	6	0.82	0.71	0.60	0.51	0.47
	8	0.72	0.61	0.52	0.43	0.41
	10	0.62	0.53	0.44	0.37	0.35
	12	0.54	0.45	0.38	0.32	0.30
	14	0.46	0.39	0.33	0.28	0.26
	16	0.39	0.34	0.28	0.24	0.23

3. 构造规定

网状配筋砖砌体构件的构造应符合下列规定：

(1) 网状配筋砖砌体中的体积配筋率，不应小于 0.1%，并不应大于 1%；

(2) 采用方格钢筋网时，钢筋的直径宜采用 3~4mm；当采用连弯钢筋网时，钢筋的直径不应大于 8mm；

(3) 钢筋网中钢筋的间距不应大于 120mm，并不应小于 30mm；

(4) 钢筋网的间距，不应大于 5 皮砖，并不应大于 400mm；

(5) 网状配筋砖砌体所用的砂浆不应低于 M7.5；钢筋网应设置在砌体的水平灰缝中，灰缝厚度应保证钢筋上下至少各有 2mm 厚的砂浆层。

5.1.2　组合砖砌体构件

当荷载偏心距较大超过截面核心范围，无筋砖砌体承载力不足而截面尺寸又受到限制时，可采用砖砌体和钢筋混凝土面层或钢筋砂浆面层（图 5-3）组成的组合砖砌体构件（图 5-4）。近年来，我国在对砌体结构房屋进行增层或改造的过程中，当原有的墙、

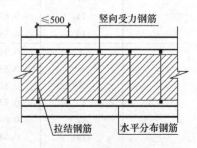

图 5-3　混凝土或砂浆面层组合墙

柱承载力不足时，也常在砖砌体构件表面做钢筋混凝土面层或钢筋砂浆面层形成组合砖砌体构件，以提高原有构件的承载力。

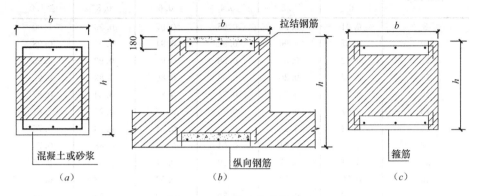

图 5-4　组合砖砌体构件截面

1. 组合砖砌体的受力特点

试验研究表明，组合砖砌体中的砖砌体和钢筋混凝土面层（或砂浆面层）有较好的共同工作性能。组合砖砌体的轴心压力作用下，常在砌体面层混凝土（或面层砂浆）的结合处产生第一批裂缝。随着压力增大，砖砌体内逐渐产生竖向裂缝。由于钢筋混凝土（或钢筋砂浆）面层对砖砌体有横向约束作用，砌体内裂缝的发展较为缓慢。最后，砌体内的砖和面层混凝土（或面层砂浆）严重脱落甚至被压碎，或竖向钢筋在箍筋范围内压屈，组合砖砌体才完全破坏。

此外，在组合砖砌体中，砖能吸收混凝土（或砂浆）中多余水分，使混凝土（或砂浆）面层的早期强度有明显提高，这在砌体结构房屋的增层或改建过程中，对原有砌体构件的补强或加固是很有利的。

2. 承载力计算

（1）承载力计算

组合砖砌体轴心受压构件的承载力按下面公式计算：

$$N \leqslant \varphi_{\mathrm{com}}(fA + f_c A_c + \eta_s f'_y) \tag{5-6}$$

式中　φ_{com}——组合砖砌体的稳定系数，按表 5-2 采用；

　　　A——砖砌体的截面面积；

　　　f_c——混凝土或面层砂浆的轴心抗压强度设计值，砂浆的抗压强度设计值可取为同强度等级混凝土轴心抗压强度设计值的 70%，当砂浆为 M15 时，取 5.0MPa；当砂浆为 M10 时，取 3.4MPa；当砂浆为 M7.5 时，取 2.5MPa；

　　　A_c——混凝土或砂浆面层的截面面积；

　　　η_s——受压钢筋的强度系数，当为混凝土面层时，可取 1.0；当为砂浆面层时，可取 0.9；

　　　f'_y——钢筋的抗压强度设计值。

组合砖砌体构件的稳定系数 φ_{com}　　　　表 5-2

高厚比 β	配筋率 ρ（%）					
	0	0.2	0.4	0.6	0.8	$\geqslant 1.0$
8	0.91	0.93	0.95	0.97	0.99	1.00
10	0.87	0.90	0.92	0.94	0.96	0.98
12	0.82	0.85	0.88	0.91	0.93	0.95
14	0.77	0.80	0.83	0.86	0.89	0.92
16	0.72	0.75	0.78	0.81	0.84	0.87
18	0.67	0.70	0.73	0.76	0.79	0.81
20	0.62	0.65	0.68	0.71	0.73	0.75
22	0.58	0.61	0.64	0.66	0.68	0.70
24	0.54	0.57	0.59	0.61	0.63	0.65
26	0.50	0.52	0.54	0.56	0.58	0.60
28	0.46	0.48	0.50	0.52	0.54	0.56

注：组合砖砌体构件截面的配筋率 $\rho = A'_s / bh$。

（2）偏心受压构件

组合砖砌体偏心受压构件的承载力按下面公式计算：

$$N \leqslant fA' + f_c A'_c + \eta_s f'_y A'_s - \sigma_s A_s \tag{5-7}$$

$$Ne_N \leqslant fS_s + f_c S_{c,s} + \eta_s f'_y A'_s (h_o - a'_s) \tag{5-8}$$

此时受压区高度 x 可按下列公式确定：

$$fS_N + f_c S_{c,N} + \eta_s f'_y A'_s e'_N - \sigma_s A_s e_N = 0 \tag{5-9}$$

$$e_N = e + e_a - \left(\frac{h}{2} - a'_s \right) \tag{5-10}$$

$$e'_N = e + e_a - \left(\frac{h}{2} - a'_s \right) \tag{5-11}$$

$$e_a = \frac{\beta^2 h}{2200}(1 - 0.22\beta) \tag{5-12}$$

式中　σ_s——钢筋 A_s 的应力；

A_s——距轴向力 N 较远侧钢筋的截面面积；

A'_s——受压钢筋的截面面积；

A'——砖砌体受压部分的面积；

A'_c——混凝土或砂浆面层受压部分的面积；

S_s——砖砌体受压部分的面积对钢筋 A_s 重心的面积矩；

$S_{c,s}$——混凝土或砂浆面层受压部分的面积对钢筋 A_s 重心的面积矩；

S_N——砖砌体受压部分的面积对轴向力 N 作用点的面积矩；

$S_{c,N}$——混凝土或砂浆面层受压部分的面积对轴向力 N 作用点的面积矩；

e_N、e'_N——分别为钢筋 A_s 和 A'_s 重心至轴向力 N 作用点的距离（图 5-5）；

e——轴向力的初始偏心距，按荷载设计值计算，当 e 小于 $0.05h$ 时，应取 e 等于 $0.05h$；

e_a——组合砖砌体构件在轴向力作用下的附加偏心距；

h_o——组合砖砌体构件截面的有效高度，取 $h_o = h - a_s$；

a_s、a'_s——分别为钢筋 A_s 和 A'_s 重心至截面较近边的距离。

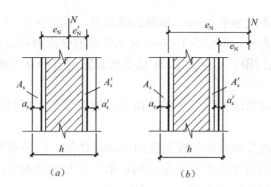

图 5-5　组合砖砌体偏心受压构件

(a) 小偏心受压；(b) 大偏心受压

组合砖砌体中钢筋 A_s 的应力（单位为 MPa，正值为拉应力，负值为压应力）按下列规定计算：

小偏心受压时（$\xi > \xi_b$）

$$\sigma_s = 650 - 800\xi \quad (-f_y \leqslant \sigma_s \leqslant f_y) \qquad (5\text{-}13)$$

大偏心受压时（$\xi \leqslant \xi_b$）

$$\sigma_s = f_y \qquad (5\text{-}14)$$

式中　ξ——组合砖砌体构件截面的相对受压区高度，$\xi = x/h_0$；

f_y——钢筋的抗拉强度设计值。

组合砖砌体构件受压区相对高度的限值 ξ_b，对于 HRB400 级钢筋，应取 0.36；对于 HRB335 级钢筋，应取 0.44；对于 HPB300 级钢筋，应取 0.47。

对组合砖砌体构件当纵向力偏心方向的截面边长大于另一方向的边长时，也应对较小边按轴心受压验算。

3. 构造规定

组合砖砌体构件的构造应符合下列规定：

(1) 面层混凝土强度等级宜采用 C20，面层水泥砂浆强度等级不宜低于 M10，砌筑砂浆强度等级不宜低于 M7.5。

(2) 竖向受力钢筋的混凝土保护层厚度应符合表 5-3 的规定，竖向受力钢筋距砖砌体表面的距离不应小于 5mm。

(3) 砂浆面层的厚度，可采用 30～45mm，当面层厚度大于 45mm 时，其面层宜采用混凝土。

混凝土保护层最小厚度（mm）　　　　表 5-3

环境条件构件类型	室内正常环境	露天或室内潮湿环境
墙	15	25
柱	30	35

注：当面层为水泥砂浆时，保护层厚度可减小 5mm。

(4) 竖向受力钢筋宜采用 HPB300 级钢筋，对于混凝土面层，也可采用 HRB335 级钢筋；受压钢筋一侧的配筋率，对砂浆面层，不宜小于 0.1%，对混凝土面层，不宜小于 0.2%；受拉钢筋的配筋率，不应小于 0.1%，竖向受

75

力钢筋的直径，不应小于 8mm，钢筋的净间距，不应小于 30mm。

（5）箍筋的直径，不宜小于 4mm 及 0.2 倍的受压钢筋的直径，并不宜大于 6mm；箍筋的间距，不应大于 20 倍受压钢筋的直径及 500mm，并不应小于 120mm。

（6）当组合砖砌体构件一侧的竖向受力钢筋多于 4 根时，应设置附加箍筋或拉结钢筋。

（7）对于截面长短边相差较大的构件如墙体等，应采用穿通墙体的拉结钢筋作为箍筋，同时设置水平分布钢筋；水平分布钢筋的竖向间距及拉结钢筋的水平间距，均不应大于 500mm（图 5-4）。

（8）组合砖砌体构件的顶部及底部，以及牛腿部位，必须设置钢筋混凝土垫块；竖向受力钢筋伸入垫块的长度，必须满足锚固要求。

5.1.3　砖砌体和钢筋混凝土构造柱组合墙

砖砌体和钢筋混凝土构造柱组合墙，是在砖墙中间隔一定距离设置钢筋混凝土构造柱，并在各层楼盖处设置钢筋混凝土圈梁（约束梁），使砖砌体墙与钢筋混凝土构造柱和圈梁组成一个整体结构共同受力（图 5-6）。试验研究和工作实践表明，在砖墙中加设钢筋混凝土构造柱和圈梁，可以显著提高砖砌体墙承受竖向荷载和水平荷载的能力。

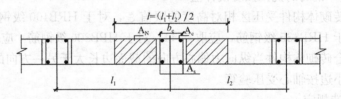

图 5-6　砖砌体和钢筋混凝土构造柱组合墙截面

1. 轴心受压承载力计算

砖砌体和钢筋混凝土构造柱组合墙轴心受压承载力按下列公式计算：

$$N \leqslant \varphi_{\mathrm{com}}[fA_{\mathrm{n}} + \eta(f_{\mathrm{c}}A_{\mathrm{c}} + f'_{\mathrm{y}}A'_{\mathrm{s}})] \tag{5-15}$$

$$\eta = \left\{ \frac{1}{\dfrac{l}{b_{\mathrm{c}}} - 3} \right\}^{\frac{1}{4}} \tag{5-16}$$

式中　φ_{com}——组合砖墙的稳定系数，按表 5-2 采用；

　　　η——强度系数，当 l/b_{c} 小于 4 时取 l/b_{c} 等于 4；

　　　l——沿墙长方向构造柱的间距；

　　　b_{c}——沿墙长方向构造柱的宽度；

　　　A_{n}——砖砌体的净截面面积；

　　　A_{c}——构造柱的截面面积。

2. 构造规定

砖砌体和钢筋混凝土构造柱组合墙的材料和构造应符合下列规定：

（1）砂浆的强度等级不应低于 M5，构造柱的混凝土强度等级不宜低于 C20。

（2）柱内竖向受力钢筋的混凝土保护层厚度，应符合表 5-3 的规定。

（3）构造柱的截面尺寸不宜小于 240mm×240mm，其厚度不应小于墙厚，边柱、角柱的截面尺寸宜适当加大；柱内竖向受力钢筋，对于中柱，不宜少于 4Φ12；对于边柱、角柱，不宜少于 4Φ14；其箍筋，一般部位宜采用 Φ6、间距 200mm，楼层上下 500mm 范围内宜采用 Φ6、间距 100mm；构造柱的竖向受力筋应在基础梁和楼层圈梁中锚固，并应符合受拉钢筋的锚固要求。

（4）组合砖墙砌体结构房屋，应在纵横墙交接处、墙端部和较大洞口的洞边设置构造柱，其间距不宜大于 4m；各层洞口宜设在相应位置，并宜上下对齐。

（5）组合砖墙砌体结构房屋应在基础顶面、有组合墙的楼层处设置现浇钢筋混凝土圈梁；圈梁的截面高度不宜小于 240mm，纵向钢筋不宜小于 4Φ12，纵向钢筋应伸入构造柱内，并应符合受拉钢筋的锚固要求；圈梁的箍筋宜采用 Φ6、间距 200mm。

（6）砖砌体与构造柱的连接处应砌成马牙槎，并应沿墙高每隔 500mm 设 2Φ6 拉结钢筋，且每边伸入墙内不宜小于 600mm。

（7）构造柱可不单独设置基础，但应深入室外地坪下 500mm，或与埋深小于 500mm 的基础梁相连。

（8）组合砖墙的施工程序应为先砌墙后浇混凝土构造柱。

【例题 5-1】 一网状配筋砖柱，截面尺寸 $b×h=370mm×490mm$，柱的计算高度 $H_0=4m$，承受轴向力设计值 $N=180kN$，沿长边方向弯矩设计值 $M=14kN·m$，采用 MU10 砖、M10 混合砂浆砌筑，施工质量控制等级为 B 级，网状配筋采用 Φ4 冷拔低碳钢丝焊接方格网（$A_s=12.6mm^2$），钢丝间距 $a=50mm$，钢丝网竖向间距 $s_n=250mm$，$f_y=430MPa$，试验算该砖柱的承载力。

【解】 （1）沿截面长边方向验算

$f_y=430MPa>320MPa$，取 $f_y=320MPa$，查表 3-2 得，$f=1.89MPa$。

$$\rho=\frac{(a+b)A_s}{abs_n}=\frac{(50+50)×12.6}{50×50×250}=0.2\%>0.1\%$$

$$e=\frac{M}{N}=\frac{14}{180}=0.078m=78mm，\quad \frac{e}{h}=\frac{78}{490}=0.159<0.17，$$

$$\frac{e}{y}=2×0.159=0.318$$

$$f_n=f+2\left(1-\frac{2e}{y}\right)×\rho f_y=1.89+2×(1-2×0.318)×0.2\%×320$$

$$=1.89+0.47=2.36MPa$$

$$A=0.37×0.49=0.1813m^2<0.2m^2，$$

$$\gamma_a=0.8+A=0.8+0.1813=0.9813$$

乘以强度调整系数后：

$$f_n = 0.9813 \times 2.36 = 2.32 \text{MPa}$$

$\beta = \dfrac{H_0}{h} = \dfrac{4000}{490} = 8.16 < 16$，查表 5-1，$\varphi_n = 0.528$。

$\varphi_n f_n A = 0.528 \times 2.32 \times 370 \times 490 = 222.1 \times 10^3 \text{N} = 222.1 \text{kN} > N = 180 \text{kN}$，满足要求。

（2）沿短边方向按轴心受压验算

$\beta = \dfrac{H_0}{b} = \dfrac{4000}{370} = 10.81$，查表 5-1，$\varphi_n = 0.7854$。

$$\varphi_n f_n A = 0.784 \times 2.32 \times 370 \times 490 = 329.8 \times 10^3 \text{N}$$

$$= 3329.8 \text{kN} > N = 180 \text{kN}$$

满足要求。

【例题 5-2】 如图 5-7 所示，一承重横墙厚 240mm，计算高度 $H_0 =$ 3.6m，每米宽度墙体承受轴心压力值 $N = 510 \text{N/m}$，采用 MU10 砖、M7.5 混合砂浆砌筑，施工质量控制等级为 B 级，试验算该墙承载力是否满足要求。若不满足，试设计采用组合砖砌体。

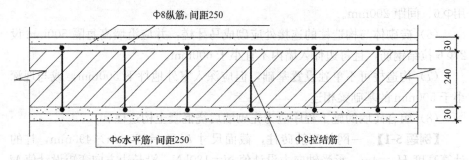

图 5-7 例题 5-2 图

【解】 查表 3-2，$f = 1.69 \text{MPa}$

$\beta = \gamma_\beta \dfrac{H_0}{h} = 1.0 \times \dfrac{3600}{240} = 15$，查表 4-3，$\varphi = 0.745$。

$\varphi f A = 0.745 \times 1.69 \times 1000 \times 240 = 302.2 \times 10^3 \text{N} = 302.2 \text{kN} < N = 510 \text{kN}$，不满足要求。

采用双面钢筋水泥砂浆面层组合砖砌体，按构造要求采用 M10 水泥砂浆，$f_c = 3.4 \text{MPa}$，每边砂浆面层厚 30mm，钢筋采用 HPB300 级钢筋，$f_y = 270 \text{MPa}$，竖向钢筋采用 Φ 8 间距 250mm，水平钢筋采用 Φ 6 间距 250mm，并按规定设穿墙拉接筋。

$$A_s' = 2 \times 4 \times 50.3 = 402.4 \text{mm}^2$$

$$\rho = A_s'/bh = 402.4/1000 \times 240 = 0.17\%$$

查表 5-2，$\varphi_{om} = 0.77$。

$$\varphi_{om}(fA + f_c A_c + \eta_s f_y A_s') = 0.77 \times (1.69 \times 1000 \times 240 + 3.4 \times 1000 \times 60$$

$$+ 0.9 \times 270 \times 402.4)$$

$$= 544.69 \times 10^3 \text{N} > N = 510 \text{kN}$$

满足要求。

【例题 5-3】 条件同例题 5-2，采用砖砌体和钢筋混凝土构造柱组合墙，试设计该组合墙。

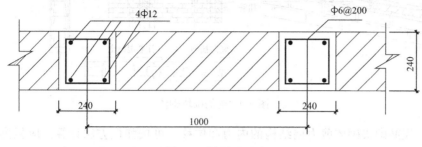

图 5-8 例题 5-3 图

【解】 砖砌体和钢筋混凝土构造柱组合墙中，每米设置一根截面为 240mm×240mm 的构造柱，采用 C20 混凝土，$f_c=9.6$MPa，每根构造柱内设 4Φ12 纵筋，HPB300 级钢筋。

$$A_n = 240 \times (1000-240) = 182400 \text{mm}^2, \quad A_c = 240 \times 240 = 57600 \text{mm}^2$$

$$A'_s = 4 \times 113.1 = 452.4 \text{mm}^2, \quad \rho = \frac{A'_s}{bh} = \frac{452.4}{1000 \times 240} = 0.19\%,$$

$$\beta = 15, \quad \varphi_{com} = 0.77$$

$$\frac{l}{b_c} = \frac{1000}{240} = 4.1 > 4, \quad \eta = \sqrt[4]{\left[\frac{1}{\dfrac{l}{b}-3}\right]} = \left(\frac{1}{4.17-3}\right)^{\frac{1}{4}} = 0.962$$

$$\varphi_{com}[fA_n + \eta(f_cA_c + f'_yA'_s)] = 0.77 \times [1.69 \times 182400 + 0.962$$
$$\times (9.6 \times 57600 + 270 \times 452.4)]$$
$$= 737.4 \times 10^3 \text{N} = 717.3 \text{kN} > 510 \text{kN}$$

满足要求。

从以上两个例题可以看出，采用双面钢筋水泥砂浆面层组合砖砌体，或采用砖砌体和钢筋混凝土构造组合墙，可大幅度提高墙体的承载力。

5.2 配筋砌块砌体构件

配筋砌块砌体（如图 5-9 所示）是在砌体中配置一定数量的竖向和水平钢筋，竖向钢筋一般是插入砌块砌体上下贯通的孔中，用灌孔混凝土灌实使钢筋充分锚固，配筋砌体的灌孔率一般大于 50%，水平钢筋一般可设置在水平灰缝中或设置箍筋，竖向和水平钢筋使砌块砌体形成一个共同工作的整体。配筋砌块墙体在受力模式上类同于混凝土剪力墙结构，即由配筋砌块剪力墙承受结构的竖向和水平作用，是结构的承重和抗侧力构件。由于配筋砌块砌体的强度高、延性好，可用于大开间和高层建筑结构。配筋砌块剪力墙结构在地震设防烈度 6 度、7 度、8 度和 9 度地区建造房屋的允许层数可分别达到 18 层、16 层、14 层和 8 层。

79

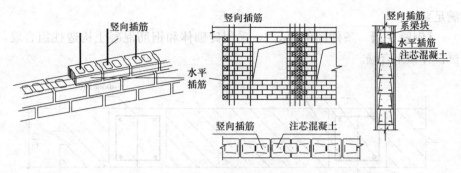

图 5-9 配筋砌块砌体

配筋砌块砌体剪力墙结构的内力和位移，可按弹性方法计算。应根据结构分析所得的内力，分别按轴心受压、偏心受压或偏心受拉构件进行正截面和斜截面的承载力计算，并应根据结构分析所得的位移进行变形验算。

5.2.1 正截面受压承载力计算

1. 轴心受压构件

轴心受压配筋砌块砌体剪力墙、柱，当配有箍筋或水平分布钢筋时，其正截面受压承载力按下列公式计算：

$$N \leqslant \varphi_0(f_G A + 0.8 f'_y A'_s) \qquad (5-17)$$

$$\varphi_0 = \frac{1}{1 + 0.001\beta^2} \qquad (5-18)$$

式中 N——轴向力设计值；

f_G——灌孔砌体的抗压强度设计值；

f'_y——钢筋的抗压强度设计值；

A——构件的毛截面面积；

A'_s——全部竖向钢筋的截面面积；

φ_0——轴心受压构件的稳定系数；

β——构件的高厚比。

当未配置箍筋或水平钢筋时，仍可按式（5-17）计算，但应取 $f'_y A'_s = 0$；配筋砌块砌体的计算高度 H_0 可取层高。

2. 偏心受压构件

配筋砌块砌体剪力墙，当竖向钢筋仅配在中间时，其平面外偏心受压承载力可按式（3-25）计算，但应采用灌孔砌体的抗压强度设计值。

如图 5-10 所示，矩形截面偏心受压配筋砌块砌体剪力墙，当 $x \leqslant \xi_b h_0$ 时，为大偏压；当 $x > \xi_b h_0$ 时，为小偏压；界限相对受压区高度 ξ_b，对 HPB300 级钢筋取 0.57，对 HRB335 级钢筋取 0.55，对 HRB400 级钢筋取 0.52。

（1）大偏心受压计算公式

$$N \leqslant f_g bx + f'_y A'_s - f_y A_s - \sum f_{si} A_{si} \qquad (5-19)$$

$$Ne_N \leqslant f_g bx\left(h_0 - \frac{x}{2}\right) + f'_y A'_s(h_0 - a'_s) - \sum f_{si} S_{si} \qquad (5-20)$$

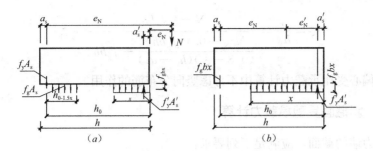

图 5-10 矩形截面偏心受压承载力计算简图

(a) 大偏心受压；(b) 小偏心受压

式中　N——轴向力设计值；

　　　f_g——灌孔砌体的抗压强度设计值；

　f_y、f'_y——竖向受拉、受压主筋的强度设计值；

　A_s、A'_s——竖向受拉、受压主筋的截面面积；

　　　b——配筋砌块砌体剪力墙截面宽度；

　　　f_{si}——竖向分布钢筋的抗拉强度设计值；

　　　A_{si}——单根竖向分布钢筋的截面面积；

　　　S_{si}——第 i 根竖向分布钢筋对竖向受拉主筋的面积矩；

　　　e_N——轴向力作用点到竖向受拉主筋合力点之间的距离，按式（5-10）
计算；

　　　a'_s——受压区纵向钢筋合力点至截面受压区边缘的距离，对 T 形、L
形、工形截面，当翼缘受压时取 100mm，其他情况取 300mm；

　　　a_s——受拉区纵向钢筋合力点至截面受拉区边缘的距离，对 T 形、L
形、工形截面，当翼缘受压时取 300mm，其他情况取 100mm。

当受压区高度 $x < 2a'_s$ 时，按下式计算：

$$Ne'_N \leqslant f_y A_s (h_0 - a'_s) \tag{5-21}$$

式中　e'_N——轴向力作用点到竖向受压主筋合力点之间的距离，按式（5-11）
计算。

（2）小偏心受压计算公式

$$N \leqslant f_g bx + f'_y A'_s - \sigma_s A_s \tag{5-22}$$

$$Ne_N \leqslant f_g bx \left(h_0 - \frac{x}{2}\right) + f'_y A'_s (h_0 - a'_s) \tag{5-23}$$

$$\sigma_s = \frac{f_y}{\xi_b - 0.8} \left(\frac{x}{h_0} - 0.8\right) \tag{5-24}$$

当受压区竖向受压主筋无箍筋或无水平钢筋约束时，可不考虑竖向受压
主筋的作用，即取 $f'_y A'_s = 0$。

矩形截面对称配筋砌块剪力墙小偏心受压时，也可近似按下面公式计算：

$$A_s = A'_s = \frac{Ne_N - \xi(1 - 0.5\xi) f_g bh_0^2}{f'_y (h_0 - a'_s)} \tag{5-25}$$

81

$$\xi = \frac{x}{h_0} = \frac{N - \xi_b f_g b h_0}{\dfrac{Ne_N - 0.43 f_g b h_0^2}{(0.8 - \xi_b)(h_0 - a_s')} + f_g b h_0} + \xi_b \qquad (5\text{-}26)$$

小偏心受压承载力计算中不考虑竖向分布筋的作用。

5.2.2　斜截面受剪承载力计算

剪力墙的截面，应满足下列要求：

$$V \leqslant 0.25 f_g b h_0 \qquad (5\text{-}27)$$

式中　V——剪力墙的剪力设计值；

b——剪力墙的截面宽度或 T 形、倒 L 形截面腹板宽度；

h_0——剪力墙截面的有效高度。

配筋砌块剪力墙在偏心受压时斜截面受剪承载力按下列公式计算：

$$V \leqslant \frac{1}{\lambda - 0.5}\left(0.6 f_{vg} b h_0 + 0.12 N \frac{A_w}{A}\right) + 0.9 f_{yh} \frac{A_{sh}}{s} h_0 \qquad (5\text{-}28)$$

$$\lambda = \frac{M}{V h_0} \qquad (5\text{-}29)$$

式中　f_{vg}——灌孔砌体的抗剪强度设计值；

M、V、N——计算截面的弯矩、剪力和轴向力设计值，当 $N > 0.25 f_g b h$ 时，取 $N = 0.25 f_g b h$；

A——配筋砌块剪力墙的截面面积；

A_w——配筋砌块剪力墙腹板的截面面积，对矩形截面取 A_w 等于 A；

λ——计算截面的剪跨比，当 λ 小于 1.5 时取 1.5，当 λ 大于等于 2.2 时取 2.2；

h_0——剪力墙截面的有效高度；

A_{sh}——配置在同一截面水平分布钢筋的全部截面面积；

s——水平分布钢筋的竖向间距；

f_{yh}——水平钢筋的抗拉强度设计值。

配筋砌块剪力墙在偏心受拉时斜截面受剪承载力按下列公式计算：

$$V \leqslant \frac{1}{\lambda - 0.5}\left(0.6 f_g b h_0 - 0.22 N \frac{A_w}{A}\right) + 0.9 f_{yh} \frac{A_{sh}}{s} h_0 \qquad (5\text{-}30)$$

配筋砌块砌体剪力墙连梁的斜截面受剪承载力，应符合下列规定：

1. 当连梁采用钢筋混凝土时，连梁的承载力应按现行国家标准《混凝土结构设计规范》GB 50010 的有关规定进行计算；

2. 当连梁采用配筋砌块砌体时，应符合下列规定：

（1）连梁的截面，应符合下列规定：

$$V_b \leqslant 0.25 f_g b h_0 \qquad (5\text{-}31)$$

（2）连梁的斜截面受剪承载力应按下列公式计算：

$$V_b \leqslant 0.8 f_{vg} b h_0 + f_{yv} \frac{A_{sv}}{s} h_0 \qquad (5\text{-}32)$$

式中　V_b——连梁的剪力设计值；

b——连梁的截面宽度；

h_0——连梁的截面有效高度；

A_{sv}——配置在同一截面内箍筋各肢的全部截面面积；

f_{yv}——箍筋的抗拉强度设计值；

s——沿构件长度方向箍筋的间距。

连梁的正截面受弯承载力应按现行国家标准《混凝土结构设计规范》GB 50010 受弯构件的有关规定进行计算，当采用配筋砌块砌体时，应采用其相应的计算参数和指标。

【例题 5-4】 一配筋砌块砌体高层住宅，其底层某一剪力墙尺寸为 $b \times h \times l = 190\text{mm} \times 4400\text{mm} \times 5600\text{mm}$，墙体截面内力为 $M = 941.6\text{kN} \cdot \text{m}$，$N = 1030\text{kN}$，$V = 158\text{kN}$，墙体材料采用 MU20 砌块，孔洞率为 0.46，Mb15 砂浆，Cb30 灌孔混凝土，全灌孔砌体，HRB335 级钢筋。试计算该墙体的正截面受弯承载力是否满足要求。

【解】 （1）材料强度

1）查表（3-5），$f = 5.68\text{MPa}$。

查混凝土规范，$f_c = 14.3\text{MPa}$，$f_y = 300\text{MPa}$。

2）求灌孔砌体抗压强度：

$$\alpha = \delta\rho = 0.46 \times 1.0 = 0.46$$

$$f_g = f + 0.6\alpha f_c = 5.68 + 0.6 \times 0.46 \times 14.3 = 9.63\text{MPa} < 2f = 11.36\text{MPa}$$

（2）平面内受弯承载力计算

1）为简化计算，根据配筋砌块砌体剪力墙的构造规定，采用对称配筋，在确定受压区高度时忽略分布钢筋的影响，

边缘构件钢筋选用 3 ⌀ 12，$A_s = 339\text{mm}^2$，墙体的竖向分布钢筋选用⌀ 12，$A_s = 113.1\text{mm}^2$，水平距离 600mm，其配筋率 $\rho = \dfrac{113.1}{190 \times 600} = 0.099\% > 0.07\%$；水平钢筋取 2 ⌀ 10，$A_s = 157\text{mm}^2$，竖向间距 600mm，其配筋率：

$$\rho = \frac{157}{190 \times 600} = 0.138\% > 0.07\%$$

偏心距：$e_0 = \dfrac{M}{N} = \dfrac{941.4}{1030} = 914\text{mm}$

截面有效高度：$h_0 = h - a_s = 5600 - 300 = 5300\text{mm}$

2）求轴向力作用点到竖向受拉钢筋合力点的距离 e_N，因高厚比：$\beta = \dfrac{H}{h} = \dfrac{4400}{5600} > 1.0$，取 $e_a = 0$，故：

$$e_N = e_0 + e_a + \frac{h}{2} - a_s = 914 + \frac{5600}{2} - 300 = 3414\text{mm}$$

3）截面受压区高度：

$$x = \frac{N}{bf_g} = \frac{1030 \times 10^3}{190 \times 9.63} = 563\text{mm} < \xi_b h_0 = 0.55 \times 5300 = 2915\text{mm},$$

$$1.5x = 845\text{mm}$$

为大偏心受压。

4）按公式（5-20）计算受弯承载力：

$$N_{e_N} \leqslant f_g bx \left(h_0 - \frac{x}{2}\right) + f'_y A'_s (h_0 - a'_s) - \sum f_{si} A_{si} = [M]$$

$$N_{e_N} = 1030 \times 3.414 = 3516.42 \text{kN} \cdot \text{m}$$

$$[M] = 9.63 \times 190 \times 563 \left(5300 - \frac{563}{2}\right) + 300 \times 339(5300 - 300) - 113.1$$

$$\times 300 \times (700 + 1300 + 900 + 2500 + 3100 + 3700 + 4300)$$

$$= (5169.66 + 508.5 - 593.78) \times 10^3 = 5084.38 \text{kN} \cdot \text{m} > N_{e_N}$$

$$= 3516.42 \text{kN} \cdot \text{m}$$

满足要求。

【例题 5-5】　同例题 5-4，试计算该墙片斜截面受剪承载力是否满足要求？

【解】

（1）截面条件

$0.25 f_g bh_0 = 0.25 \times 9.36 \times 190 \times 5300 = 2356.4 \text{kN} > V = 158 \text{kN}$，满足要求。

（2）受剪承载力计算

1）求灌孔砌体抗剪强度：

$$f_{vg} = 0.2 f_g^{0.55} = 0.2 \times 9.63^{0.55} = 0.695 \text{MPa}$$

2）按规范公式计算：

$$V \leqslant \frac{1}{\lambda - 0.5} \left(0.6 f_{vg} bh_0 + 0.12 N \frac{A_w}{A}\right) + 0.9 f_{yh} \frac{A_{sh}}{s} h_0 = [V]$$

3）水平钢筋在层高范围内设置数量，实为 $n = \frac{4400}{600} = 7.3$，现取 $n = 6$；

剪跨比：$\lambda = \frac{M}{Vh_0} = \frac{941.6}{158 \times 5.3} = 1.124 < 1.5$，取 $\lambda = 1.5$。

4）可取 N 值代入公式，$N = 1030 \text{kN} < 0.25 f_g bh = 0.25 \times 9.36 \times 190 \times 5600 = 2561.58 \text{kN}$。

5）$[V] = \frac{1}{1.5 - 0.5}(0.6 \times 0.695 \times 190 \times 5300 + 0.12 \times 1030 \times 10^3) + 0.9 \times$

$300 \frac{6 \times 2 \times 78.5}{600} \times 5300 = 2790.19 \text{kN} > 158 \text{kN}$

满足要求。

5.3　配筋砌块砌体剪力墙的构造

配筋砌块砌体剪力墙的构造规定主要是考虑这种结构的特点，为保证其结构性能和正常工作而提出的很重要的构造措施，根据配筋砌体结构、钢筋混凝土结构和高层钢筋混凝土结构的构造特性，以及国内部分试验的结果和参考国外的资料，对配筋混凝土砌块砌体剪力墙提出了以下主要构造要求。

1. 钢筋的构造要求

(1) 钢筋的规格和设置

考虑到孔洞中配筋所受到的尺寸限制不能太粗，配筋砌块砌体剪力墙中使用的钢筋直径不宜大于 25mm 且应不大于砌块厚度的 1/8，设在砌块孔洞内钢筋的直径，不应大于其最小净尺寸的一半。

设置在灰缝中钢筋的直径不宜大于灰缝厚度的 1/2，不应小于 4mm。其他部位中钢筋的直径不应小于 10mm。

配置在孔洞或空腔中的钢筋面积不应大于孔洞或空腔面积的 6%。

两平行钢筋间的净距不应小于钢筋的直径，亦不应小于 25mm；柱和壁柱中的竖向钢筋的净距不应小于钢筋直径的 1.5 倍，亦不宜小于 40mm（包括接头处钢筋间的净距）。

(2) 钢筋在灌孔混凝土中的锚固

当计算中充分利用竖向受拉钢筋强度时，其锚固长度 l_a，对 HRB335 级钢筋不宜小于 $30d$；对 HRB400 和 RRB400 级钢筋不宜小于 $35d$；在任何情况下钢筋（包括钢丝）锚固长度不应小于 300mm。

可按现行《混凝土结构设计规范》的有关规定进行计算，确定其锚固长度 l_a。

竖向受拉钢筋不宜在受拉区截断。如必须截断时，应延伸至按正截面受弯承载力计算不需要该钢筋的截面以外，延伸的长度不应小于 $20d$；竖向受压钢筋在跨中截断时，必须伸至按计算不需要该钢筋的截面以外，延伸的长度不应小于 $20d$；对绑扎骨架中末端无弯钩的钢筋，不应小于 $25d$；钢筋骨架中的受力光面钢筋，应在钢筋末端作弯钩，在焊接骨架、焊接网以及轴心受压构件中，可不作弯钩；绑扎骨架中的受力变形钢筋，在钢筋的末端可不作弯钩。

(3) 钢筋的接头

钢筋的接头宜采用搭接或非接触搭接接头，以便于先砌墙后插筋、就位、绑扎和浇灌混凝土的施工工艺。钢筋的直径大于 22mm 时宜采用机械连接接头，接头的质量应符合有关标准、规范的规定；其他直径的钢筋可采用搭接接头，并应符合下列要求：

1) 钢筋的接头位置宜设置在受力较小处。

2) 受拉钢筋的搭接接头长度不应小于 $1.1L_a$，受压钢筋的搭接接头长度不应小于 $0.7L_a$，但不应小于 300mm。

3) 当相邻接头钢筋的间距不大于 75mm 时，其搭接长度应为 $1.2L_a$。当钢筋间的接头错开 $20d$ 时，搭接长度可不增加。

(4) 水平受力钢筋（网片）的锚固和搭接长度

水平受力钢筋（网片）的锚固和搭接长度应符合下列规定：

1) 在凹槽砌块混凝土带中钢筋的锚固长度不宜小于 $30d$，且其水平或垂直弯折段的长度不宜小于 $15d$ 和 200mm；钢筋的搭接长度不宜小于 $35d$。

2) 在砌体水平灰缝中，钢筋的锚固长度不宜小于 $50d$，且其水平或垂直弯折段的长度不宜小于 $20d$ 和 150mm；钢筋的搭接长度不宜小于 $55d$。

3) 在隔皮或错缝搭接的灰缝中为 $50d+2h$，d 为灰缝受力钢筋的直径，h

为水平灰缝的间距。

试验发现配置在水平灰缝中的受力钢筋，其握裹条件比灌孔混凝土要差些。因此其搭接长度要长些。

（5）钢筋保护层厚度

钢筋的最小保护层厚度应符合下列要求：

1）灰缝中钢筋外露砂浆保护层不宜小于 15mm。

2）位于砌块孔槽中的钢筋保护层，在室内正常环境不宜小于 20mm；在室外或潮湿环境不宜小于 30mm。

对安全等级为一级或设计使用年限大于 50 年的配筋砌块砌体剪力墙，钢筋的保护层厚度应比上述最小保护层厚度至少增加 5mm，或采用经防腐处理的钢筋、抗渗混凝土砌块等措施。

2. 配筋砌块砌体剪力墙、连梁的构造要求

（1）砌体材料强度等级

1）砌块不应低于 MU10；

2）砌筑砂浆不应低于 Mb7.5；

3）灌孔混凝土不应低于 Cb20。

对安全等级为一级或设计使用年限大于 50 年的配筋砌块砌体剪力墙房屋，所用材料的最低强度等级至少提高一级。

（2）配筋砌块砌体剪力墙的最小厚度、连梁截面最小宽度

配筋砌块砌体剪力墙的最小厚度，可根据建筑物层数和高度，分别采用 190mm、240mm 和 290mm，有时还可以采用组合墙、空腔墙等。当配筋砌块砌体剪力墙采用高强度等级的砌块和错缝对孔的砌筑法施工，且全灌孔或部分灌孔时，配筋砌块砌体剪力墙的高厚比可取为 27。配筋砌块砌体剪力墙厚度、连梁截面宽度不应小于 190mm。

（3）配筋砌块砌体剪力墙的构造配筋

1）应在墙的转角、端部和孔洞的两侧配置竖向连续的钢筋，钢筋直径不宜小于 12mm。

2）应在洞口的底部和顶部设置不小于 $2\phi10$ 的水平钢筋，其伸入墙内的长度不宜小于 $35d$ 和 400mm。

3）应在楼（屋）盖的所有纵横墙处设置现浇钢筋混凝土圈梁，圈梁的宽度和厚度宜等于墙厚和块高，圈梁主筋不应小于 $4\phi10$，圈梁的混凝土强度等级不宜低于同层混凝土块体强度等级的 2 倍，或该层灌孔混凝土的强度等级，也不应低于 C20。

4）剪力墙其他部位的竖向和水平钢筋的间距不应大于墙长、墙高之半，也不应大于 1200mm。对局部灌孔的砌体，竖向钢筋的间距不应大于 600mm。

5）剪力墙沿竖向和水平方向的构造钢筋配筋率均不宜小于 0.07%。

剪力墙的构造配筋，实际上隐含着构造含钢率 0.05%～0.06%，主要考虑两个作用，其一限制砌体干缩裂缝，其二保证剪力墙有一定的延性。另外根据我国工程实践提出竖向钢筋间距不大于 600mm。

（4）按壁式框架设计的配筋砌块窗间墙

1）窗间墙的截面墙宽不应小于 800mm，也不宜大于 2400mm；墙净高与墙宽之比不宜大于 5。

2）窗间墙中的竖向钢筋每片窗间墙中沿全高不应小于 4 根钢筋；沿墙的全截面应配置足够的抗弯钢筋；窗间墙的竖向钢筋含钢率不宜小于 0.2%，也不宜大于 0.8%。

3）窗间墙中的水平分布钢筋应在墙端部纵筋处弯 180°标准钩或等效的措施；水平分布钢筋的间距：在距梁边 1 倍墙宽范围内不应大于 1/4 墙宽，其余部位不应大于 1/2 墙宽；水平分布钢筋的配筋率不宜小于 0.15%。

（5）配筋砌块砌体剪力墙边缘构件

配筋砌块砌体剪力墙应按下列情况设置边缘构件：

1）当利用剪力墙端的砌体时，在距墙端至少 3 倍墙厚范围内的孔中设置不小于 Φ12 通长竖向钢筋；当剪力墙端部的设计压应力大于 $0.8f_y$ 时，除按前述的规定设置竖向钢筋外，尚应设置间距不大于 200mm、直径不小于 6mm 的水平钢筋（钢箍），该水平钢筋宜设置在灌孔混凝土中。

2）当在剪力墙墙端设置混凝土柱时，柱的截面宽度宜等于墙厚，柱的截面长度宜为 1～2 倍的墙厚，并不应小于 200mm；柱的混凝土强度等级宜为该墙体块体强度等级的 2～2.5 倍，或该墙体灌孔混凝土的强度等级，也不应低于 C20；柱的竖向钢筋不宜小于 4Φ12，箍筋宜为 Φ6、间距 200mm；墙体中的水平钢筋应在柱中锚固，并应满足钢筋的锚固要求；柱的施工顺序宜为先砌砌块墙体，后浇捣混凝土。

剪力墙的边缘构件即剪力墙的暗柱，主要是提高剪力墙的整体抗弯能力和延性，同时和混凝土剪力墙一样在砌块剪力墙底部也要设置加强区。

（6）连梁

配筋砌块砌体剪力墙中当连梁采用钢筋混凝土时，连梁混凝土的强度等级宜为同层墙体块体强度等级的 2～2.5 倍，或同层墙体灌孔混凝土的强度等级，也不应低于 C20；其他构造尚应符合现行国家标准《混凝土结构设计规范》GB 50010 的有关规定要求。

配筋砌块砌体剪力墙中当连梁采用配筋砌块砌体时，连梁应符合下列规定：

1）连梁的高度不应小于两皮砌块的高度和 400mm；连梁应采用 H 形砌块或凹槽砌块组砌，孔洞应全部浇灌混凝土。

2）连梁的水平钢筋宜符合下列要求：连梁上、下水平受力钢筋宜对称、通长设置，在灌孔砌体内的锚固长度不应小于 35d 和 400mm；连梁水平受力钢筋的含钢率不宜小于 0.2%，也不宜大于 0.8%。

3）连梁箍筋的直径不应小于 6mm；箍筋的间距不宜大于 1/2 梁高和 600mm；在距支座等于梁高范围内的箍筋间距不应大于 1/4 梁高，距支座表面第一根箍筋的间距不应大于 100mm；箍筋的面积配筋率不宜小于 0.15%；箍筋宜为封闭式，双肢箍末端弯钩为 135°，单肢箍末端的弯钩为 180°，或弯 90°加 12 倍箍筋直径的延长段。

思考题

5-1 对网状配筋砌体为什么规定含钢率的上下限？为什么长细比大的构件不能用？

5-2 组合砖砌体构件的组成材料各自的极限压应变各不相同，如何考虑它们的协同工作？

5-3 为什么在砖砌体的水平灰缝中设置水平钢筋网片可以提高砌体构件的受压承载力？

5-4 什么是配筋砌块砌体？

5-5 试分析比较配筋砌块剪力墙与现浇钢筋混凝土剪力墙的异同点。

习题

5-1 某网状配筋砖柱，截面尺寸为 $490mm \times 620mm$，计算高度 $H_0=5m$，采用 MU10 砖、M7.5 混合砂浆砌筑，施工质量控制等级为 B 级，若承受轴向力设计值 $N=450kN$，沿长边方向弯矩设计值 $M=14kN \cdot m$，试设计网状配筋。

5-2 截面为 $370mm \times 490mm$ 的组合砖柱（图 5-9），柱高 6m，两端为不动铰支座，承受轴心压力设计值 $N=700kN$，组合砌体采用 MU10 砖，M5 混合砂浆砌筑，混凝土面层采用 C20，HPB300 级钢筋。试验算其承载能力。

5-3 一承重横墙，墙厚 240mm，计算高度 $H_0=3.9m$，采用 MU10 混凝土砌块、Mb7.5 混合砂浆砌筑，承受轴心荷载，施工质量控制等级为 B 级，双面采用钢筋水泥砂浆面层，每边厚 30mm，砂浆强度等级为 Mb10，钢筋为 HPB300 级，竖向钢筋采用Φ8 间距 250mm，水平钢筋采用Φ6 间距 250mm，求每米横墙所能承受的轴心压力设计值。

5-4 如图 5-11 所示，某钢筋混凝土组合砖墙厚 240mm，计算高度 $H_0=3.9m$，采用 MU10 砖、M7.5 混合砂浆砌筑，承受轴心荷载，施工质量控制等级为 B 级，沿墙长方向每1.5m 设 $240mm \times 240mm$ 钢筋混凝土构造柱，采用 C20 混凝土，HPB300 级钢筋，纵筋为 4Φ12，求每米横墙所能承受的轴心压力设计值。

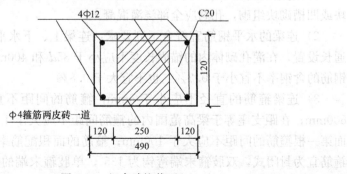

图 5-11　组合砖柱截面

第6章
混合结构房屋墙、柱设计

本章知识点

知识点：

1. 熟悉混合结构房屋承重体系的类型、特点及使用范围。

2. 了解混合结构房屋空间工作性质，掌握房屋静力计算方案的划分及划分的依据。

3. 熟练掌握墙、柱高厚比的计算方法。

4. 熟练掌握各种静力计算方案单层混合结构房屋的墙体设计。

5. 熟练掌握刚性方案多层混合结构房屋的墙体设计。

6. 了解弹性、刚弹性方案多层混合结构房屋墙体设计。

7. 了解混合结构房屋地下室墙的计算方法。

8. 了解墙体的构造要求及防止墙体裂缝的措施。

重点：房屋结构布置方案的特点，高厚比的验算，砌体结构房屋方案选择、布置以及计算，构造柱、圈梁的设置及构造措施。

难点：高厚比的验算，砌体结构房屋计算方案确定，砌体结构刚弹性方案多层房屋的计算。

6.1 房屋结构布置

混合结构房屋是指主要承重构件由不同的材料组成的房屋，如房屋的楼（屋）盖采用钢筋混凝土结构或木结构，而竖向承重构件（墙、柱和基础）多采用砖、石、砌块等砌体材料。

混合结构房屋所用材料可就地取材，造价低，而且可利用工业废料，所以应用范围比较广泛，如民用建筑中的住宅、办公楼、学校、商店、食堂等，以及中小型的工业厂房。

由于烧制黏土砖将占用大量农田，不利于环境和资源保护，因此，近年来许多城市已禁止使用黏土砖。今后在混合结构房屋设计时，应尽可能采用其他墙体材料，如蒸压灰砂砖、蒸压粉煤灰砖、混凝土小型空心砌块等。

在混合结构房屋的设计中，承重墙、柱的布置不仅影响房屋的平面划分和房间的大小，而且还关系到荷载的传递以及房屋的空间刚度。承重墙体的布置应综合考虑使用要求、自然条件、材料供应情况和承重墙体布置方案的特点等,其中,使用要求往往是最主要的。

通常将平行于房屋长向布置的墙体称为纵墙,将平行于房屋短向布置的墙体称为横墙。房屋四周与外界隔离的墙体又称为外墙,其余的墙体称为内墙。

在混合结构房屋中,主要承重构件有房屋、楼盖、内外纵、横墙、柱和基础,它们互相连接、构成承重体系。混合结构房屋的结构布置,按荷载传递的路线不同,可分为横墙承重、纵墙承重、纵横墙承重和内框架承重等四种方案。

6.1.1 横墙承重方案

将楼盖和屋盖构件沿房屋纵向搁置在横墙上,横墙承受各层楼(屋)盖传来的荷载,纵墙则仅起围护作用的布置方案称为横墙承重方案,如图6-1所示。荷载的主要传递路线是:屋(楼)盖荷载→横墙→基础→地基。

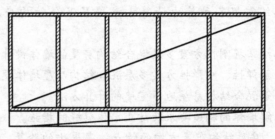

图6-1 横墙承重方案

这种方案的优点是楼(屋)盖结构一般采用钢筋混凝土板,楼(屋)盖结构比较经济,施工简单;由于横墙数量较多,又与纵墙相互拉结,故房屋的横向刚度较大,对抵抗地震作用、风荷载、调整地基不均匀沉降和偶然损坏的能力强;外纵墙不承重,可开较大门窗洞口,建筑立面容易处理。其缺点是横墙较密,使用受限制,今后欲改变房屋使用条件,拆除横墙较困难。横墙承重方案主要用于房间大小固定、横墙间距较密的住宅、宿舍以及办公楼、旅馆等房屋中。

6.1.2 纵墙承重方案

楼(屋)盖的荷载由纵墙(外墙和内纵墙)承重的布置方案称为纵墙承重方案,如图6-2所示。

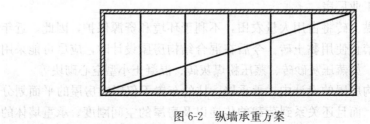

图6-2 纵墙承重方案

楼（屋）盖荷载有两种传递方式，一种为直接将楼板搁置在纵墙上，另一种为通过梁（或屋架）传递，楼板横向搁置在梁上而梁搁置在纵墙上。荷载主要有以下两种传递路径：

（1）楼（屋）盖荷载→纵墙→基础→地基；

（2）楼（屋）盖荷载→梁→纵墙→基础→地基。

工程上多采用第二种方式。这种方案的优点是房间布置灵活，横向可设置不承重的隔墙。对于多层房屋，内纵墙和外纵墙的间距一般不宜超过 8m，否则室内采光欠佳。纵墙承重方案与横墙承重方案相比，墙体材料用量较少，但楼（屋）盖构件所用材料较多。其主要缺点是由于横墙数量少，房屋横向刚度一般较差。因此，应尽可能多设置一些保证房屋空间刚度的横墙，这些横墙虽不承重，但对增加房屋空间刚度很有益处。此外，由于纵墙上承受的荷载较多，纵墙上门窗洞口宽度和位置受到一定的限制。纵墙承重方案主要用于开间较大的教学楼、医院、食堂、仓库等房屋中。

6.1.3 纵横墙承重方案

楼（屋）盖的荷载由纵墙和横墙混合承重的布置方案称为纵横墙承重方案，如图 6-3 所示，应用广泛。荷载的主要传递路径为：

（1）楼（屋）盖荷载→纵墙→基础→地基；

（2）楼（屋）盖荷载→横墙→基础→地基。

这种方案的优点是房屋在两个相互垂直方向上的刚度均较大，不仅砌体应力较均匀，且抗风能力较强。此外，在占地面积相同的条件下，外墙面积较少。纵横墙承重方案主要用于多层塔式住宅房屋中。

6.1.4 底层框架承重方案

对于商住楼等建筑，使用上要求底层采用大空间的框架结构，上部则采用砌体结构，形成下部一层或两层混凝土框架抬上部多层砌体结构，这样的承重体系称为底层框架承重体系，如图 6-4 所示。

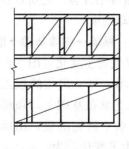

图 6-3　纵横墙承重方案

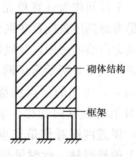

砌体结构

框架

图 6-4　底层框架承重方案

这种承重体系的传力途径是：上部砌体结构的墙体自重和楼面荷载→框架梁→框架柱→基础→地基。

这种体系的下部刚度小，结构薄弱，在抗震、抗风地区应布置适当数量的纵、横向墙片。

6.2　房屋的静力计算

6.2.1　房屋的静力计算方案

砌体结构房屋的墙、柱设计就是要确定墙、柱内力，然后按前几章的内容进行截面承载力计算。确定墙、柱内力时，首先要确定荷载作用下的墙、柱计算简图，以便按力学方法计算墙、柱内力。不同的计算简图取决于房屋的静力计算方案。也就是说，房屋静力计算方案是确定房屋计算简图，确定墙、柱内力的依据。

房屋计算简图既要符合结构的实际受力情况，又要尽可能使计算简单。因此必须研究结构的受力情况，忽略次要因素，抓住影响结构受力的主要因素，这是确定计算简图的原则。以下介绍砌体房屋的静力计算方案。

先以图6-5所示的单层房屋说明计算简图的确定方法。为了说明问题，假设图中的单层房屋两端没有山墙，中间也不设横墙。

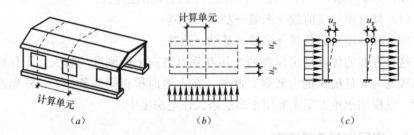

图6-5　无山墙房屋计算方法

考察房屋在风荷载作用下的顶点横向水平位移（顶点侧移）可见，由于房屋承受纵向均布荷载，房屋的横向刚度沿纵向没有变化，顶点侧移沿房屋纵向处处相等，都等于u_p。显然，这样的房屋计算可化为平面问题来处理。一般取一个开间作为计算单元，计算单元按平面排架计算。之所以认为梁柱铰接，是考虑到屋盖搁置在纵墙上，对纵墙无转动约束。

两端无山墙的房屋，其风荷载的传力途径是：纵墙→纵墙基础→地基。

如果在图6-5所示房屋两端设有山墙，情况就发生变化（图6-6）。在风荷载作用下，房屋的顶点侧移如图6-6（b）所示，可见房屋的顶点侧移较u_p要小且沿房屋纵向变化。事实上，纵墙底部支承在基础上，顶部支承在屋盖上；屋盖两端看作是支承在山墙顶的一根水平放置的梁；山墙是支承在地基上的悬臂柱。此时风荷载的传力途径发生了变化，为：

纵墙→屋（楼）盖／纵墙基础→横墙→横墙基础→地基。

由于山墙具有一定刚度，顶点侧移有限，屋盖也具有一定平面刚度，受

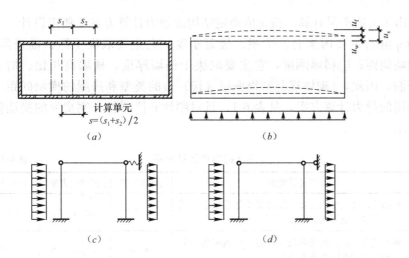

图 6-6 一般房屋计算方法

荷后将产生弯曲变形，故房屋的顶点侧移较 u_p 要小且沿房屋纵向变化。由此，房屋的受力体系已不是平面受力体系，纵墙通过屋盖和山墙组成了空间受力体系。

为简化计算，这种情况仍然化为平面问题处理。计算墙柱内力时，按前述方法取出一个计算单元，但应考虑房屋空间受力的影响。我们把房屋空间受力对平面计算单元的影响称为房屋的空间作用。房屋的空间作用在下面两种情况下都是存在的：①房屋的横向刚度沿纵向变化；②房屋的荷载沿纵向变化。

设 u_s 为计算单元顶点侧移，u_f 为屋盖的平面内弯曲变形，u_w 为山墙顶点侧移，显然，$u_s = u_f + u_w$。我们定义房屋空间性能影响系数 η 为：

$$\eta = \frac{u_s}{u_p} \tag{6-1}$$

式中 u_s——计算单元顶点侧移；

u_p——无山墙房屋顶点侧移。

显然，η 值在 $0 \sim 1$ 之间。

当 $\eta = 1$ 时，情况与图 6-5 所示情况相同，计算单元的计算简图按平面排架计算（图 6-5c）。这种计算方法称为按弹性方案的计算方法，或称弹性方案。弹性方案房屋墙、柱在屋、楼盖处无侧移限制。考虑到按刚弹性方案计算较为烦琐，故当 $\eta \approx 1$，即侧移很大时，也按弹性方案计算。

当 $\eta = 0$ 时，计算单元无顶点侧移，计算单元的计算简图比拟为顶点加水平限侧连杆的平面排架（图 6-6d）。这种计算称为刚性方案。刚性方案房屋墙、柱在屋、楼盖处有连杆，侧移值为 0。同样地，考虑到按刚弹性方案计算较为烦琐，当 $\eta \approx 0$，即侧移很小时，也按刚性方案计算。

当 $0 < \eta < 1$ 时，计算单元的计算简图比拟为顶点加一水平弹簧的平面排架，如图 6-6（c）所示。这种计算称为刚弹性方案。刚弹性方案房屋墙、柱在屋盖处有弹簧，侧移介于刚性方案和弹性方案之间。

由于 η 值不易计算，按 η 值确定结构的静力计算方案不便于设计。考察影响 η 值的主要因素有：①屋、楼盖刚度，它主要取决于屋、楼盖类型；②横墙间距；③横墙刚度，它主要取决于横墙厚度、横墙高长比、横墙有无开洞。因此，《砌体规范》根据屋（楼）盖的类型和房屋的横墙间距来确定房屋的静力计算方案，见表 6-1，且对刚性和刚弹性方案房屋的横墙作出了要求。

房屋的静力计算方案　　　　　　　　表 6-1

	屋盖或楼盖类别	刚性方案	刚弹性方案	弹性方案
1	整体式、装配整体式和装配式无檩体系钢筋混凝土屋盖或钢筋混凝土楼盖	$s<32$	$32\leqslant s\leqslant 72$	$s>72$
2	装配式有檩体系钢筋混凝土屋盖、轻钢屋盖和有密铺望板的木屋盖或木楼盖	$s<20$	$20\leqslant s\leqslant 48$	$s>48$
3	瓦材屋面的木屋盖和轻钢屋盖	$s<16$	$16\leqslant s\leqslant 36$	$s>36$

注：1. 表中 s 为房屋横墙间距，其长度单位为"m"；
　　2. 对无山墙或伸缩缝处无横墙的房屋，应按弹性方案考虑。

为了保证横墙具有一定的刚度，在荷载作用下不致变形过大。《砌体规范》规定了作为刚性和刚弹性方案房屋的横墙应符合下列要求：

（1）横墙中开有洞口时，洞口的水平截面面积不应超过横墙截面面积的 50%；

（2）横墙的厚度不宜小于 180mm；

（3）单层房屋的横墙长度不宜小于其高度，多层房屋的横墙长度不宜小于 $H/2$（H 为横墙总高度）。

当横墙不能符合上述要求时，应对横墙的刚度进行验算。如其最大水平位移值 $u_{max}\leqslant H/4000$ 时，仍可视作刚性或刚弹性方案房屋的横墙。

凡刚度符合 $u_{max}\leqslant H/4000$ 要求的一段横墙或其他结构构件（如框架等），也可视作刚性或刚弹性方案房屋的横墙。

单层房屋横墙在水平集中力 P_1 作用下的最大水平位移 u_{max} 由弯曲变形和剪切变形两部分组成。

当门窗洞口的水平截面面积不超过横墙全截面面积的 75% 时，u_{max} 可按下式计算：

$$u_{max}=\frac{P_1H^3}{3EI}+\frac{\tau}{G}H=\frac{mPH^3}{6EI}+\frac{2mPH}{EA} \tag{6-2a}$$

式中　P_1——作用于横墙顶端的水平集中力，$P_1=mP/2$，此处，$P=W+R$；

　　　　m——与该横墙相邻的两横墙的开间数（图 6-7）；

　　　　W——每开间中作用于屋架下弦、由屋面风荷载（包括屋盖下弦以上一段女儿墙上的风荷载）产生的集中风力；

　　　　R——假定排架无侧移时，每开间柱顶反力；

　　　　H——横墙高度；

　　　　E——砌体的弹性模量；

I——横墙的惯性矩，为简化计算，近似地取横墙毛截面惯性矩，当横墙与纵墙连接时可按工字形或[形截面考虑；与横墙共同工作的纵墙部分的计算长度 s，每边近似地取 $s=0.3H$；

τ——水平截面上的剪应力，$\tau=\zeta\dfrac{P}{A}$；

ζ——应力分布不均匀系数，可近似取 $\zeta=2.0$；

A——横墙水平截面面积，可近似取毛截面面积；

G——砖砌体剪切模量，$G=0.5E$。

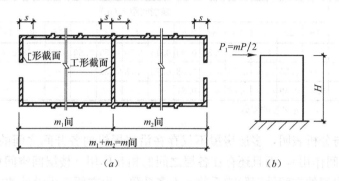

图 6-7　横墙 $u_{\max}$ 计算

多层房屋也可仿照上述方法进行计算：

$$u_{\max}=\frac{m}{6EI}\sum_{i=1}^{n}P_iH_i^3+\frac{2m}{EA}\sum_{i=1}^{n}P_iH_i \qquad (6\text{-}2b)$$

式中　n——房屋总层数；

P_i——假定每开间框架各层均为不动铰支座时，第 i 层的支座反力；

H_i——第 i 层楼面至基础上顶面的高度。

单层房屋的空间性能影响系数 η 可按下述方法求得：

假定屋盖为在水平面内支承于横墙上的剪切型弹性地基梁，在此，纵墙（柱）即为其弹性地基。按这一计算模型，由理论分析给出空间性能影响系数为：

$$\eta=\frac{u_s}{u_p}=1-\frac{1}{\mathrm{ch}ks} \qquad (6\text{-}3)$$

式中　u_s——考虑空间作用时，外荷载作用下房屋排架顶点水平侧移的最大值；

u_p——在外荷载作用下，平面排架的顶点水平侧移；

s——横墙间距；

k——屋盖系统的弹性常数。

理论上计算 k 是比较困难的。因此在《砌体规范》中，采用半经验、半理论的方法来确定 k 值。首先以实测的 u_s 及 u_p 值反算出 η 值，然后代入上述公式，求出各类屋盖系统的 k 值，并对分散的 k 值进行统计整理，取 $k=k_m+2\sigma$（k_m——k 的平均值；σ——k 的均方差），则可得出：

第 1 类屋盖　$k=0.03$；

第 2 类屋盖　$k=0.05$；

第 3 类屋盖　$k=0.065$。

以各类房屋的 k 值和横墙间距 s 带入式（6-3），就可计算出单层房屋的空间影响系数。应用时可按屋盖类别和横墙间距直接查表 6-2。上述规定的 η 值与房屋的高度无关。

房屋各层的空间性能影响系数 η_i　　　　表 6-2

屋盖或楼盖类别	横墙间距 s（m）														
	16	20	24	28	32	36	40	44	48	52	56	60	64	68	72
1	—	—	—	—	0.33	0.39	0.45	0.50	0.55	0.60	0.64	0.68	0.71	0.74	0.77
2	—	0.35	0.45	0.54	0.61	0.68	0.73	0.78	0.82						
3	0.37	0.49	0.60	0.68	0.75	0.81									

注：i 取 $1\sim n$，n 为房屋的层数。

实测与分析表明，多层房屋不仅存在沿房屋纵向各开间之间的相互作用（楼层内空间作用），而且还存在各层之间的相互作用（楼层间空间作用）。因此，多层房屋的空间性能影响系数 η 为多系数。为方便工程设计的应用，《砌体规范》中采用综合空间性能影响系数如表 6-2，其中 η 值是偏于安全的。

以上讨论同样适用于横墙的静力计算方案确定，计算横墙时则为纵墙间距。

6.2.2　房屋静力计算

1. 弹性方案房屋

弹性方案房屋的静力计算，可按屋架或大梁与墙（柱）为铰接的、不考虑空间工作的平面排架或框架计算。

2. 刚弹性方案房屋

刚弹性方案房屋的静力计算，可按屋架、大梁与墙（柱）铰接并考虑空间工作的平面排架或框架计算。

3. 刚性方案房屋

刚性方案房屋的静力计算，应按下列规定进行：

（1）单层房屋：在荷载作用下，墙、柱可视为上端不动铰支承于屋盖，下端嵌固于基础的竖向构件。

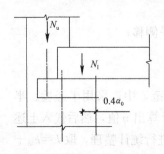

图 6-8　梁端支承压力位置

（2）多层房屋：在竖向荷载作用下，墙、柱在每层高度范围内，可近似地视作两端铰支的竖向构件；在水平荷载作用下，墙、柱可视作竖向连续梁。

（3）对本层的竖向荷载，应考虑对墙、柱的实际偏心影响，梁端支承压力 N_l 到墙内边的距离，应取梁端有效支撑长度 a_0 的 0.4 倍（图 6-8）。由上面楼层传来的荷载 N_u，可视作作用于上一楼层的墙、柱的截面重心处。

（4）对于梁跨度大于9m的墙承重的多层房屋，按上述方法计算时，应考虑梁端约束弯矩的影响。可按梁两端固结计算梁端弯矩，再将其乘以修正系数 γ 后，按墙体线性刚度分到上层墙底部和下层墙顶部，修正系数 γ 可按下式计算：

$$\gamma = 0.2\sqrt{\frac{a}{h}} \qquad (6\text{-}4)$$

式中　a——梁端实际支承长度；

　　　h——支承墙体的墙厚，当上下墙厚不同时取下部墙厚，当有壁柱时取 h_T。

（5）刚性方案多层房屋的外墙，计算风荷载时应符合下列要求：

1）风荷载引起的弯矩，可按下式计算：

$$M = \frac{1}{12}qH_i^2 \qquad (6\text{-}5)$$

式中　q——沿楼层高均布风荷载设计值（kN/m）；

　　　H_i——层高（m）。

2）当外墙符合下列要求时，静力计算可不考虑风荷载的影响：

① 洞口水平截面面积不超过全截面面积的 2/3；

② 层高和总高不超过表 6-3 的规定；

③ 屋面自重不小于 0.8kN/m²。

外墙不考虑风荷载影响时的最大高度　　　表 6-3

基本风压值（kN/m²）	层高（m）	总高（m）
0.4	4.0	28
0.5	4.0	24
0.6	4.0	18
0.7	3.5	18

注：对于多层混凝土砌块房屋，当外墙厚度不小于 190mm、层高不大于 2.8m、总高不大于 19.6m、基本风压不大于 0.7kN/m² 时，可不考虑风荷载的影响。

6.2.3　带壁柱墙的计算截面翼缘宽度 b_f

带壁柱墙的计算截面翼缘宽度 b_f，可按下列规定采用：

（1）多层房屋，当有门窗洞口时，可取窗间墙宽度；当无门窗洞口时，每侧翼缘宽度可取壁柱高度（层高）的 1/3，但不应大于相邻壁柱间的距离；

（2）单层房屋，可取壁柱宽加 2/3 墙高，但不应大于窗间墙宽度和相邻壁柱间的距离；

（3）计算带壁柱墙的条形基础时，可取相邻壁柱间的距离。

6.2.4　计算截面长度

当转角墙段角部受竖向集中荷载时，计算截面的长度可从角点算起，每

97

侧宜取层高的 1/3。当上述墙体范围内有门窗洞口时，则计算截面取至洞边，但不宜大于层高的 1/3。当上层的竖向集中荷载传至本层时，可按均布荷载计算；此时转角墙段可按角形截面偏心受压构件进行承载力验算。

6.3 墙、柱计算高度

墙、柱的计算高度是指对墙、柱进行承载力计算或高厚比验算时所采用的高度，由墙、柱的实际高度 H 并根据房屋类别和构件支承条件而确定。基于弹性稳定理论分析结果并考虑偏于安全，受压构件的计算高度 H_0 可按表 6-4 采用。表中的构件高度 H 应按下列规定确定：

受压构件的计算高度 H_0 表 6-4

房屋类别			柱		带壁柱墙或周边拉结的墙		
			排架方向	垂直排架方向	$s>2H$	$2H \geqslant s > H$	$s \leqslant H$
有吊车的单层房屋	变截面柱上段	弹性方案	$2.5H_u$	$1.25H_u$	$2.5H_u$		
		刚性、刚弹性方案	$2.0H_u$	$1.25H_u$	$2.0H_u$		
	变截面柱下段		$1.0H_l$	$0.8H_l$	$1.0H_l$		
无吊车的单层和多层房屋	单跨	弹性方案	$1.5H$	$1.0H$	$1.5H$		
		刚弹性方案	$1.2H$	$1.0H$	$1.2H$		
	多跨	弹性方案	$1.25H$	$1.0H$	$1.25H$		
		刚弹性方案	$1.10H$	$1.0H$	$1.1H$		
	刚性方案		$1.0H$	$1.0H$	$1.0H$	$0.4s+0.2H$	$0.6s$

注：1. 表中 H_u 为变截面柱上段高度；H_l 为变截面柱的下段高度；
    2. 对于上端为自由端的构件，$H_0=2H$；
    3. 独立砖柱，当无柱间支撑时，柱在垂直排架方向的 H_0 应按表中数值乘以 1.25 后采用；
    4. s 为房屋横墙间距；
    5. 自承重墙的计算高度应根据周边支撑或拉结条件确定。

（1）房屋底层，构件高度 H 为楼板顶面到构件下端支点的距离。下端支点的位置，可取在基础顶面。当基础埋置较深且有刚性地坪时，可取室外地面下 500mm 处。

（2）房屋其他层次，构件高度为楼板或其他水平支点间的距离。

（3）山墙，山墙的高度，对于无壁柱的山墙，可取层高加山墙尖高度的 1/2；对于带壁柱的山墙可取壁柱处的山墙高度。

（4）上端为自由端的构件，其计算高度为构件高度的两倍，即 $H_0=2H$。

（5）独立砖柱，当无柱间支撑时，柱在垂直排架方向的 H_0 应按表 6-4 中数值乘以 1.25 确定。

6.4 墙、柱构造措施

6.4.1 墙、柱高厚比要求

墙、柱的高厚比，是指墙、柱的计算高度和墙厚或矩形柱较小边长的比值，用符号 β 表示。墙、柱的高厚比越大，其稳定性愈差，愈容易产生倾斜或变形，影响墙、柱的正常使用，甚至倒塌。因此，进行墙、柱设计时，必须限制其高厚比不超过规定的允许值，即墙、柱的高厚比要满足允许高厚比 $[\beta]$ 的要求，它是保证砌体结构稳定、满足正常使用极限状态要求的重要构造措施之一。

1. 矩形截面墙、柱高厚比的验算

矩形截面墙、柱高厚比应按下式验算：

$$\beta = \frac{H_0}{h} \leqslant \mu_1 \mu_2 [\beta] \tag{6-6}$$

式中　H_0——墙、柱的计算高度；

h——墙厚或矩形柱与 H_0 相对应的边长；

μ_1——自承重墙允许高厚比的修正系数；

μ_2——有门窗洞口墙允许高厚比的修正系数；

$[\beta]$——墙、柱的允许高厚比，应按表 6-5 采用。

当与墙连接的相邻两墙间的距离 $s \leqslant \mu_1 \mu_2 [\beta] h$ 时，墙的高度可不受高厚比限制；变截面柱的高厚比可按上、下截面分别验算，其计算高度可按本章前节的规定采用。验算上柱的高厚比时，墙、柱的允许高厚比可按表 6-5 的数值乘以 1.3 后采用。

墙、柱的允许高厚比 $[\beta]$ 值　　　　　　　　　　表 6-5

砌体类型	砂浆强度等级	墙	柱
无筋砌体	M2.5	22	15
	M5.0 或 Mb5.0、Ms5.0	24	16
	≥M7.5 或 Mb7.5、Ms7.5	26	17
配筋砌块砌体	—	30	21

注：1. 毛石墙、柱的允许高厚比应按表中数值降低 20%；
　　2. 带有混凝土或砂浆面层的组合砖砌体构件的允许高厚比，可按表中数值提高 20%，但不得大于 28；
　　3. 验算施工阶段砂浆尚未硬化的新砌砌体构件高厚比时，允许高厚比对墙取 14，对柱取 11。

2. 带壁柱墙和带构造柱墙的高厚比验算，应按下列规定进行：

(1) 按公式 (6-6) 验算带壁柱墙的高厚比，此时公式中的 h 应改用带壁柱墙截面的折算厚度 h_T，即：

$$\beta = \frac{H_0}{h_T} \leqslant \mu_1 \mu_2 [\beta] \tag{6-7}$$

式中　h_T——带壁柱墙截面的折算厚度，$h_T = 3.5i$；

i——带壁柱墙截面的回转半径，$i = \sqrt{\dfrac{I}{A}}$；

I、A——分别为带壁柱墙截面的惯性矩和面积。

在确定截面回转半径时，墙截面的翼缘宽度，可按本章前节的规定采用；当确定带壁柱墙的计算高度 H_0 时，s 应取与之相交相邻墙之间的距离。

(2) 当构造柱截面宽度不小于墙厚时，可按公式 (6-6) 验算带构造柱墙

〔99〕

的高厚比，此时公式中 h 取墙厚；即：

$$\beta = \frac{H_0}{h} \leqslant \mu_1 \mu_2 \mu_c [\beta] \tag{6-8}$$

当确定带构造柱墙的计算高度 H_0 时，s 应取相邻横墙间的距离；对于带构造柱墙，由于钢筋混凝土构造柱可提高墙体使用阶段的稳定性和刚度，因此墙的允许高厚比 $[\beta]$ 可乘以修正系数 μ_c，μ_c 可按下式计算：

$$\mu_c = 1 + \gamma \frac{b_c}{l} \tag{6-9}$$

式中　γ——系数。对细料石砌体，$\gamma=0$；对混凝土砌块、混凝土多孔砖、粗料石、毛石料及毛石砌体，$\gamma=1.0$；其他砌体，$\gamma=1.5$；

　　　b_c——构造柱沿墙长方向的宽度；

　　　l——构造柱的间距。

当 $b_c/l>0.25$ 时取 $b_c/l=0.25$，当 $b_c/l<0.05$ 时取 $b_c/l=0$。

考虑构造柱有利作用的高厚比验算不适用于施工阶段。

(3) 按公式 (6-6) 验算壁柱间墙或构造柱间墙的高厚比时，s 应取相邻壁柱间或相邻构造柱间的距离。设有钢筋混凝土圈梁的带壁柱墙或带构造柱墙，当 $b/s \geqslant 1/30$ 时，圈梁可视作壁柱间墙或构造柱间墙的不动铰支点 (b 为圈梁宽度)。当不满足上述条件且不允许增加圈梁宽度时，可按墙体平面外等刚度原则增加圈梁高度，此时，圈梁仍可视为壁柱间墙或构造柱间墙的不动铰支点。

3. 厚度不大于 240mm 的自承重墙，允许高厚比修正系数 μ_1，应按下列规定采用：

(1) 墙厚为 240mm 时，μ_1 取 1.2；墙厚为 90mm 时，μ_1 取 1.5；当墙厚小于 240mm 且大于 90mm 时，μ_1 按插入法取值。

(2) 上端为自由端墙的允许高厚比，除按上述规定提高外，尚可提高 30%。

(3) 对厚度小于 90mm 的墙，当双面采用不低于 M10 的水泥砂浆抹面，包括抹面层的墙厚不小于 90mm 时，可按墙厚等于 90mm 验算高厚比。

4. 对有门窗洞口的墙，允许高厚比修正系数，应符合下列要求：

(1) 允许高厚比修正系数，应按下式计算：

$$\mu_2 = 1 - 0.4 \frac{b_s}{s} \tag{6-10}$$

式中　b_s——在宽度 s 范围内的门窗洞口总宽度；

　　　s——相邻横墙或壁柱之间的距离。

(2) 当按公式 (6-6) 计算的 μ_2 的值小于 0.7 时，μ_2 取 0.7；当洞口高度等于或小于墙高的 1/5 时，μ_2 取 1.0。

(3) 当洞口高度大于或等于墙高的 4/5 时，可按独立墙段验算高厚比。

【例题 6-1】　某单层单跨房屋，壁柱间距 6m，全长 $10 \times 6 = 60$m，跨度 15m，如图 6-9 所示。墙体采用 MU10 烧结黏土多孔砖、M5 水泥混合砂浆砌筑，施工质量控制等级为 B 级。屋面采用预制钢筋混凝土大型屋面板。试验算各墙的高厚比。

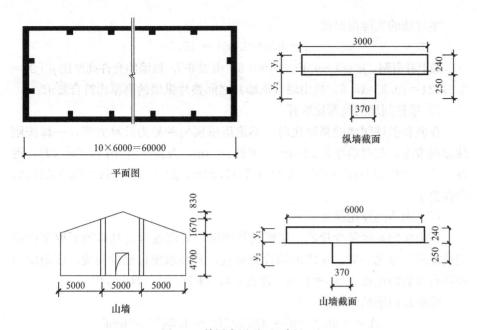

图 6-9 单层房屋平面、侧立面

【解】 本题需验算房屋的纵墙和山墙的高厚比。

因房屋的屋盖类别为 1 类，山墙（横墙）的间距 $s=60$，$32\text{m}<s<72\text{m}$，属刚弹性方案。

（1）纵墙高厚比验算

本房屋中的纵墙为带壁柱墙，因此不仅需验算其整片墙的高厚比，还需验算壁柱间墙的高厚比。

1）整片墙的高厚比验算

因墙长 $s=60\text{m}$，由表 6-4，$H_0=1.2H=1.2\times4.7=5.64\text{m}$。

该墙为 T 形截面，故需求折算厚度方可确定高厚比。

带壁柱墙截面面积
$$A=3000\times240+370\times250=8.125\times10^5\text{mm}^2$$

截面重心位置
$$y_1=\frac{3000\times240\times120+370\times250\times(240+250/2)}{8.125\times10^5}=148\text{mm}$$
$$y_2=240+250-148=342\text{mm}$$

截面惯性矩
$$I=\frac{1}{3}[370\times342^3+3000\times148^3+(3000-370)\times(240-148)^3]$$
$$=8.86\times10^9\text{mm}^4$$

截面回转半径
$$i=\sqrt{8.86\times10^9/8.125\times10^5}\approx104\text{mm}$$

截面折算厚度
$$h_T=3.5\times104=364\text{mm}$$

整片墙的实际高厚比

$$\beta = 5.64/0.364 = 15.5$$

墙上有窗洞，$\mu_2 = 1 - 0.4 \times 3/6 = 0.8$，由表 6-5，该墙的允许高厚比 $\mu_2[\beta] = 0.8 \times 24 = 19.2 > 15.5$。故山墙（横墙）之间整片纵墙的高厚比符合要求。

2）壁柱间墙的高厚比验算

在验算壁柱间墙的高厚比时，不论房屋属何种静力计算方案，一律按刚性方案考虑。此时墙厚为 240mm，墙长 $s = 6$m，查表 6-4，因 $H < s < 2H$，得 $H_0 = 0.4s + 0.2H = 0.4 \times 6 + 0.2 \times 4.7 = 3.34$m，$\beta = 3.34/0.24 = 13.9 < 19.2$，符合要求。

（2）山墙高厚比验算

该山墙的高度是变化的，如墙是等厚度，其高度可自基础顶面取至山墙尖高度的二分之一处。现因山墙设有壁柱，其高取壁柱处的高度。该山墙与屋面有可靠的连接，且 $s = 15$m，查表 6-4，得 $H_0 = 1.2H = 7.64$m。

带壁柱山墙截面面积

$$A = 6000 \times 240 + 370 \times 370 = 1.58 \times 10^6 \, \text{mm}^2$$

截面重心位置

$$y_1 = \frac{6000 \times 240 \times 120 + 370 \times 370 \times 425}{1580000} = 146 \, \text{mm}$$

$$y_2 = 610 - 146 = 464 \, \text{mm}$$

截面惯性矩

$$I = \frac{1}{3} \left[370 \times 464^3 + 6000 \times 146^3 + (6000 - 370) \times (240 - 146)^3 \right]$$

$$= 2.01 \times 10^{10} \, \text{mm}^4$$

截面回转半径

$$i = \sqrt{2.01 \times 10^{10} / 1.58 \times 10^6} = 112.8 \, \text{mm}$$

截面折算厚度

$$h_T = 3.5 \times 112.8 = 394.8 \, \text{mm}$$

山墙的实际高厚比 $\beta = 7.64/0.3948 = 19.4$，该墙的允许高厚比 $\mu_2[\beta] = (1 - 0.4 \times 1.5/7.5) \times 24 = 22.1 > 19.4$，符合要求。

此外还需验算山墙壁柱间墙的高厚比。

屋脊处墙高 $H = 7.2$m，壁柱间山墙平均高度 $H = 7.2 - (7.2 - 6.37)/2 = 6.785$m，此时 $s = 5$m $< H$，查表 6-4，按刚性方案确定计算高度 $H_0 = 0.6s = 0.6 \times 5 = 3$m，墙厚 $h = 240$mm，$\mu_2 = 1 - 0.4 \times 3/5 = 0.76$，山墙壁柱间墙的高厚比 $\beta = H_0/h = 3/0.24 = 12.5 < \mu_2[\beta] = 0.76 \times 24 = 18.2$，符合要求。

6.4.2　墙、柱的构造要求

1. 墙、柱的局部构造

（1）墙、柱截面最小尺寸

承重的独立砖柱截面尺寸不应小于 240mm×370mm。毛石墙的厚度不宜小于350mm，毛料石柱较小边长不宜小于400mm。

注：当有振动荷载时，墙、柱不宜采用毛石砌体。

（2）垫块设置

当屋架、大梁搁置于墙、柱上时，屋架、大梁端部支承处的砌体处于局部受压状态。当屋架、大梁的受荷面积较大而局部受压面积又较小时，容易发生局部受压破坏。因此，跨度大于6m的屋架和跨度大于下列数值的梁，应在支承处砌体上设置混凝土或钢筋混凝土垫块；当墙中设有圈梁时，垫块与圈梁宜浇成整体：

1）对砖砌体为4.8m；

2）对砌块和料石砌体为4.2m；

3）对毛石砌体为3.9m。

（3）壁柱设置

当墙体高度较大、厚度较薄而所受的荷载又较大时，墙体平面外的刚度和稳定性较差。为了加强墙体的刚度和稳定性，可在墙体的适当部位设置壁柱。当梁跨度大于或等于下列数值时，其支承处宜加设壁柱，或采取其他加强措施。山墙处的壁柱或构造柱宜砌至山墙顶部，且屋面构件应与山墙可靠拉结。

1）对240mm厚的砖墙为6m；对180mm厚的砖墙为4.8m；

2）对砌块、料石墙为4.8m。

（4）支承构造要求

1）墙体转角处和纵横墙交接处应沿竖向每隔400～500mm设拉结钢筋，其数量为每120mm墙厚不少于1根直径6mm的钢筋；或采用焊接钢筋网片，埋入长度从墙的转角或交接处算起，对实心砖墙每边不小于500mm，对多孔砖墙和砌块墙不小于700mm。

2）预制钢筋混凝土板在混凝土圈梁上的支承长度不应小于80mm，板端伸出的钢筋应与圈梁可靠连接，且同时浇筑；预制钢筋混凝土板在墙上的支承长度不应小于100mm，并应按下列方法进行连接：

① 板支承于内墙时，板端钢筋伸出长度不应小于70mm，且与支座处沿墙配置的纵筋绑扎，用强度等级不应低于C25的混凝土浇筑成板带；

② 板支承于外墙时，板端钢筋伸出长度不应小于100mm，且与支座处沿墙配置的纵筋绑扎，并用强度等级不应低于C25的混凝土浇筑成板带；

③ 预制钢筋混凝土板与现浇板对接时，预制板端钢筋应伸入现浇板中进行连接后，再浇筑现浇板。

3）支承在墙、柱上的吊车梁、屋架及跨度大于或等于下列数值的预制梁的端部，应采用锚固件与墙、柱上的垫块锚固：

① 对砖砌体为9m；

② 对砌块和料石砌体为7.2m；

（5）填充墙、隔墙与墙、柱连接

填充墙、隔墙应分别采取措施与周边主体结构构件可靠连接，连接构造和嵌缝材料应能满足传力、变形、耐久和防护要求。

2. 混凝土砌块墙体的构造要求

为了增加混凝土砌块房屋的整体刚度、提高其抗裂能力，混凝土砌块墙体应符合下列要求：

(1) 砌块砌体应分皮错缝搭砌，上下皮搭砌长度不应小于 90mm。当搭砌长度不满足上述要求时，应在水平灰缝内设置不少于 2 根直径不小于 4mm 的焊接钢筋网片（横向钢筋的间距不应大于 200mm，网片每端应伸出该垂直缝不小于 300mm）。

(2) 砌块墙与后隔墙交接处，应沿墙高每 400mm 在水平灰缝内设置不少于 2 根直径不小于 4mm、横筋间距不应大于 200mm 的焊接钢筋网片（图 6-10）

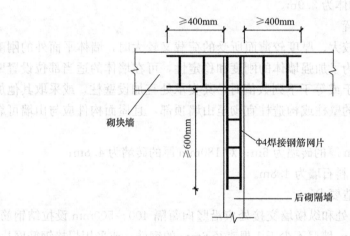

图 6-10　砌块墙与后砌隔墙交接处钢筋网片

(3) 混凝土砌体房屋，宜将纵横墙交接处，距墙中心线每边不小于 300mm 范围内的孔洞，采用不低于 Cb20 混凝土沿全墙高灌实。

(4) 混凝土砌块墙体的下列部位，如未设圈梁或混凝土垫块，应采用不低于 Cb20 混凝土将孔洞灌实：

1) 搁栅、檩条和钢筋混凝土楼板的支承面下，高度不应小于 200mm 的砌体；

2) 屋架、梁等构件的支承面下，长度不应小于 600mm，高度不应小于 600mm 的砌体；

3) 挑梁支承面下，距墙中心线每边不应小于 300mm，高度不应小于 600mm 的砌体。

3. 砌体中留槽洞及埋设管道时的构造要求

在砌体中预留槽及埋设管道对砌体的承载力影响较大，尤其是对截面尺寸较小的承重墙体、独立柱更加不利。因此不应在截面长边小于 500mm 的承重墙体、独立柱内埋设管线；不宜在墙体中穿行暗线或预留、开凿沟槽，当无法避免时应采取必要的措施或按削弱后的截面验算墙体的承载力。然而，对受力较小或未灌孔的砌块砌体，允许在墙体的竖向孔洞中设置管线。

4. 框架填充墙的构造要求

（1）框架填充墙墙体除应满足稳定要求外，尚应考虑水平风荷载及地震作用的影响。地震作用可按现行国家标准《建筑抗震设计规范》GB 50011 中非结构构件的规定计算。

（2）在正常使用和正常维护条件下，填充墙使用年限宜与主体结构相同，结构的安全等级可按二级考虑。

（3）填充墙的构造设计，应符合下列规定：

1）填充墙宜选用轻质块体材料；

2）填充墙砌筑砂浆的强度等级不宜低于 M5（Mb5、Ms5）；

3）填充墙墙体墙厚不应小于 90mm；

4）用于填充墙的夹心复合砌块，其两肢块体之间应有拉结。

（4）填充墙和框架的连接，可根据设计要求采用脱开或不脱开的方法。有抗震设防要求时宜采用填充墙与框架脱开的方法。

1）当填充墙与框架采用脱开的方式时，宜符合下列规定：

① 填充墙两端与框架柱，填充墙顶面与框架梁之间留出不小于 20mm 的间隙。

② 填充墙端部应设置构造柱，柱间距宜不大于 20 倍墙厚且不大于 4000mm，柱宽度不小于 100mm。柱竖向钢筋不宜小于 Φ10，箍筋宜为 $\phi^R 5$，竖向间距不宜大于 400mm。竖向钢筋与框架梁或其挑出部分的预埋件或预留钢筋连接，绑扎接头时不小于 30d，焊接时（单面焊）不小于 10d（d 为钢筋直径）。柱顶与框架梁（板）应预留不小于 15mm 的缝隙，用硅酮胶或其他弹性密封材料封缝。当填充墙有宽度大于 2100mm 的洞口时，洞口两侧应加设宽度不小于 50mm 的单筋混凝土柱。

③ 填充墙两端宜卡入设在梁、板底及柱侧的卡口铁件内，墙侧卡口板的竖向间距不宜大于 500mm，墙顶卡口板的水平间距不宜大于 1500mm。

④ 墙体高度超过 4m 时宜在墙高中部设置与柱连通的水平系梁。水平系梁的截面高度不小于 60mm。填充墙高不宜大于 6m。

⑤ 填充墙与框架柱、梁的缝隙可采用聚苯乙烯泡沫塑料板条或聚氨酯发泡材料充填，并用硅酮胶或其他弹性密封材料封缝。

⑥ 所有连接用钢筋、金属配件、铁件、预埋件等均应作防腐防锈处理，并应符合规范规定。嵌缝材料应能满足变形和防护要求。

2）当填充墙与框架采用不脱开的方法时，宜符合下列规定：

① 沿柱高每隔 500mm 配置 2 根直径 6mm 的拉结钢筋（墙厚大于 240mm 时配置 3 根直径 6mm），钢筋伸入填充墙长度不宜小于 700mm，且拉结钢筋应错开截断，相距不宜小于 200mm。填充墙墙顶应与框架梁紧密结合。顶面与上部结构接触处宜用一皮砖或配砖斜砌楔紧。

② 当填充墙有洞口时，宜在窗洞口的上端或下端、门洞口的上端设置钢筋混凝土带，钢筋混凝土带应与过梁的混凝土同时浇筑，其过梁的断面及配筋由设计确定。钢筋混凝土带的混凝土强度等级不小于 C20。当有洞口的填

充墙尽端至门窗洞口边距离小于240mm时，宜采用钢筋混凝土门窗框。

③ 填充墙长度超过5m或墙长大于2倍层高时，墙顶与梁宜有拉结措施，墙体中部应加设构造柱；墙高度超过4m时宜在墙高中部设置与柱连接的水平系梁，墙高超过6m时，宜沿墙高每2m设置与柱连接的水平系梁，梁的截面高度不小于60mm。

5. 夹心墙的构造要求

（1）夹心墙的夹层厚度，不宜大于120mm。

（2）外叶墙的砖及混凝土砌块的强度等级，不应低于MU10。

（3）夹心墙的有效面积，应取承重或主叶墙的面积。高厚比验算时，夹心墙的有效厚度，按下式计算：

$$h_l = \sqrt{h_1^2 + h_2^2} \qquad (6-11)$$

式中 h_l——夹心复合墙的有效厚度；

h_1、h_2——分别为内、外叶墙的厚度。

（4）夹心墙外叶墙的最大横向支承间距，设防烈度为6度时不宜大于9m，7度时不宜大于6m，8、9度时不宜大于3m。

（5）夹心墙的内、外叶墙，应由拉结件可靠拉结，拉结件宜符合下列规定：

1）当采用环形拉结件时，钢筋直径不应小于4mm，当为Z形拉结件时，钢筋直径不应小于6mm；拉结件应沿竖向梅花形布置，拉结件的水平和竖向最大间距分别不宜大于800mm和600mm；对有振动或有抗震设防要求时，其水平和竖向最大间距分别不宜大于800mm和400mm。

2）当采用可调拉结件时，钢筋直径不应小于4mm，拉结件的水平和竖向最大间距均不宜大于400mm。叶墙间灰缝的高差不大于3mm，可调拉结件中孔眼和扣钉间的公差不大于1.5mm。

3）当采用钢筋网片作拉结件时，网片横向钢筋的直径不应小于4mm；其间距不应大于400mm；网片的竖向间距不宜大于600mm；对有振动或有抗震设防要求时，不宜大于400mm。

4）拉结件在叶墙上的搁置长度，不应小于叶墙厚度的2/3，并不应小于60mm。

5）门窗洞口周边300mm范围内应附加间距不大于600mm的拉结件。

（6）夹心墙拉结件或网片的选择与设置，应符合下列规定：

1）夹心墙宜用不锈钢拉结件。拉结件用钢筋制作或采用钢筋网片时，应先进行防腐处理。

2）非抗震设防地区的多层房屋，或风荷载较小地区的高层的夹心墙可采用环形或Z形拉结件；风荷载较大地区的高层建筑房屋宜采用焊接钢筋网片。

3）抗震设防地区的砌体房屋（含高层建筑房屋）夹心墙应采用焊接钢筋网作为拉结件。焊接网应沿夹心墙连续通长设置，外叶墙至少有一根纵向钢筋。钢筋网片可计入内叶墙的配筋率，其搭接与锚固长度应符合有关规范规定。

4）可调节拉结件宜用于多层房屋的夹心墙，其竖向和水平间距均不应大于400mm。

6.4.3 防止或减轻墙体开裂的主要措施

1. 在正常使用条件下，应在墙体中设置伸缩缝。伸缩缝应设在因温度和收缩变形引起应力集中、砌体产生裂缝可能性最大处。伸缩缝的间距可按表 6-6 采用。

砌体房屋伸缩缝的最大间距（m）　　表 6-6

屋盖或楼盖类别		间　距
整体式或装配整体式 钢筋混凝土结构	有保温层或隔热层的屋盖、楼盖	50
	无保温层或隔热层的屋盖	40
装配式无檩体系钢筋 混凝土结构	有保温层或隔热层的屋盖、楼盖	60
	无保温层或隔热层的屋盖	50
装配式有檩体系钢筋混凝土结构	有保温层或隔热层的屋盖	75
	无保温层或隔热层额屋盖	60
瓦材屋盖、木屋盖或楼盖、轻钢屋盖		100

注：1. 对烧结普通砖、烧结多孔砖、配筋砌块砌体房屋，取表中数值；对石砌体、蒸压灰砂普通砖、蒸压粉煤灰普通砖、混凝土砌块、混凝土普通砖和混凝土多孔砖房屋，取表中数值乘以 0.8 的系数，当墙体有可靠外保温措施时，其间距可取表中数值；
　　2. 在钢筋混凝土屋面上挂瓦的屋盖应按钢筋混凝土屋盖采用；
　　3. 层高大于 5m 的烧结普通砖、烧结多孔砖、配筋砌块砌体结构单层房屋，其伸缩缝间距可按表中数值乘以 1.3；
　　4. 温差较大且变化频繁地区和严寒地区不采暖的房屋及构筑物墙体的伸缩缝的最大间距，应按表中数值予以适当减小；
　　5. 墙体的伸缩缝应与结构的其他变形缝相重合，缝宽度应满足各种变形缝的变形要求；在进行立面处理时，必须保证缝隙的变形作用。

2. 房屋顶层墙体，宜根据情况采取下列措施：

（1）屋面应设置保温、隔热层。

（2）屋面保温（隔热）层或屋面刚性面层及砂浆找平层应设置分隔缝，分隔缝间距不宜大于 6m，其缝宽不小于 30mm，并与女儿墙隔开。

（3）采用装配式有檩体系钢筋混凝土屋盖和瓦材屋盖。

（4）顶层屋面板下设置现浇钢筋混凝土圈梁，并沿内外墙拉通，房屋两端圈梁下的墙体内宜设置水平钢筋。

（5）顶层墙体有门窗等洞口时，在过梁上的水平灰缝内设置 2～3 道焊接钢筋网片或 2 根直径 6mm 钢筋，焊接钢筋网片或钢筋应伸入洞口两端墙内不小于 600mm。

（6）顶层及女儿墙砂浆强度等级不低于 M7.5（Mb7.5、Ms7.5）。

（7）女儿墙应设置构造柱，构造柱间距不宜大于 4m，构造柱应伸至女儿墙顶并与现浇钢筋混凝土压顶整浇在一起。

（8）对顶层墙体施加竖向预应力。

3. 房屋底层墙体，宜根据情况采取下列措施：

（1）增大基础圈梁的刚度；

（2）在底层的窗台下墙体灰缝内设置 3 道焊接钢筋网片或 2 根直径 6mm 钢筋，并应伸入两边窗间墙内不小于 600mm。

107

4. 在每层门、窗过梁上方的水平灰缝内及窗台下第一和第二道水平灰缝内，宜设置焊接钢筋网片或 2 根直径 6mm 钢筋，焊接钢筋网片或钢筋应伸入两边窗间墙内不小于 600mm。当墙长大于 5m 时，宜在每层墙高度中部设置 2～3 道焊接钢筋网片或 3 根直径 6mm 的通长水平钢筋，竖向间距为 500mm。

5. 房屋两端和底层第一、第二开间门窗洞处，可采取下列措施：

(1) 在门窗洞口两边墙体的水平灰缝中，设置长度不小于 900mm、竖向间距为 400mm 的 2 根直径 4mm 的焊接钢筋网片。

(2) 在顶层和底层设置通长钢筋混凝土窗台梁，窗台梁高宜为块材高度的模数，梁内纵筋不小于 4 根，直径不小于 10mm，箍筋直径不小于 6mm，间距不大于 200mm，混凝土强度等级不低于 C20。

(3) 在混凝土砌块房屋门窗洞口两侧不少于一个孔洞中设置直径不小于 12mm 的竖向钢筋，竖向钢筋应在楼层圈梁或基础内锚固，孔洞用不低于 Cb20 混凝土灌实。

6. 填充墙砌体与梁、柱或混凝土墙体结合的界面处（包括内、外墙），宜在粉刷前设置钢丝网片，网片宽度可取 400mm，并沿界面缝两侧各延伸 200mm，或采取其他有效的防裂、盖缝措施。

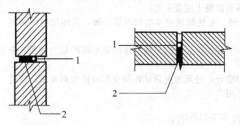

图 6-11　控制缝构造
1-不吸水的、闭孔发泡聚乙烯实心圆棒；
2-柔软、可压缩的填充物

7. 突然变化处设置竖向控制缝。竖向控制缝宽度不宜小于 25mm，缝内填以压缩性能好的填充材料，且外部用密封材料密封，并采用不吸水的、闭孔发泡聚乙烯实心圆棒（背衬）作为密封膏的隔离物（图 6-11）。

8. 夹心复合墙的外叶墙宜在建筑墙体适当部位设置控制缝，其间距宜为 6～8m。

6.5　刚性方案房屋墙、柱计算

刚性方案房屋墙、柱可视上端为不动铰支承于屋（楼）盖，下端嵌固于基础的竖向构件；取一个开间为计算单元。墙、柱除应符合高厚比要求外，还应进行承载力计算。

6.5.1　单层房屋承重纵墙的计算

图 6-12 (a) 为某单层刚性方案房屋（一个开间单元）的计算简图。计算时，应考虑两种荷载，即竖向荷载和风荷载。

1. 竖向荷载

竖向荷载包括屋盖自重、屋面活荷载或雪荷载和墙、柱自重。屋面荷载通过屋架或大梁作用于墙体顶部，屋架或大梁的支承反力 N_l 作用位置如图 6-12 (b) 所示。相对于墙体中心线而言，N_l 存在偏心距，因此屋面荷载

将由轴心压力 N_l 和弯矩 M_l 组成。墙、柱自重则作用于墙、柱截面的重心。

屋面荷载作用下墙、柱内力如图 6-12（c）所示，分别为：

$$
\left.
\begin{aligned}
R_A &= -R_B = -\frac{3M_l}{2H} \\
M_B &= M_l \\
M_A &= -\frac{M_l}{2}
\end{aligned}
\right\}
\tag{6-12}
$$

2. 风荷载

包括屋面风荷载和墙面风荷载两部分。由于屋面风荷载最后以集中力通过屋架而传递，在刚性方案中则通过不动铰支点由屋盖复合梁传给横墙，因此不影响墙、柱的内力。墙面风荷载作用下墙、柱内力如图 6-12（d）所示，分别为：

$$
\left.
\begin{aligned}
R_A &= \frac{5}{8}qH \\
R_B &= \frac{3}{8}qH \\
M_A &= \frac{1}{8}qH^2 \\
M_y &= -\frac{1}{8}qHy\left(3 - 4\frac{y}{H}\right)
\end{aligned}
\right\}
\tag{6-13}
$$

$$
M_{\max} = -\frac{9}{128}qH^2 \qquad \left(y = \frac{3}{8}H \text{ 时}\right)
$$

计算时，迎风面 $q = q_1$，背风面 $q = -q_2$。

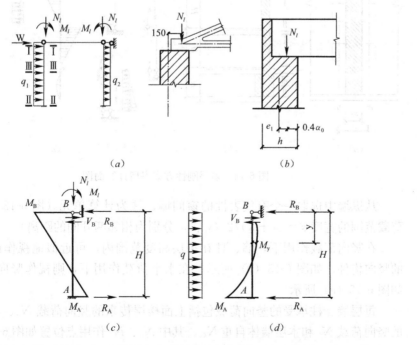

（a）

（b）

（c）

（d）

图 6-12 单层刚性方案房屋墙、柱内力分析

（a）计算简图；（b）N_l 作用点；（c）竖向荷载作用下内力；（d）风荷载作用下内力

3. 控制截面与内力组合

控制截面指内力较大、截面承载力较小，有可能较其他截面先破坏的截面，也称为危险截面。危险截面的承载力验算满足要求，则整个房屋墙体的承载力也必定能得到保证。

需复核的截面有墙、柱的上端截面Ⅰ-Ⅰ、下端截面Ⅱ-Ⅱ和均布风荷载作用下的最大弯矩截面Ⅲ-Ⅲ，如图 6-12（a）所示。截面Ⅰ-Ⅰ～Ⅲ-Ⅲ均按偏心受压进行承载力验算；对截面Ⅰ-Ⅰ尚应对屋架或大梁支承处的砌体进行局部受压承载力验算。

设计时，先求出各种荷载单独作用下的内力，然后按照既可能同时又最不利的原则进行内力组合，确定上述控制截面的最不利内力，它是墙、柱承载力验算的依据。

6.5.2 多层房屋承重纵墙的计算

图 6-13 为某多层刚性方案房屋（一个开间单元）的计算简图。

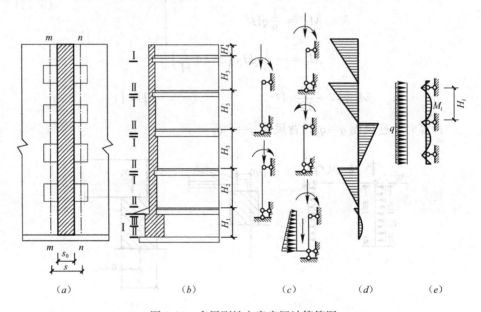

图 6-13 多层刚性方案房屋计算简图

从纵墙中选取一个有代表性的窗间墙、柱为计算单元（图 6-13a），承受荷载范围的宽度 $s=(s_1+s_2)/2$（s_1、s_2 分别为相邻两开间的距离）。

在竖向荷载作用下，墙、柱在每层高度范围内，可近似地视作两端铰支的竖向构件，如图 6-13（c）所示；在水平荷载作用下，则视作竖向连续梁，如图 6-13（e）所示。

每层墙、柱承受的竖向荷载包括上面楼层传来的竖向荷载 N_u、本层传来的竖向荷载 N_l 和本层墙体自重 N_G。其中 N_u、N_l 作用点位置如图 6-14 所示，N_u 作用于上一层墙、柱的截面重心处，N_l 距离墙内边缘的距离根据理论研究和实验的实际情况，并考虑上部荷载和内力重分配的塑性影响取 $0.4a_0$（a_0

为有效支撑长度）。N_G 则作用于本层墙体截面重心处。

作用于每层墙上端的轴向压力 N 和偏心距分别为：$N = N_u + N_l$，$e = (N_l e_l - N_u e_0)/(N_u + N_l)$，其中 e_l 为 N_l 对本层墙体重心轴的偏心距，e_0 为上、下层墙体重心轴线之间的距离。

每层墙、柱的弯矩图为三角形，上端 $M = Ne$，下端 $M = 0$（图 6-13d），而轴向力上端为 $N = N_u + N_l$，下端则为 $N = N_u + N_l + N_G$。

验算墙、柱的危险截面取墙、柱的上、下端 I-I 和 II-II 截面（图 6-13b），前者弯矩最大，轴向压力最小；后者弯矩最小，轴向压力最大。

在风荷载作用下，墙、柱视作竖向连续梁（图 6-13e），其弯矩计算及相关规定见本章前面内容。

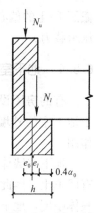

图 6-14　N_u、N_l 作用点

6.5.3　多层房屋承重横墙的计算

刚性方案的横墙承重房屋，其计算原理与纵墙承重方案的外纵墙相同，不同的是前者不考虑风荷载，另外横墙一般承受屋（楼）盖直接传来的均布荷载且很少开洞。因此可沿墙轴线取宽度为 1.0m 的墙作为计算单元（图 6-15a）。

在多层房屋中，当横墙的砌体材料和墙厚相同时，可只验算最底层截面 II-II（图 6-15b）的承载力，当横墙的砌体材料或墙厚改变时，则应对改变处进行承载力验算。若左、右两开间不等或楼面荷载相差较大时，需验算顶部

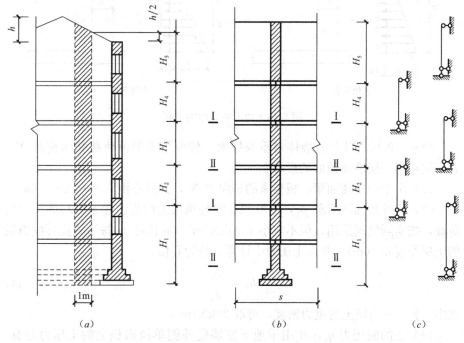

图 6-15　横墙计算简图

截面Ⅰ-Ⅰ的偏心受压承载力。当横墙支承楼面梁时，还需验算砌体的局部受压承载力。

6.5.4 地下室墙的计算

有的房屋设有地下室，地下室的墙体承受上部结构传来的轴向力。对于地下室的外墙，还应考虑室外地面上的堆积物、填土以及地下水压力的作用。

地下室墙体一般砌筑在钢筋混凝土基础底板上，顶部为首层楼面。室外有回填土，因此墙厚一般大于房屋首层墙厚。同时为了保证房屋具有足够的整体刚度，地下室的内横墙较多，间距较小，因此地下室墙体可按刚性方案进行静力计算。

地下室层高较小，墙又较厚，一般可不作高厚比验算。但作用在地下室墙壁的荷载较多，其内力分析和承载力计算工作量亦较大。具体来说，包括以下几个方面。

1. 荷载计算

作用于地下室墙体的荷载（图6-16），可按下列方法计算：

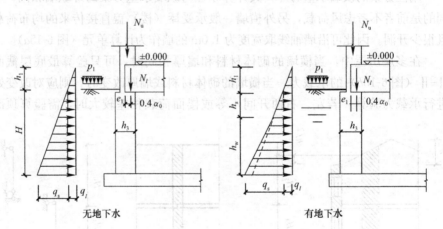

图6-16 地下室墙体的荷载

（1）±0.000以上的墙体自重及屋面、楼面传来的恒荷载和活荷载N_u。它作用在第一层墙体截面的形心上。

（2）由第一层楼面梁、板传来的轴向力N_l，其偏心距$e_1 = h_3/2 - 0.4a_0$。

（3）室外地面活荷载p_1，由堆积在室外地面上的煤、建筑材料等产生的荷载，按实际情况采用，但不应小于10kN/m^2。通长将p_1按下式换算成当量的土层厚度h_1（m），并入土压力中计算，较为简便：

$$h_1 = \frac{p_1}{\gamma_s} \qquad (6-14)$$

式中 γ_s——回填土的重力密度，可取20kN/m^3。

（4）土的侧压力q_s，作用于地下室墙壁外侧单位面积上的土压力与有、无地下水有关。

当无地下水时，设底板标高以上的土深度为 H，墙壁单位面积上的土侧压力为：

$$q_s = k_0 \gamma_s H \tag{6-15}$$

式中　k_0——静止土压力系数，可取 0.5；

　　　H——填土表面至计算点的深度（m）。

当有地下水时，设地下水深度为 h_w，则 h_w 高度内的土受水的浮力影响。此时，$H = h_s + h_w$ 深处作用于墙壁单位面积上均匀分布的土侧压力为：

$$q_s = 0.5\gamma_s h_s + 0.5\gamma'_s h_w + \gamma_w h_w \tag{6-16}$$

式中　γ'_s——土含水饱和时的重力密度（kN/m^3）；

　　　h_s——未浸水的填土高度（m）；

　　　γ_w——水的重力密度，可取 $10kN/m^3$。

因 $\gamma'_s = \gamma_s - \gamma_w$，则：

$$q_s = 0.5(\gamma_s H + \gamma_w h_w) \tag{6-17}$$

当量土层厚度为 h_1 时的土侧压力为：

$$q_l = 0.5\gamma_s h_l \tag{6-18}$$

（5）应计入地下室墙体自重 G。

2. 计算简图

刚性方案的地下室外墙计算简图亦为两端铰支的竖向构件，如图 6-17 所示。上端铰支于 ±0.000 处的室内地面（一般情况下为地下室的楼面梁底处），下端铰支于底板顶面，墙体从楼面梁底到底板顶面的高度等于地下室墙的计算高度。当混凝土地面较薄，或施工期间未捣固，或虽捣固但未达到足够的强度就在室内外填土时，墙体底端铰支承应取在基础底板底面处。此外，如果条形基础宽度较大，有一定的阻止墙体发生转动的能力，其下端应按部分嵌固考虑，此时下端将产生嵌固弯矩。

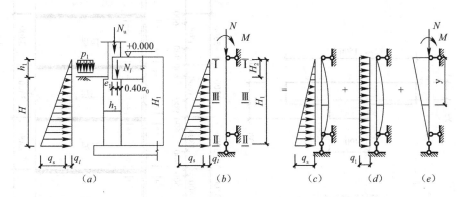

图 6-17　地下室墙体计算简图

3. 内力计算

在各种荷载作用下，地下室墙体计算截面上内力按结构力学的方法确定（图 6-17c、d、e），然后进行内力组合，求得控制截面 I-I、II-II 和 III-III 上最不利内力。其中 III-III 截面为地下室墙跨中最大弯矩所在截面。

113

4. 截面承载力验算

对于Ⅰ-Ⅰ截面，按偏心受压和局部受压分别验算承载力；

对于Ⅱ-Ⅱ截面，按轴心受压验算承载力；

对于Ⅲ-Ⅲ截面，按偏心受压验算承载力。

【例题 6-2】 长沙某四层教学实验综合楼，平、剖面图如图 6-18 所示，屋盖、楼盖采用预制钢筋混凝土空心板，墙体采用烧结页岩砖和水泥混合砂浆砌筑，砖的强度等级为 MU10，三、四层砂浆的强度等级为 M2.5，一、二层砂浆的强度等级为 M5，施工质量控制等级为 B 级。各层墙厚如图 6-18 所示。试验算纵墙、横墙的承载力。

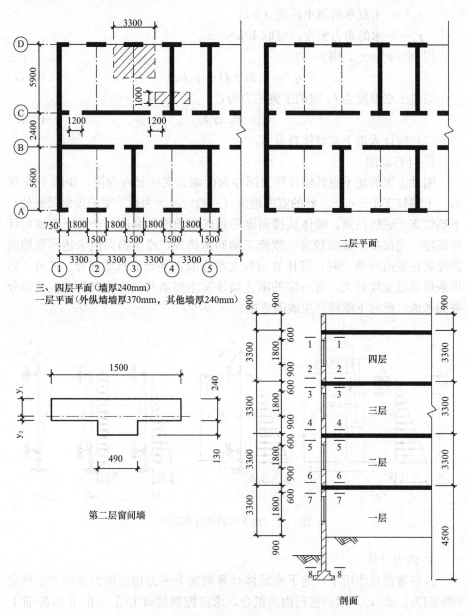

图 6-18　教学实验综合楼平面、剖面图

【解】 （1）确定房屋的静力计算方案

最大横墙间距 $s=3.3\times3=9.9$m，屋盖、楼盖类别属于第 1 类，查表 6-1 得 $s<32$m，属刚性方案。

（2）高厚比验算

1）外纵墙高厚比验算

本房屋中第一层墙采用 M5 水泥混合砂浆，高厚比 $\beta=4.5/0.37=12.2$。第四层墙采用 M2.5 水泥混合砂浆，高厚比 $\beta=3.3/0.24=13.8$。第二层墙的截面几何特征为：

$$A=1.5\times0.24+0.13\times0.49=0.424\text{m}^2$$

$$y_1=\frac{(1.5-0.49)\times0.24\times0.12+0.49\times0.37\times0.185}{0.424}=0.148\text{m}$$

$$y_2=0.37-0.148=0.222\text{m}$$

$$I=\frac{1}{3}\left[0.49\times0.222^3+1.5\times0.148^3+(1.5-0.49)\times(0.24-0.148)^3\right]$$
$$=3.67\times10^{-3}\text{m}^4$$

$$i=\sqrt{3.67\times10^{-3}/0.424}=0.093\text{m}$$

$$h_\text{T}=3.5\times0.093=0.326\text{m}$$

第二层墙的高厚比 $\beta=3.3/0.326=10.12$。由以上因素可看出，第四层墙的高厚比最不利，故应以其验算。

对于 M2.5 砂浆的墙，查表 6-5，$[\beta]=22$。

取 D 轴线横墙间距最大的一段外纵墙，$H=3.3$m，$s=9.9$m$>2H=6.6$m，查表 6-4 得 $H_0=1.0H=3.3$m。考虑窗洞的影响，$\mu_2=1-0.4\times1.8/3.3=0.78>0.7$。

$$\beta=\frac{3.3}{0.24}=13.8<\mu_2[\beta]=0.78\times22=17.2$$

符合要求。

2）内纵墙高厚比验算

轴线 C 上的横墙间距最大的一段内纵墙上开有两个门洞，$\mu_2=1-0.4\times2.4/9.9=0.90$，大于上述的 0.78，故不需验算即可知该墙高厚比符合要求。

3）横墙高厚比验算

横墙厚 240mm，墙长 $s=5.9$m，且墙上无洞口，其允许高厚比较纵墙的允许高厚比有利，因此不必再进行验算。

（3）荷载资料

根据设计要求，荷载资料如下：

1）屋面恒荷载标准值

35mm 厚配筋细石混凝土板

$$25\times0.035=0.875\text{kN/m}^2$$

顺水方向砌 120mm 厚砖带高 180mm，则

$$\frac{19\times0.18\times0.12}{0.5}=0.821\text{kN/m}^2$$

三毡四油沥青防水卷材，撒铺绿豆沙 0.4kN/m^2

40mm 厚憎水珍珠岩　　　　　$4 \times 0.04 = 0.16\text{kN/m}^2$

20mm 厚 1：2.5 水泥砂浆找平层　　　　　$20 \times 0.02 = 0.4\text{kN/m}^2$

110mm 厚预应力混凝土空心板（包括灌缝）　　　2.0kN/m^2

15mm 厚板底粉刷　　　　$16 \times 0.015 = 0.24\text{kN/m}^2$

　　　　　　　　　　　　合计　4.896kN/m^2

屋面梁自重　　　　　　$25 \times 0.2 \times 0.5 = 2.5\text{kN/m}$

　　2）不上人屋面的活荷载标准值 0.5kN/m^2

　　3）楼面恒荷载标准值

大理石面层　　　　　　$28 \times 0.015 = 0.42\text{kN/m}^2$

20mm 厚水泥砂浆找平　　　$20 \times 0.02 = 0.4\text{kN/m}^2$

110mm 厚预应力混凝土空心板　　2.0kN/m^2

15mm 厚板底粉刷　　　　　0.24kN/m^2

　　　　　　　　　　　合计 3.06kN/m^2

楼面梁自重　　　　　　$25 \times 0.2 \times 0.5 = 2.5\text{kN/m}$

　　4）墙体自重标准值

240mm 厚墙体自重　　　5.24kN/m^2（按墙面计）

370mm 厚墙体自重　　　7.71kN/m^2（按墙面计）

铝合金玻璃窗自重　　　　0.4kN/m^2（按墙面计）

　　5）楼面活荷载标准值

　　根据《建筑结构荷载规范》，教室、试验室的楼面活荷载标准值为 2.5kN/m^2。因本教学试验综合楼使用荷载较大，根据实际情况楼面活荷载标准值取为 3.5kN/m^2。此外，按荷载规范，设计该楼的墙和基础时，楼面活荷载标准值采用与其楼面梁相同的折减系数，而楼面梁的从属面积为 $5.9 \times 3.3 = 19.47\text{m}^2 < 50\text{m}^2$，故楼面荷载不必折减。

　　长沙地区的基本风压为 0.35kN/m^2，且房屋层高小于 4m，房屋总高小于 28m，查表 6-3，该设计可不考虑风荷载的影响。

　　（4）纵墙承载力计算

　　1）选取计算单元

　　该房屋有内、外纵墙。对于外纵墙，D 轴墙较 A 轴墙不利。对于 B、C 轴内纵墙，走廊楼面传来的荷载，虽使内纵墙上的竖向力有些增加，但梁（板）支承处墙体轴向力的偏心距却有所减小，且内纵墙上的洞口宽度较外纵墙上的小。因此可只在 D 轴取一个开间的外纵墙为计算单元，其受荷面积为 $3.3 \times 2.95 = 9.735\text{m}^2$（按理需扣除一部分墙体的面积，这里仍近似地以轴线尺寸计算）。

　　2）确定计算截面

　　通常每层墙的控制截面位于墙顶部梁（或板）底面（如截面 1-1）和墙底底面（如截面 2-2）处。在截面 1-1 等处，梁（板）传来的支承压力产生的弯矩最大，且在梁（板）端支承处，其偏心受压和局部受压均不利。在截面 2-2

等处，则承受的轴心压力最大。

本楼第四层和第三层墙体所用的砖、砂浆强度等级和墙厚虽相同，但轴向力的偏心距不同；而第二层和第一层墙体，砂浆强度等级和墙厚又与之不同，因此需对截面1-1～8-8的承载力进行计算。

3）荷载计算

按一个计算单元，作用于纵墙的荷载标准如下：

屋面恒荷载　　$4.896 \times 9.735 + 2.5 \times 2.95 = 55.04 \text{kN}$

女儿墙自重（厚240mm，高0.9m，双面粉刷）　$5.24 \times 0.9 \times 3.3 = 15.6 \text{kN}$

二、三、四层楼面恒荷载

$$3.06 \times 9.735 + 2.5 \times 2.95 = 37.16 \text{kN}$$

二、三、四层楼面活荷载

$$3.5 \times 9.735 = 34.07 \text{kN}$$

屋面活荷载　　　　　$0.5 \times 9.735 = 4.87 \text{kN}$

三层、四层墙和窗自重

$$5.24 \times (3.3 \times 3.3 - 2.1 \times 1.8) + 0.4 \times 2.1 \times 1.8 = 38.77 \text{kN}$$

二层墙（包括壁柱）和窗自重

$$5.24 \times (3.3 \times 3.3 - 2.1 \times 1.8 - 0.49 \times 3.3) + 0.4 \times 2.1 \times 1.8$$
$$+ 7.71 \times 0.49 \times 3.3 = 42.76 \text{kN}$$

一层墙和窗自重

$$7.71 \times (3.3 \times 4.5 - 2.1 \times 1.8) + 0.4 \times 2.1 \times 1.8 = 86.86 \text{kN}$$

4）控制截面的内力计算

① 第四层

第四层截面1-1处

由屋面荷载产生的轴向力设计值包括两种内力组合，第一种内力组合：

$$N_1 = 1.2 \times (55.04 + 15.6) + 1.4 \times 4.87 = 91.59 \text{kN}$$
$$N_{5l} = 1.2 \times 55.04 + 1.4 \times 4.87 = 72.87 \text{kN}$$

三、四层墙体采用MU10砖、M2.5水泥混合砂浆砌筑，砌体的抗压强度设计值$f = 1.3 \text{MPa}$。一、二层墙体采用MU10砖、M5水泥混合砂浆砌筑，砌体的抗压强度设计值$f = 1.5 \text{MPa}$。屋（楼）面梁端均设有刚性垫块，取$\sigma_0/f = 0$，刚性垫块影响系数$\delta_1 = 5.4$，刚性垫块上表面处梁端有效支承长度$a_{0,b}$为：

$$a_{0,b} = 5.4 \sqrt{\frac{500}{1.3}} = 106 \text{mm}$$

得　　　$M_1 = N_{5l}(y - 0.4 a_{0,b}) = 72.87 \times (0.12 - 0.4 \times 0.106)$
$$= 5.65 \text{kN} \cdot \text{m}$$

$$e_1 = \frac{M_1}{N_1} = \frac{5.65 \times 10^3}{91.59} = 62 \text{mm}$$

由第二种内力组合：

$$N_1 = 1.35 \times (55.04 + 15.6) + 1.4 \times 0.7 \times 4.87 = 100.14 \text{kN}$$

$$N_{5l} = 1.35 \times 55.04 + 1.4 \times 0.7 \times 4.87 = 79.08 \text{kN}$$

$$M_1 = 79.08 \times (0.12 - 0.4 \times 0.106) = 6.14 \text{kN} \cdot \text{m}$$

$$e_1 = \frac{6.14 \times 10^3}{100.14} = 61 \text{mm}$$

第四层截面 2-2 处：

轴向力为上述荷载 N_1 与本层墙自重之和。

第一种内力组合

$$N_2 = 91.59 + 1.2 \times 38.77 = 138.11 \text{kN}$$

第二种内力组合

$$N_2 = 100.14 + 1.35 \times 38.77 = 152.48 \text{kN}$$

② 第三层

第三层截面 3-3 处：

轴向力为上述荷载 N_2 与本层楼盖荷载之和。

第一种内力组合

$$N_{4l} = 1.2 \times 37.16 + 1.4 \times 34.07 = 92.29 \text{kN}$$

$$N_3 = 138.11 + 92.29 = 230.4 \text{kN}$$

$$\sigma_0 = \frac{138.11 \times 10^{-3}}{1.5 \times 0.24} = 0.384 \text{MPa}$$

$\sigma_0/f = 0.384/1.3 = 0.30$，查表 4-6 得 $\delta_1 = 5.85$，则

$$a_{0,\text{b}} = 5.85 \sqrt{\frac{500}{1.3}} = 115 \text{mm}$$

$$M_3 = N_{4l}(y - 0.4a_{0,\text{b}}) = 92.29 \times (0.12 - 0.4 \times 0.115) = 6.82 \text{kN} \cdot \text{m}$$

$$e_3 = \frac{M_3}{N_3} = \frac{6.82 \times 10^3}{230.60} = 26.66 \text{mm}$$

第二种内力组合

$$N_{4l} = 1.35 \times 37.16 + 1.4 \times 0.7 \times 34.07 = 83.55 \text{kN}$$

$$N_3 = 152.48 + 83.55 = 236.03 \text{kN}$$

$$\sigma_0 = \frac{152.48 \times 10^{-3}}{1.5 \times 0.24} = 0.424 \text{MPa}$$

$\sigma_0/f = 0.424/1.3 = 0.326$，查表 4-6 得 $\delta_1 = 5.89$，则

$$a_{0,\text{b}} = 5.89 \sqrt{\frac{500}{1.3}} = 116 \text{mm}$$

$$M_3 = N_{4l}(y - 0.4a_{0,\text{b}})$$

$$= 83.55 \times (0.12 - 0.4 \times 0.116)$$

$$= 6.14 \text{kN} \cdot \text{m}$$

$$e_3 = \frac{M_3}{N_3} = \frac{6.14 \times 10^3}{236.03} = 26.01 \text{mm}$$

第三层截面 4-4 处：

轴向力为上述荷载 N_3 与本层墙自重之和。

第一种内力组合
$$N_4 = 230.4 + 1.2 \times 38.77 = 276.92\text{kN}$$
第二种内力组合
$$N_4 = 236.03 + 1.35 \times 38.77 = 288.37\text{kN}$$
　③ 第二层
第二层截面5-5处：
轴向力为上述荷载 N_4 与本层楼盖荷载之和。
第一种内力组合
$$N_{3l} = 92.29\text{kN}$$
$$N_5 = 276.92 + 92.29 = 369.21\text{kN}$$
$$\sigma_0 = \frac{276.92 \times 10^{-3}}{0.424} = 0.653\text{MPa}$$

$\sigma_0/f = 0.653/1.5 = 0.435$，查表4-6得，$\delta_1 = 6.09$，则

$$a_{0,\text{b}} = 6.09\sqrt{\frac{500}{1.5}} = 111\text{mm}$$

$$
\begin{aligned}
M_5 &= N_{3l}(y_2 - 0.4a_{0,\text{b}}) - N_4(y_1 - y) \\
&= 92.29 \times (0.222 - 0.4 \times 0.111) - 276.92 \times (0.148 - 0.12) \\
&= 8.63\text{kN} \cdot \text{m}
\end{aligned}
$$

$$e = \frac{M_5}{N_5} = \frac{8.63 \times 10^3}{369.21} = 23.4\text{mm}$$

第二种内力组合
$$N_{3l} = 83.55\text{kN}$$
$$N_5 = 288.37 + 83.55 = 371.92\text{kN}$$
$$\sigma_0 = \frac{288.37 \times 10^{-3}}{0.435} = 0.662\text{MPa}$$

$\sigma_0/f = 0.662/1.5 = 0.441$，查表4-6得 $\delta_1 = 6.21$，则

$$a_{0,\text{b}} = 6.21\sqrt{\frac{500}{1.5}} = 113\text{mm}$$

$$
\begin{aligned}
M_5 &= 83.55 \times (0.222 - 0.4 \times 0.113) - 288.37 \times (0.148 - 0.12) \\
&= 6.69\text{kN} \cdot \text{m}
\end{aligned}
$$

$$e_5 = \frac{6.69 \times 10^3}{371.92} = 18\text{mm}$$

第二层截面6-6处：
轴向力为上述荷载 N_5 与本层墙体自重之和。
第一种内力组合
$$N_6 = 369.21 + 1.2 \times 42.76 = 420.52\text{kN}$$
第二种内力组合
$$N_6 = 371.92 + 1.35 \times 42.76 = 429.64\text{kN}$$
　④ 第一层
第一层截面7-7处：

轴向力为上述荷载 N_6 与本层楼盖荷载之和。

第一种内力组合

$$N_{2l} = 92.29 \text{kN}$$

$$N_7 = 420.52 + 92.29 = 512.81 \text{kN}$$

$$\sigma_0 = \frac{420.52 \times 10^{-3}}{1.5 \times 0.37} = 0.758 \text{MPa}$$

$\sigma_0/f = 0.744/1.5 = 0.496$，查表 4-6 得 $\delta_1 = 6.40$，则

$$a_{0,b} = 6.40 \sqrt{\frac{500}{1.5}} = 117 \text{mm}$$

$$M_7 = N_{2l}(y - 0.4a_{0,b}) - N_6(y - y_1)$$

$$= 92.29 \times \left(\frac{0.37}{2} - 0.4 \times 0.117\right) - 420.5 \times \left(\frac{0.37}{2} - 0.148\right)$$

$$= -3.105 \text{kN} \cdot \text{m}$$

$$e_7 = \frac{M_7}{N_7} = \frac{3.105 \times 10^{-3}}{512.81} = 6.05 \text{mm}$$

第二种内力组合

$$N_{2l} = 83.55 \text{kN}$$

$$N_7 = 429.64 + 83.55 = 513.19 \text{kN}$$

$$\sigma_0 = \frac{429.64 \times 10^{-3}}{1.5 \times 0.37} = 0.774$$

$\sigma_0/f = 0.774/1.5 = 0.516$，查表 4-6 得，$\delta_1 = 6.47$，则

$$a_{0,b} = 6.47 \sqrt{\frac{500}{1.5}} = 118 \text{mm}$$

$$M_7 = 83.55 \times \left(\frac{0.37}{2} - 0.4 \times 0.118\right) - 429.64 \times \left(\frac{0.37}{2} - 0.148\right)$$

$$= -4.38 \text{kN} \cdot \text{m}$$

$$e_7 = \frac{M_7}{N_7} = \frac{4.38 \times 10^{-3}}{513.19} = 8.5 \text{mm}$$

第一层截面 8-8 处：

轴向力为上述荷载 N_7 与本层墙自重之和。

第一种内力组合

$$N_8 = 512.81 + 1.2 \times 86.86 = 617.04 \text{kN}$$

第二种内力组合

$$N_8 = 513.19 + 1.35 \times 86.86 = 630.45 \text{kN}$$

5）第四层窗间墙承载力验算

第四层截面 1-1 窗间受压承载力验算：

第一组内力　　　　$N_1 = 91.59 \text{kN}$，　$e_1 = 62 \text{mm}$

第二组内力　　　　$N_1 = 100.14 \text{kN}$，　$e_1 = 61 \text{mm}$

对于第一组内力，$e/h = 62/240 = 0.26$，$e/y = 0.52 < 0.6$，$\beta = 3.3/0.24 = 13.75$，查表 4-4 得 $\varphi = 0.302$。

按公式，$\varphi f A = 0.302 \times 1.3 \times 1.5 \times 0.24 \times 10^3 = 141.34\text{kN} > 91.59\text{kN}$，满足要求。

对于第二组内力，$e/h = 61/240 = 0.25$，$e/y = 0.50 < 0.6$，$\beta = 13.75$，查表 4-4 得 $\varphi = 0.312$。

按公式，$\varphi f A = 0.312 \times 1.3 \times 1.5 \times 0.24 \times 10^3 = 146.02 > 100.14\text{kN}$，亦满足要求。

第四层截面 2-2 窗间墙受压承载力验算：

第一组内力 $N_2 = 138.11\text{kN}$，$e = 0$

第二组内力 $N_2 = 152.48\text{kN}$，$e = 0$

$e/h = 0$，$\beta = 13.75$，查表 4-4 得 $\varphi = 0.726$。

按公式，$\varphi f A = 0.726 \times 1.3 \times 0.36 \times 10^3 = 339.8\text{kN} > 152.48\text{kN}$，满足要求。

本房屋中第四层和第三层墙体所采用的砖、砂浆强度等级和墙厚相同，且 $a_{0,b}$ 等值接近，因此，第四层梁端支承处（截面 1-1）砌体局部受压承载力可由第三层的相应承载力验算予以决定。

 6）第三层窗间墙承载力验算

 ① 窗间墙受压承载力验算结果列于表 6-7。

 ② 梁端支承处（截面 3-3）砌体局部受压承载力验算。

 梁端设置尺寸为 620mm×240mm×240mm 的预制刚性垫块。

$$A_b = a_b b_b = 0.24 \times 0.62 = 0.149\text{m}^2$$

对于第一组内力，$\sigma_0 = 0.384\text{MPa}$，$N_{4l} = 92.29\text{kN}$，$a_{0,b} = 115\text{mm}$

$$N_0 = \sigma_0 A_b = 0.384 \times 0.149 \times 10^3 = 57.22\text{kN}$$

$$N_0 + N_{4l} = 57.22 + 92.29 = 149.51\text{kN}$$

$$e = \frac{N_{4l}(y - 0.4 a_{0,b})}{N_0 + N_{4l}} = \frac{92.29 \times (0.12 - 0.4 \times 0.115)}{149.51} \times 10^3 = 46\text{mm}$$

窗间墙受压承载力验算结果   表 6-7

项　目	第一组内力		第二组内力	
	截面		截面	
	3-3	4-4	3-3	4-4
N (kN)	230.4	276.92	236.03	288.37
e (mm)	26.6	0	25	0
e/h	0.114	—	0.10	—
y (mm)	120	—	120	—
e/y	0.227<0.6	—	0.21<0.6	—
β	13.75	13.75	13.75	13.75
φ	0.483	0.726	0.516	0.726
A (m²)	0.36>0.3	0.36>0.3	0.36>0.3	0.36>0.3
f (MPa)	1.3	1.3	1.3	1.3
$\varphi f A$ (kN)	226.0>223.60	339.8>270.12	241.5>231.27	339.8>283.61
—	满足要求		满足要求	

$$e/h = 46/240 = 0.191$$

$e/y = 0.367$，$\beta \leqslant 3$ 时，查表 4-4 得 $\varphi = 0.714$。

$$A_0 = (0.62 + 2 \times 0.24) \times 0.24 = 0.264$$

$$A_0/A_b = 0.264/0.149 = 1.77$$

$$\gamma = 1 + 0.35\sqrt{1.77 - 1} = 1.307 < 2, \quad \gamma_1 = 0.8\gamma = 1.05$$

$\varphi \gamma_1 f A_b = 0.714 \times 1.05 \times 1.3 \times 0.149 \times 10^3 = 145.22kN > 142.71kN$，满足要求。

对于第二组内力，$\sigma_0 = 0.424MPa$，$N_{4l} = 83.55kN$，$a_{0,b} = 116mm$。这组内力与上组内力相比，$a_{0,b}$ 基本相等，而梁端反力却小些，对结构更有利些，因此采用 620mm×240mm×240mm 的刚性垫块能满足局部受压承载力的要求。

7）第二层窗间墙承载力验算

由前面计算结果进行分析，墙顶部梁底面处的承载力由第一组内力控制，墙底底面处的承载力则由第二组内力控制。

① 窗间墙受压承载力验算结果见表 6-8。

窗间墙受压承载力验算结果　　　　表 6-8

项　目	截　面	
	5-5	6-6
N (kN)	369.21	429.64
e (mm)	23.4	0
e/h_T	23.4/326=0.718	—
y (mm)	222	—
e/y	0.105<0.6	—
β	10.12	10.12
φ	0.726	0.867
A (m²)	0.424>0.3	0.424>0.3
f (MPa)	1.5	1.5
$\varphi f A$ (kN)	461.74>355.61	551.41>420.13
—	满足要求	

② 梁端支承处（截面 5-5）砌体局部受压承载力验算

梁端设置尺寸为 490mm×370mm×180mm 的刚性垫块。

$$A_b = 0.49 \times 0.37 = 0.181m^2$$

$$N_0 = \sigma_0 A_b = 0.653 \times 0.181 \times 10^3 = 118.19kN$$

$$N_0 + N_{3l} = 118.19 + 92.29 = 210.48kN$$

$$e = \frac{92.29 \times (0.37/2 - 0.4 \times 0.111)}{210.48} \times 10^3 = 61.6mm$$

$e/h = 61.6/370 = 0.16$ 按 $\beta \leqslant 3$，查表 4-3 得 $\varphi = 0.760$。

$A_0 = 0.49 \times 0.37 = 0.181m^2$（只计壁柱面积）并取 $\gamma_1 = 1.0$，则

$\varphi \gamma_1 f A_b = 0.760 \times 1 \times 1.5 \times 0.181 \times 10^3 = 206.34kN > 200.79kN$，满足局部受压承载力要求

8）第一层窗间墙承载力验算

① 窗间墙受压承载力验算结果列于表 6-9。

窗间墙受压承载力验算结果　　　　　　表 6-9

项　目	第一组内力		第二组内力	
	截面		截面	
	7-7	8-8	7-7	8-8
N (kN)	512.81	617.04	513.19	630.45
e (mm)	6.05	0	8.5	0
e/h	0.160	—	0.022	—
y (mm)	185	—	185	—
e/y	0.033	—	0.045	—
β	12.2	12.2	12.2	12.2
φ	0.775	0.817	0.764	0.817
A (m²)	0.555	0.555	0.555	0.555
f (MPa)	1.5	1.5	1.5	1.5
φfA (kN)	645.19>492.41	680.15>596.64	636.03>498.92	680.15>616.18
—	满足要求		满足要求	

② 梁端支承处（截面 7-7）砌体局部受压承载力验算

梁端设置尺寸为 490mm×370mm×180mm 的刚性垫块。

$$A_b = a_b b_b = 0.49 \times 0.37 = 0.181 \text{m}^2$$

对于第一组内力，$\sigma_0 = 0.733$MPa，$N_{2l} = 92.29$kN，$a_{0,b} = 117$mm，则

$$N_0 = \sigma_0 A_b = 0.733 \times 0.181 \times 10^3 = 132.67 \text{kN}$$

$$N_0 + N_{2l} = 132.67 + 92.29 = 224.96 \text{kN}$$

$$e = \frac{N_{2l}(y - 0.4a_{0,b})}{N_0 + N_{2l}} = \frac{92.29 \times (0.185 - 0.4 \times 0.117)}{224.96} \times 10^3 = 56.7 \text{mm}$$

$e/h = 56.7/370 = 0.153$，按 $\beta \leqslant 3$，查表 4-3 得 $\varphi = 0.794$，则

$$A_0 = (0.49 + 2 \times 0.37) \times 0.37 = 0.455 \text{m}^2$$

$$A_0/A_b = 0.455/0.181 = 2.514$$

$$\gamma = 1 + 0.35 \sqrt{2.514 - 1} = 1.431 < 2, \gamma_1 = 0.8\gamma = 1.145$$

$\varphi \gamma_1 f A_b = 0.794 \times 1.145 \times 1.5 \times 0.181 \times 10^3 = 246.83$kN>218.16kN，满足要求。

对于第二组内力，由于 $a_{0,b}$ 基本接近，而 N_{2l} 较小，采用此垫块能满足局部受压力要求，故不必验算。

（5）横墙承载力计算

以 3 轴横墙为例，横墙上承受由屋面和楼面传来的均布荷载，可取 1m 宽的横墙进行计算，其受荷面积为 $1 \times 3.3 = 3.3 \text{m}^2$。由于该横墙为轴心受压构件，随着墙体材料的不同，可只验算截面 4-4、6-6 和 8-8 的承载力。

123

1）荷载计算

按一个计算单元，作用于横墙的荷载标准值如下：

屋面恒荷载　　　　　　　$4.896 \times 3.3 = 16.16 \text{kN/m}$

屋面活荷载　　　　　　　$0.5 \times 3.3 = 1.65 \text{kN/m}$

二、三、四层楼面恒荷载　$3.06 \times 3.3 = 10.10 \text{kN/m}$

二、三、四层楼面活荷载　$3.5 \times 3.3 = 11.55 \text{kN/m}$

二、三、四层墙自重　　　$5.24 \times 3.3 = 17.29 \text{kN/m}$

一层墙自重　　　　　　　$5.24 \times 4.5 = 23.58 \text{kN/m}$

2）控制截面内力计算

① 第三层截面 4-4 处

轴向力包括屋面荷载、第四层楼面荷载和第三、四层墙自重。

对于第一种内力组合

$$N_4 = 1.2 \times (16.16 + 10.10 + 2 \times 17.29) + 1.4 \times (1.65 + 11.55)$$
$$= 91.45 \text{kN/m}$$

对于第二种内力组合

$$N_4 = 1.35 \times (16.16 + 10.10 + 2 \times 17.29) + 1.4 \times 0.7 \times (1.65 + 11.55)$$
$$= 95.07 \text{kN/m}$$

② 第二层截面 6-6 处

轴向力为上述荷载和第三层楼面荷载及第二层墙自重之和。

对于第一种内力组合

$$N_6 = 91.45 + 1.2 \times (10.10 + 17.29) + 1.4 \times 11.55 = 140.4 \text{kN/m}$$

对于第二种内力组合

$$N_6 = 95.07 + 1.35 \times (10.10 + 17.29) + 1.4 \times 0.7 \times 11.55 = 143.7 \text{kN/m}$$

③ 第一层截面 8-8 处

轴向力为上述荷载和第二层楼面荷载及第一层墙自重之和。

对于第一种内力组合

$$N_8 = 140.4 + 1.2 \times (10.10 + 23.58) + 1.4 \times 11.55 = 196.99 \text{kN/m}$$

对于第二种内力组合

$$N_8 = 143.7 + 1.35 \times (10.10 + 23.58) + 1.4 \times 0.7 \times 11.55 = 200.5 \text{kN/m}$$

3）横墙承载力验算

① 第三层截面 4-4

$e/h = 0$，$\beta = 3.3/0.24 = 13.75$，查表 4-4 得 $\varphi = 0.726$，$A = 1 \times 0.24 = 0.24 \text{m}^2$。

按公式，$\varphi f A = 0.726 \times 1.3 \times 0.24 \times 10^3 = 226.51 \text{kN} > 93.45 \text{kN}$，满足要求。

② 第二层截面 6-6

$e/h = 0$，$\beta = 13.75$，查表 4-3 得 $\varphi = 0.779$。

按公式，$\varphi f A = 0.779 \times 1.5 \times 0.24 \times 10^3 = 280.44 \text{kN} > 140.13 \text{kN}$，满足要求。

③ 第一层截面 8-8

$e/h = 0$，$\beta = 4.5/0.24 = 18.75$，查表 4-3 得 $\varphi = 0.655$。

按公式，$\varphi fA = 0.655 \times 1.5 \times 0.24 \times 10^3 = 235.8\text{kN} > 195.3\text{kN}$，满足要求。

上述验算结果表明，该横墙有较大的安全储备，显然其他横墙的承载力均不必验算。

【**例题6-3**】 某5层砖混结构办公楼其平面、剖面如图6-19所示，图中梁L-1截面为 $b_c \times h_c = 200\text{mm} \times 550\text{mm}$，梁端伸入墙内240mm，一层纵墙厚为370mm，2~5层纵墙厚240mm，横墙厚均为240mm。墙体拟采用双面粉刷并采用MU10实心烧结黏土砖，1、2层采用M10混合砂浆砌筑；3、4、5层采用M7.5混合砂浆砌筑，试验算承重墙的承载力。

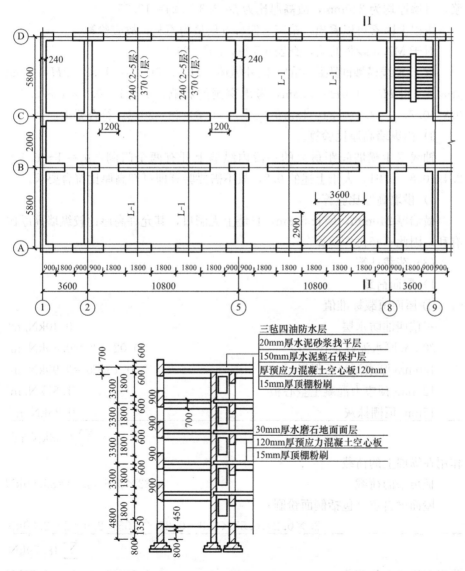

图6-19 某5层砖混结构办公楼的平面、剖面图

【**解**】 （1）计算单元选取

纵墙选开间中心至开间中心的墙段作为计算单元。比较A、B轴线墙体

受力情况可知，纵墙承载力由 A 轴线控制，故选 A 轴线进行计算。横墙选取 1m 宽墙体作为计算单元。

（2）静力计算方案和计算简图以及高厚比验算

1）屋盖及楼盖为一类，最大横墙间距为 10.8m，由表 6-1 可确定房屋为刚性方案。

2）外纵墙高厚比验算。

本房屋第一二层墙采用 M10 水泥混合砂浆，高厚比为 $\beta=4.8/0.37=13$，第二层的高厚比 $\beta=3.3/0.24=13.75$，第三、四、五层均采用 M7.5 混合砂浆，且墙厚均为 240mm，故高厚比为 $\beta=3.3/0.24=13.75$。

由以上因素可以看出，第三、四、五层最为不利，故应验算。

对于 M7.5 砂浆的墙，查表 6-5 得，$[\beta]=26$。

取 D 轴线横墙间距最大的一段外纵墙，$H=3.3\mathrm{m}$，$s=10.8>2H=6.6\mathrm{m}$ 查表 6-4 得 $H_0=1.0H=3.3\mathrm{m}$，考虑窗洞的影响，$\mu_2=1-0.4\times1.8/3.6=0.8>0.7$，$\beta=3.3/0.24=13.75<\mu_2[\beta]=0.8\times26=20.8$。符合要求。

3）内纵墙高厚比验算。

轴线 C 上横墙间距最大的一段内纵墙上开有两个门洞，$\mu_2=1-0.4\times2.4/10.8=0.91$，大于上述的 0.8，故不需要验算即可知高厚比符合要求。

4）横墙高厚比验算。

横墙厚 240mm，墙长 5.8m，且墙上无洞口，其允许高厚比较纵墙高厚比有利，因此不必再作验算。

（3）荷载计算

1）屋面荷载

① 屋面恒载标准值

三毡四油防水层	$0.40\mathrm{kN/m^2}$
20mm 厚水泥砂浆找平层	$0.02\times20=0.40\mathrm{kN/m^2}$
150mm 厚水泥蛭石保温层	$0.15\times6=0.90\mathrm{kN/m^2}$
120mm 预应力混凝土空心板	$1.87\mathrm{kN/m^2}$
15mm 顶棚抹灰	$0.26\mathrm{kN/m^2}$
	$\sum 3.83\mathrm{kN/m^2}$

作用在纵墙上的荷载

板传来的荷载　　　　　　　　　　　　　　$3.83\times3.6\times2.9=39.99\mathrm{kN}$

屋面梁自重（包括侧面粉刷）

$$25\times0.2\times0.55\times2.9+0.26\times0.55\times2.9\times2=8.80\mathrm{kN}$$

$\sum 48.79\mathrm{kN}$

作用在横墙上的荷载　　　　　　　　　　　$3.83\times3.6\times1=13.79\mathrm{kN}$

② 屋面活荷载标准值 $0.7\mathrm{kN/m^2}$

作用在纵墙上的荷载　　　　　　　　　　　$0.7\times3.6\times2.9=7.31\mathrm{kN}$

作用在横墙上的荷载　　　　　　　　　　　$0.7\times3.6\times1=2.52\mathrm{kN}$

屋面大梁传给纵墙荷载的设计值

可变荷载效应控制的组合

$$N_{l5} = 1.2S_{Gk} + 1.4S_{Qk} = 1.2 \times 48.79 + 1.4 \times 7.31 = 68.78\text{kN}$$

永久荷载效应控制的组合

$$N_{l5} = 1.35S_{Gk} + 1.0S_{Qk} = 1.35 \times 48.79 + 7.31 = 73.18\text{kN}$$

屋面荷载传到计算横墙的荷载设计值

可变荷载效应控制的组合

$$N_{G5} = 1.2S_{Gk} + 1.4S_{Qk} = 1.2 \times 13.79 + 1.4 \times 2.52 = 20.08\text{kN}$$

永久荷载效应控制的组合

$$N_{G5} = 1.35S_{Gk} + 1.0S_{Qk} = 1.35 \times 13.79 + 2.52 = 21.14\text{kN}$$

　2）楼面荷载

　① 楼面恒载标准值

10mm 水磨石地面面层	0.25kN/m^2
20mm 水泥砂浆打底	0.50kN/m^2
120mm 预应力混凝土空心板	1.87kN/m^2
15mm 顶棚抹灰	0.26kN/m^2
	$\sum 2.88\text{kN/m}^2$

作用在纵墙上的荷载

板传来的荷载	$2.88 \times 3.6 \times 2.9 = 30.07\text{kN}$
楼面梁自重（同屋面梁）	8.80kN
即作用在纵墙上的荷载	$\sum 38.87\text{kN}$
作用在横墙上的荷载	$2.88 \times 3.6 \times 1 = 10.37\text{kN}$

　② 楼面活荷载标准值 2.0kN/m^2

作用在纵墙上的荷载	$2 \times 3.6 \times 2.9 = 20.88\text{kN}$
作用在横墙上的荷载	$2 \times 3.6 \times 1 = 7.20\text{kN}$

楼盖大梁传给纵墙荷载设计值

可变荷载效应控制组合

$$N_{l4} = N_{l3} = N_{l2} = N_{l1} = 1.2S_{Gk} + 1.4S_{Qk}$$
$$= 1.2 \times 38.87 + 1.4 \times 20.88 = 75.78\text{kN}$$

永久荷载效应控制的组合

$$N_{l4} = N_{l3} = N_{l2} = N_{l1} = 1.35S_{Gk} + 1.0S_{Qk}$$
$$= 1.35 \times 38.87 + 20.88 = 73.36\text{kN}$$

楼盖荷载传到计算横墙的荷载设计值

可变荷载效应控制的组合

$$N_{G4} = N_{G3} = N_{G2} = N_{G1} = 1.2S_{Gk} + 1.4S_{Qk}$$
$$= 1.2 \times 10.37 + 1.4 \times 7.20 = 22.52\text{kN}$$

永久荷载效应控制组合

$$N_{G4} = N_{G3} = N_{G2} = N_{G1} = 1.35S_{Gk} + 1.0S_{Qk}$$

$$= 1.35 \times 10.37 + 7.20 = 21.20 \text{kN}$$

3）墙体自重

双面粉刷 240mm 厚砖墙自重标准值　　　　　　　　　　　　5.24kN/m²

双面粉刷 370mm 厚砖墙自重标准值　　　　　　　　　　　　7.62kN/m²

塑钢玻璃窗自重标准值　　　　　　　　　　　　　　　　　　0.40kN/m²

女儿墙重 ［厚 240mm、高度 600＋120（板厚）＝720mm］

$$N_{w7k} = 0.72 \times 3.6 \times 5.24 = 13.58 \text{kN}$$

女儿墙重设计值

由可变荷载效应控制的组合

$$N_{w7} = 1.2 N_{w7k} = 1.2 \times 13.58 = 16.30 \text{kN}$$

由永久荷载效应控制的组合

$$N_{w7} = 1.35 N_{w7k} = 1.35 \times 13.58 = 18.33 \text{kN}$$

女儿墙跟部至计算截面（即进深梁底面）高度范围内的墙体

$$N_{w6k} = 0.55 \times 3.6 \times 5.24 = 10.38 \text{kN}$$

上述墙体荷载设计值

由可变荷载效应控制的组合时

$$N_{w6} = 1.2 N_{w6k} = 1.2 \times 10.38 = 12.46 \text{kN}$$

由永久荷载效应控制的组合时

$$N_{w6} = 1.35 N_{w7k} = 1.35 \times 10.38 = 14.01 \text{kN}$$

计算每层墙体自重时，应扣除窗口面积，加上窗自重。2、3、4、5 层为 240mm 厚砖墙，层高 3.3m。每层墙体重

$$N_{w2k} = N_{w3k} = N_{w4k} = N_{w5k}$$

$$= (3.6 \times 3.3 - 1.8 \times 1.8) \times 5.24 + 1.8 \times 1.8 \times 0.4 = 46.57 \text{kN}$$

设计值

由可变荷载效应控制的组合

$$N_{w2} = N_{w3} = N_{w4} = N_{w5} = 1.2 \times 46.57 = 55.88 \text{kN}$$

由永久荷载效应控制的组合

$$N_{w2} = N_{w3} = N_{w4} = N_{w5} = 1.35 \times 46.57 = 62.87 \text{kN}$$

1 层为 370 厚墙，层高 4.1m

$$N_{w1k} = (3.6 \times 4.1 - 1.8 \times 1.8) \times 7.62 + 1.8 \times 1.8 \times 0.4 = 89.08 \text{kN}$$

设计值

由可变荷载效应控制的组合时

$$N_{w1} = 1.2 N_{w1k} = 1.2 \times 89.08 = 106.90 \text{kN}$$

由永久荷载效应控制的组合时

$$N_{w1} = 1.35 N_{w1k} = 1.35 \times 89.08 = 120.26 \text{kN}$$

横墙 2～5 层墙体自重

$$N_{2k} = N_{3k} = N_{4k} = N_{5k} = 5.24 \times 3.3 \times 1 = 17.29 \text{kN}$$

设计值

由可变荷载效应控制的组合

$$N_2 = N_3 = N_4 = N_5 = 1.2 \times 17.29 = 20.75\text{kN}$$

由永久荷载效应控制的组合

$$N_2 = N_3 = N_4 = N_5 = 1.35 \times 17.29 = 23.34\text{kN}$$

1 层横墙自重

$$N_{1k} = 5.24 \times 4.65 \times 1 = 24.37\text{kN}$$

由可变荷载效应控制的组合时

$$N_1 = 1.2N_{1k} = 1.2 \times 24.37 = 29.24\text{kN}$$

由永久荷载效应控制的组合时

$$N_1 = 1.35N_{1k} = 1.35 \times 24.37 = 32.90\text{kN}$$

4）内力分析

① 梁端有效支撑长度的计算

屋盖及 2、3、4 层楼面大梁截面 $b_c \times h_c = 200\text{mm} \times 550\text{mm}$，梁端伸入墙内 240mm，下设 $b_b \times a_b \times t_b = 240\text{mm} \times 500\text{mm} \times 180\text{mm}$ 的刚性垫块，1 层纵墙为 370mm，下设 $b_b \times a_b \times t_b = 370\text{mm} \times 550\text{mm} \times 180\text{mm}$ 的刚性垫块，则梁端垫块上表面有效支承长度采用下式计算：

$$a_0 = \delta_1 \sqrt{\frac{h}{f}}$$

外纵墙的计算面积为窗间墙的面积 2～5 层 $A = 1.8 \times 0.24 = 0.432\text{m}^2$，1 层 $A = 1.8 \times 0.37 = 0.666\text{m}^2$，由可变荷载控制及永久荷载控制的组合计算结果见表 6-10、表 6-11。

由可变荷载控制下的梁端有效支承长度计算　　　　表 6-10

楼　层	5	4	3	2	1
h（mm）	550	550	550	550	550
f（MPa）	1.69	1.69	1.69	1.89	1.89
N_u（kN）	28.76	153.42	285.17	416.92	548.67
σ_0（N/mm²）	0.067	0.355	0.660	0.965	0.824
σ_0/f	0.039	0.210	0.391	0.511	0.436
δ_1	1.56	5.72	5.99	6.50	6.16
a_0（mm）	98.50	103.19	108.06	110.88	105.08

由永久荷载控制下的梁端有效支承长度计算　　　　表 6-11

楼　层	5	4	3	2	1
h（mm）	550	550	550	550	550
f（MPa）	1.69	1.69	1.69	1.89	1.89
N_u（kN）	32.34	168.39	304.62	440.85	577.08
σ_0（N/mm²）	0.075	0.390	0.705	1.021	0.867
σ_0/f	0.044	0.231	0.417	0.540	0.459
δ_1	5.47	5.76	6.08	6.63	6.27
a_0（mm）	98.68	103.91	109.68	113.10	106.96

② 外纵墙控制截面的内力计算

进深梁传递荷载对外墙的偏心距 $e = \frac{h}{2} - 0.4a_0$。各层 I-I，Ⅳ-Ⅳ 截面的内力按可变荷载控制和永久荷载控制的组合分别列于表 6-12 和表 6-13。

129

由可变荷载控制的纵向墙体内力计算表 表 6-12

楼层	上层荷载		本层楼盖荷载		截面 I-I		截面 IV-IV
	N_u (kN)	e_2 (mm)	N_l (kN)	e_1 (mm)	M (kN·mm)	N_I (kN)	N_{IV} (kN)
5	28.76	0	68.78	80.60	5.55	97.54	153.42
4	153.42	0	75.87	78.72	5.97	229.29	285.17
3	285.17	0	75.87	76.78	5.83	361.04	416.92
2	416.92	0	75.87	75.65	5.74	492.79	548.67
1	548.67	−65	75.87	142.97	−24.82	624.54	731.44

注：$N_I = N_u + N_l$；$M = N_u e_2 + N_l e_1$（负值表示方向相反）；$N_{IV} = N_I + N_w$。

由永久荷载控制的纵向墙体内力计算表 表 6-13

楼层	上层荷载		本层楼盖荷载		截面 I-I		截面 IV-IV
	N_u (kN)	e_2 (mm)	N_l (kN)	e_1 (mm)	M (kN·mm)	N_I (kN)	N_{IV} (kN)
5	32.34	0	73.18	80.53	5.89	105.52	168.39
4	168.39	0	73.36	78.44	5.75	241.75	304.62
3	304.62	0	73.36	76.13	5.59	377.98	440.85
2	440.85	0	73.36	74.76	5.48	514.21	577.08
1	577.08	−65	73.36	142.22	−27.08	650.44	770.70

注：$N_I = N_u + N_l$；$M = N_u e_2 + N_l e_1$（负值表示方向相反）；$N_{IV} = N_I + N_w$。

5) 墙体承载力验算

① 纵墙承载力验算

承载力验算一般可对截面 I-I 进行，但对多层砖房的底部可能 IV-IV 截面更不利，计算结果列于表 6-14 和表 6-15。

② 横墙内力计算和截面承载力验算

取 1m 宽墙体作为计算单元，沿纵向取 3.6m 为受荷宽度，由于房间开间、荷载均相同，因此近似按轴压验算。

纵向墙体由可变荷载控制时的组合承载力验算表 表 6-14

项 目	第5层	第4层	第3层	第2层		第1层	
				截面 I-I	截面 IV-IV	截面 I-I	截面 IV-IV
M (kN·m)	5.55	5.97	5.83	5.74	0	24.82	0
N (kN)	97.54	229.29	361.04	492.79	548.67	624.54	731.24
e (mm)	56.90	26.04	16.15	11.65	0	39.74	0
h (mm)	240	240	240	240	240	370	370
e/h	0.237	0.109	0.067	0.049	0	0.107	0
β	13.75	13.75	13.75	13.75	13.75	11.08	11.08
φ	0.353	0.547	0.631	0.670	0.78	0.610	0.845
A (mm²)	432000	432000	432000	432000	432000	666000	666000
砖 MU	10	10	10	10	10	10	10
砂浆 M	7.5	7.5	7.5	10	10	10	10
f (MPa)	1.69	1.69	1.69	1.89	1.89	1.89	1.89
$\varphi A f$ (kN)	257.72	399.35	460.72	546.80	636.85	767.69	1063.64
$\varphi A f$ (N)	2.64>1	1.74>1	1.27>1	1.11>1	1.16>1	1.23>1	1.45>1

项　目	第 5 层	第 4 层	第 3 层	第 2 层		第 1 层	
				截面 I-I	截面 IV-IV	截面 I-I	截面 IV-IV
M (kN・m)	5.98	5.75	5.59	5.48	0	27.08	0
N (kN)	105.52	241.75	377.98	514.21	577.08	650.44	770.70
e (mm)	55.82	23.79	14.79	10.66	0	41.63	0
h (mm)	240	240	240	240	240	370	370
e/h	0.233	0.100	0.062	0.044	0	0.113	0
β	13.75	13.75	13.75	13.75	13.75	11.08	11.08
φ	0.358	0.564	0.642	0.681	0.779	0.600	0.845
A (mm²)	432000	432000	432000	432000	432000	666000	666000
砖 MU	10	10	10	10	10	10	10
砂浆 M	7.5	7.5	7.5	10	10	10	10
f (MPa)	1.69	1.69	1.69	1.89	1.89	1.89	1.89
φAf (kN)	261.37	411.77	468.71	555.74	636.04	755.24	1063.64
φAf (N)	2.48>1	1.70>1	1.24>1	1.08>1	1.10>1	1.61>1	1.50>1

　　a. 3 层 IV-IV 截面处的内力及承载力验算。

由可变荷载控制的组合设计值

$$N_{3IV} = N_{G5} + N_{G4} + N_{G3} + N_5 + N_4 + N_3$$
$$= 20.08 + 22.52 \times 2 + 20.75 \times 3 = 127.37 \text{kN}$$

由永久荷载控制的组合设计值

$$N_{3IV} = N_{G5} + N_{G4} + N_{G3} + N_5 + N_4 + N_3$$
$$= 21.14 + 21.20 \times 2 + 23.34 \times 3 = 133.56 \text{kN}$$

取

$$N_{3IV} = 133.56 \text{kN}$$
$$s = 5.8 \text{m}, \quad H < s < 2H, \quad H = 3.3 \text{m}$$
$$H_0 = 0.4s + 0.2H = 0.4 \times 5.8 + 0.2 \times 3.3 = 2.98 \text{m}$$
$$\beta = \frac{H_0}{h} = \frac{2.98}{0.24} = 12.42$$

查表 4-3 得 $\varphi = 0.812$，则

$$\varphi Af = 0.812 \times 240 \times 1.69 = 329.35 \text{kN} > N = 133.56 \text{kN}$$

满足要求。

　　b. 1 层 IV-IV 截面处的内力及承载力验算。

由可变荷载控制的组合设计值

$$N_{1IV} = N_{3IV} + N_{G2} + N_{G1} + N_2 + N_1$$
$$= 127.37 + 22.52 \times 2 + 20.75 + 29.24 = 222.40 \text{kN}$$

由永久荷载控制的组合设计值

$$N_{1IV} = N_{3IV} + N_{G2} + N_{G1} + N_2 + N_1$$
$$= 133.56 + 21.2 \times 2 + 23.24 + 32.90 = 232.20 \text{kN}$$

取

$$N = 232.20\text{kN}$$

$$s = 5.8\text{m}, \quad H < s < 2H, \quad H = 4.65\text{m}$$

$$H_0 = 0.4s + 0.2H = 0.4 \times 5.8 + 0.2 \times 4.65 = 3.25\text{m}$$

$$\beta = \frac{H_0}{h} = \frac{3250}{0.24} = 13.54$$

查表 4-3 得 $\varphi = 0.782$，则

$$\varphi Af = 0.782 \times 370 \times 1.89 = 546.50\text{kN} > N = 228.30\text{kN}$$

满足要求。

6）砌体的局部承压

以上述窗间墙第一层为例，窗间墙截面为 370mm×1800mm，混凝土梁截面为 $b_c \times h_c = 200\text{mm} \times 550\text{mm}$，梁端伸入墙内 240mm，根据规范要求，在梁下设 370mm×550mm×180mm（宽×长×厚）的混凝土垫块。根据内力计算，当由可变荷载控制时，本层梁的支座反力为 $N_{l1} = 75.87\text{kN}$，墙体的上部荷载 $N_u = 548.67\text{kN}$；当由永久荷载控制时，本层梁的支座反力 $N_{l1} = 73.36\text{kN}$，墙体的上部荷载 $N_u = 577.08\text{kN}$，墙体采用 MU10 烧结普通砖，M10 混合砂浆砌筑。

$$A_0 = (b + 2h)h = (550 + 2 \times 370) \times 370$$

$$= 477300\text{mm}^2 < 1800 \times 370 = 666000\text{mm}^2$$

计算垫块上纵向力的偏心距，取 N_{l1} 作用点位于墙内表面 $0.4a_0$ 处。

由可变荷载控制的组合

$$N_0 = \sigma_0 A_b = \frac{548670}{1800 \times 370} \times 370 \times 550 = 167.65\text{kN}$$

$$e = \frac{75.87 \times (185 - 0.4 \times 104.35)}{75.87 + 167.65} = 44.63\text{mm}$$

$$\frac{e}{a_b} = \frac{44.63}{370} = 0.121$$

查表 4-3 得 $\beta \leqslant 3$，$\varphi = 0.848$，则

$$\gamma = 1 + 0.35\sqrt{\frac{A_0}{A_b} - 1} = 1 + 0.35\sqrt{\frac{477300}{203500} - 1} = 1.406$$

$$\gamma_1 = 0.8\gamma = 1.125$$

垫块下局压承载力按下列公式验算：

$$N_0 + N_{l1} = 167.65 + 75.87 = 243.52\text{kN} < \varphi\gamma_1 A_b f$$

$$= 0.848 \times 1.125 \times 370 \times 550 \times 1.89 = 366.92\text{kN}$$

由永久荷载控制的组合下

$$N_0 = \sigma_0 A_b = \frac{577080}{1800 \times 370} \times 370 \times 550 = 176.33\text{kN}$$

$$e = \frac{73.36 \times (185 - 0.4 \times 106.04)}{73.36 + 176.33} = 41.89\text{mm}$$

$$\frac{e}{a_0} = \frac{41.89}{370} = 0.113$$

查表得 $\beta \leqslant 3$，$\varphi = 0.864$，则

$$\gamma = 1 + 0.35 \sqrt{\frac{A_0}{A_b} - 1} = 1 + 0.35 \sqrt{\frac{477300}{203500} - 1} = 1.406$$

$$\gamma_1 = 0.8\gamma = 1.125$$

垫块下局压承载力按下列公式验算：

$$N_0 + N_{l1} = 176.33 + 73.36 = 249.69 \text{kN} < \varphi\gamma_1 A_b f$$

$$= 0.864 \times 1.125 \times 370 \times 550 \times 1.89 = 373.85 \text{kN}$$

满足要求。

7）水平风荷载作用下的承载力计算

由于第 1 层计算高度大于 4m，故需对底层外墙进行水平风荷载作用下的承载力验算。

第 1 层墙体在竖向荷载作用下产生的弯矩使外墙皮受拉，在正风压作用下墙面支座处的弯矩也使墙体外皮受拉，所以按正风压进行计算。

地区风压标准值为 0.45kN/m^2，正风体型系数为 0.8，忽略风压沿高度的变化，计算单元的宽度取 3.6m，则

$$q = 0.8 \times 0.45 \times 3.6 = 1.30 \text{kN/m}$$

底层楼层高度为 4.1m，所以由风荷载标准值引起的墙体弯矩标准值为：

$$M_w = \frac{1}{12} \times 1.30 \times 4.1^2 = 1.82 \text{kN} \cdot \text{m}$$

由永久荷载控制的组合，竖向荷载产生的弯矩设计值为 $27.05 \text{kN} \cdot \text{m}$，其中永久荷载、可变荷载产生的弯矩设计值分别为 $25.48 \text{kN} \cdot \text{m}$，$1.57 \text{kN} \cdot \text{m}$，则

$$M = 27.05 \text{kN} \cdot \text{m}, \quad N = 650.44 \text{kN}$$

由可变荷载控制的组合，竖向荷载弯矩设计值 $M = 25.31 \text{kN} \cdot \text{m}$，轴力 $N = 624.54 \text{kN}$，则

$$M = 25.31 + 1.4 \times 0.6 \times 1.82 = 26.84 \text{kN} \cdot \text{m}$$

$$N = 624.54 \text{kN}$$

由上观之，$M = 27.05 \text{kN} \cdot \text{m}$，$N = 650.44 \text{kN}$ 是不利荷载，由表 6-15 可知，其承载力是满足要求的。

【例题 6-4】 某 4 层办公楼的地下室，其开间尺寸为 3.6m，进深尺寸为 5.7m（均为轴线间距），最高地下水位在地下室基础以下。地下室顶盖大梁尺寸为 200mm×500mm，梁底到基础底面的高度为 3.26m，室外地面到梁底的土层厚度为 190mm（见图 6-20），地下室墙厚 490mm，采用烧结普通砖 MU10 和水泥砂浆 M10 砌筑，20mm 厚单面水泥砂浆粉刷。按地质勘察报告，土壤的内摩擦角为 22°。经计算上部结构传来的荷载为：

上部荷载由可变荷载控制组合的 $N_u = 530 \text{kN}$

上部荷载由永久荷载控制组合的 $N_u = 551.8 \text{kN}$

第一层地面由可变荷载控制组合的 $N_l = 68 \text{kN}$

第一层地面由永久荷载控制组合的 $N_l = 69.11 \text{kN}$

地面活荷载标准值 $P = 10 \text{kN/m}^2$

试计算墙的承载力。

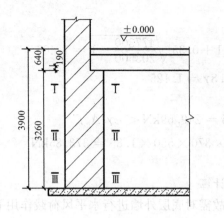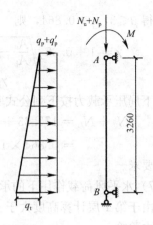

图 6-20　某 4 层办公楼地下室墙计算简图

【解】　取一开间为计算单元，计算简图如图 6-20 所示。墙体采用水泥砂浆 M10 砌筑，考虑强度折减系数后，砌体受压强度设计值为：

$$f = 1.89 \times 0.9 = 1.70 (N/mm^2)$$

（1）荷载计算

1）土压力（标准值）　为计算方便将堆积物换算成黏土，其当量土层厚度为：

$$H' = \frac{P}{\gamma} = \frac{10}{20} = 0.5 mm$$

2）一开间宽度内的土侧压力标准值为：

$$q'_P = 20 \times 3.6 \times 0.5 \times \tan^2(45° - 22°/2) = 16.38 kN/m$$

$$q_P = 20 \times 3.6 \times 0.19 \times \tan^2(45° - 22°/2) = 6.22 kN/m$$

$$q_t = 20 \times 3.6 \times 3.26 \times \tan^2(45° - 22°/2) = 106.79 kN/m$$

3）地下室墙体自重：

$$G = 0.49 \times 19 + 0.02 \times 20 = 9.71 kN/m^2$$

（2）内力计算

1）截面 I-I 内力

由可变荷载效应控制组合的轴向力：

$$N_1 = 530 + 68 = 598 kN$$

由永久荷载效应控制组合的轴向力：

$$N_1 = 551.89 + 69.11 = 621 kN$$

第一层地面由可变荷载效应控制组合 $N_l = 68 kN$，假定砂浆强度等级为 M10，即

$$a_1 = 10\sqrt{\frac{h_c}{f}} = 10\sqrt{\frac{500}{1.70}} = 171.50 mm$$

$$e_P = \frac{490}{2} - 0.4 \times 171.50 = 176.4 mm$$

由可变荷载效应控制的弯矩：

$$M = N_P e_P = 68 \times 176.4 = 11995.21 kN \cdot mm$$

由永久荷载效应控制的组合：
$$M = N_P e_P = 69.11 \times 176.4 = 12191.0 \text{kN} \cdot \text{mm}$$

上层墙体与地下室墙轴心偏心距为：
$$e_W = \frac{1}{2} \times (0.49 - 0.37) = 0.06 \text{m}$$

上部荷载由可变荷载控制产生的弯矩为：
$$M_1 = -530 \times 0.06 = -31.8 \text{kN} \cdot \text{m}$$

由永久荷控制产生的弯矩为：
$$M_1 = -551.89 \times 0.06 = -33.11 \text{kN} \cdot \text{m}$$

因此，由可变荷载控制在 I-I 截面引起弯矩为：
$$M_1 = 11.995 - 31.8 = -19.81 \text{kN} \cdot \text{m}$$

由永久荷载控制在 I-I 截面引起弯矩：
$$M_1 = 12.19 - 33.11 = -20.92 \text{kN} \cdot \text{m}$$

2）截面 II-II 内力

① 土压力为矩形分布荷载时，支座反力标准值。

q_P 作用时：
$$R_A = R_B = \frac{1}{2} \times 6.22 \times 3.26 = 10.14 \text{kN}$$

q_P' 作用时：
$$R_A = R_B = \frac{1}{2} \times 16.38 \times 3.26 = 26.70 \text{kN}$$

当可变荷载控制组合时。支座反力设计值为：
$$R_A = 1.2 \times 10.14 + 1.4 \times 26.7 = 49.55 \text{kN}$$

当永久荷载控制组合时，支座反力设计值为：
$$R_A = 1.35 \times 10.14 + 1.0 \times 26.7 = 40.39 \text{kN}$$

② 土压力为三角形荷载时（$q_t = 106.79 \text{kN/m}$）支座反力标准值。

$$R_A = \frac{1}{6} \times 106.79 \times 3.26 = 58.02 \text{kN}$$

$$R_B = \frac{1}{3} \times 106.79 \times 3.26 = 116.05 \text{kN}$$

当可变荷载控制组合时支座反力设计值：
$$R_A = 1.2 \times 58.02 = 69.62 \text{kN}$$
$$R_B = 1.2 \times 116.05 = 139.26 \text{kN}$$

当永久荷载控制组合时支座反力设计值：
$$R_A = 1.35 \times 58.02 = 78.33 \text{kN}$$
$$R_B = 1.35 \times 116.05 = 156.67 \text{kN}$$

③ 当 A 端弯矩作用下支座反力设计值。

当可变荷载控制组合时：
$$R_A = -R_B = -\frac{19.81}{3.26} = -6.08 \text{kN}$$

当永久荷载控制组合时：

$$R_A = -R_B = -\frac{20.92}{3.26} = -6.42\text{kN}$$

④ 全部荷载作用下，铰支点总反力。

当可变荷载控制组合时：

$$R_A = 49.55 + 69.62 - 6.08 = 113.09\text{kN}$$

当永久荷载控制组合时：

$$R_A = 40.39 + 78.33 - 6.42 = 112.3\text{kN}$$

在可变荷载组合下，地下室墙中任意截面产生的弯矩为：

$$M = 113.09y - \frac{1}{2} \times (1.2 \times 6.22 + 1.4 \times 16.38)y^2$$

$$- \frac{1}{6} \times 1.2 \times 106.79 \times \frac{y^3}{3.26} + 19.81$$

令

$$Q = \frac{dM}{dx} = 113.09 - 30.40y - 19.66y^2 = 0$$

解之得

$$y = 1.75\text{m}$$

$$M_{max} = 113.09 \times 1.75 - \frac{1}{2} \times 30.40 \times 1.75^2 - \frac{1}{6} \times 128.15 \times \frac{1.75^3}{3.26} + 19.81$$

$$= 136.05\text{kN} \cdot \text{m}$$

相应的轴力设计值：

$$N_2 = 530 + 68 + 1.2 \times 9.71 \times 1.75 \times 3.6 = 671.41\text{kN}$$

当永久荷载组合下，地下室墙中任意截面产生的弯矩为：

$$M = 112.3y - \frac{1}{2} \times (1.35 \times 6.22 + 1.0 \times 16.38)y^2$$

$$- \frac{1}{6} \times 1.35 \times 106.79 \times \frac{y^3}{3.26} + 20.92$$

求得当 $y = 1.76\text{m}$ 时：

$$M_{max} = 140.01\text{kN} \cdot \text{m}$$

相应的轴力设计值：

$$N_2 = 551.89 + 69.11 + 1.35 \times 9.71 \times 1.76 \times 3.6 = 704.06\text{kN}$$

3）Ⅲ-Ⅲ截面

由可变荷载控制的：

$$N_3 = 691.74 + (3.26 - 1.75) \times 1.2 \times 9.71 \times 3.6 = 755.08\text{kN}$$

$$M_3 = 0$$

由永久荷载控制的：

$$N_3 = 727.09 + 1.35 \times 9.71 \times (3.26 - 1.76) \times 3.6 = 797.86\text{kN}$$

$$M_3 = 0$$

（3）地下室墙体承载力验算

地下室墙体承载力验算结果列于表 6-16 和表 6-17。

计算项目	截　面		
	Ⅰ-Ⅰ	Ⅱ-Ⅱ	Ⅲ-Ⅲ
M（kN·m）	19.81	136.05	0
N（kN）	598	671.41	755.08
e（mm）	33.13	232.36	41.16
H（mm）	490	490	490
H_0（mm）	3.26	3.26	3.26
β	6.65	6.65	6.65
φ	0.805	0.320	0.938
A（mm²）	1764000	1764000	1764000
砖 MU	10	10	10
砂浆 M	10	10	10
f（MPa）	1.89×0.9	1.89×0.9	1.89×0.9
φAf（kN）	2414.64	960.18	2814.53
φAf（N）	4.04>1	1.43>1	3.73>1

控制截面由永久荷载控制时承载力计算　　　表 6-17

计算项目	截　面		
	Ⅰ-Ⅰ	Ⅱ-Ⅱ	Ⅲ-Ⅲ
M（kN·m）	20.92	140.01	0
N（kN）	621	704.06	797.86
e（mm）	33.69	198.86	40.50
H（mm）	490	490	490
H_0（mm）	3.26	3.26	3.26
β	6.65	6.65	6.65
φ	0.803	0.267	0.938
A（mm²）	1764000	1764000	1764000
砖 MU	10	10	10
砂浆 M	10	10	10
f（MPa）	1.89×0.9	1.89×0.9	1.89×0.9
φAf（kN）	2408.04	796.55	2813.91
φAf（N）	3.88>1	1.13>1	3.53>1

6.6　弹性方案房屋墙、柱计算

　　一般的车间、有吊车房屋，由于使用功能的要求，横墙间距很大，有时还有伸缩缝，不能满足砌体结构房屋刚性方案甚至刚弹性方案的要求，房屋空间刚度小，在荷载作用下，将产生不能忽略的水平位移，这类房子属于弹性方案房屋。

　　多层混合结构房屋应避免设计成弹性方案的房屋。由于楼盖梁与墙、柱的连接处不能形成钢筋混凝土框架那样整体性好的节点，所以梁与墙的连接一般假设为铰接，此时在荷载（如风荷载）作用下，墙、柱水平位移很大，不能满足使用要求，而且截面也很大。此外，这种房屋空间刚度较差，容易引起连续倒塌。

单层弹性方案房屋按屋架或大梁与墙、柱为铰接的、不考虑空间工作的平面排架确定内力，如图 6-21（a）所示，其计算步骤为：

（1）先在排架上端假设一不动铰支承，成为无侧移排架（图 6-21b），求出不动铰支座反力和墙、柱内力，其方法和刚性方案单层房屋相同。

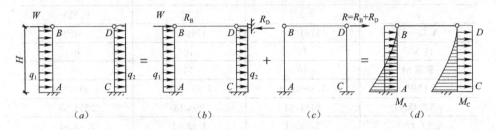

图 6-21　弹性方案房屋墙、柱内力分析图

W、q_1、q_2 作用下的内力为：

$$\left. \begin{array}{l} R_B = W + \dfrac{3}{8} q_1 H \\[2mm] R_D = \dfrac{3}{8} q_2 H \\[2mm] R = R_B + R_D \end{array} \right\} \tag{6-19}$$

$$\left. \begin{array}{l} M_A^{(1)} = \dfrac{1}{8} q_1 H^2 \\[2mm] M_C^{(1)} = -\dfrac{1}{8} q_2 H^2 \end{array} \right\} \tag{6-20}$$

（2）将墙、柱顶不动铰支座反力反方向施加在排架柱顶处（图 6-21c），用剪力分配法求出墙、柱内力。当两柱的抗剪刚度相等时，每根柱剪力分配系数 $\mu = \dfrac{1}{2}$，得：

$$\left. \begin{array}{l} M_A^{(2)} = \dfrac{1}{2} RH = \dfrac{1}{2}\Big[W + \dfrac{3}{8}(q_1 + q_2)H \Big] H \\[3mm] M_C^{(2)} = -\dfrac{1}{2} RH = -\dfrac{1}{2}\Big[W + \dfrac{3}{8}(q_1 + q_2)H \Big] H \end{array} \right\} \tag{6-21}$$

（3）将上述两种内力叠加，得到墙、柱的最终内力（图 6-21d），即：

$$\left. \begin{array}{l} M_A = M_A^{(1)} + M_A^{(2)} = \dfrac{1}{2} WH + \dfrac{5}{16} q_1 H^2 + \dfrac{3}{16} q_2 H^2 \\[3mm] M_C = M_C^{(1)} + M_C^{(2)} = -\dfrac{1}{2} WH - \dfrac{3}{16} q_1 H^2 - \dfrac{5}{16} q_2 H^2 \end{array} \right\} \tag{6-22}$$

上述方法，同样适用于单层多跨弹性方案房屋的内力分析。此时剪力分配系数按柱抗剪刚度分配，对于等截面柱 $\mu_f = 1/\delta_f \Big/ \displaystyle\sum_{i=1}^{n} 1/\delta_f$。柱顶水平位移

$\delta_f = H^3/3EI$。

单跨房屋，当两侧墙体刚度相等且在竖向对称荷载（如屋盖荷载及墙、柱自重等）作用下，其计算简图和内力分析按无侧移的平面排架考虑，墙、柱内力参见式（6-12）。

单层单跨弹性方案房屋墙、柱的控制截面取柱顶和柱底截面，按偏心受压验算墙、柱的承载力，柱顶尚需验算局部受压承载力。对于变截面柱，还应验算变阶处截面的受压承载力。

6.7　刚弹性方案房屋墙、柱计算

6.7.1　单层刚弹性方案房屋

单层刚弹性方案房屋的计算简图如图 6-22（a）所示。它与弹性方案房屋计算简图的主要区别在于，柱顶附加了一个弹性支座，以此考虑结构的空间作用。

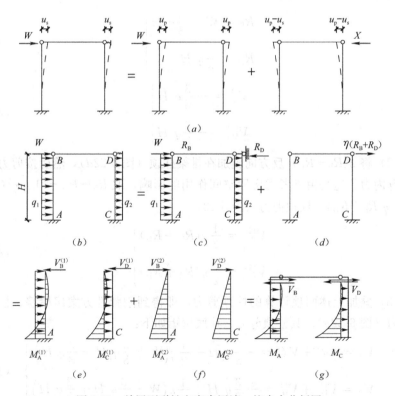

图 6-22　单层刚弹性方案房屋墙、柱内力分析图

图 6-22（a）所示排架顶端上作用一集中力 W，房屋产生的侧移为 u_s，而无弹性支座时，平面排架产生的侧移为 u_p，其减少的部分的侧移（$\mu_p - \mu_s$）可视为弹性支座反力 X 引起的。设排架柱顶的不动铰支座反力为 R（此时 $R = W$），按位移与力成正比的关系，可求得弹性支座的水平反力。

由

$$\frac{X}{R} = \frac{\mu_P - \mu_S}{\mu_P} = 1 - \frac{\mu_S}{\mu_P} = 1 - \eta \tag{6-23}$$

得

$$X = (1 - \eta)R \tag{6-24}$$

房屋的空间性能影响系数 η，按表 6-2 确定。

式（6-24）表明，弹性支座反力 X 与水平力 W 的大小以及房屋空间工作性能影响系数 η 密切相关。此时屋盖处的作用力可看成是：

$$R - X = R - (1 - \eta)R = \eta R \tag{6-25}$$

亦即，刚弹性方案房屋的内力分析如同一个平面排架，只是以 ηR 并反向施加于排架柱顶代替 R 进行计算。因 $\eta < 1$，所以刚弹性方案房屋的内力一定小于弹性方案时的内力。

根据上述分析，刚弹性方案房屋墙、柱的内力可按下列步骤进行计算：

（1）在排架柱顶端附加一不动铰支承，按无侧移排架求出荷载作用下的支座反力和柱顶剪力（图 6-22c、e）

$$\left.\begin{aligned} R_B &= W + \frac{3}{8}q_1 H \\ R_D &= \frac{3}{8}q_2 H \end{aligned}\right\} \tag{6-26}$$

$$\left.\begin{aligned} V_B^{(1)} &= -\frac{3}{8}q_1 H \\ V_D^{(1)} &= -\frac{3}{8}q_2 H \end{aligned}\right\} \tag{6-27}$$

（2）将 $\eta(R_B + R_D)$ 反方向施加在排架柱顶（图 6-22d），然后按剪力分配法计算内力。这是由于考虑房屋空间作用的影响，取 $R_B + R_D - (1 - \eta)(R_B + R_D) = \eta(R_B + R_D)$。柱顶剪力（图 6-22$f$）：

$$\left.\begin{aligned} V_B^{(2)} &= \frac{1}{2}\eta(R_B + R_D) \\ V_D^{(2)} &= \frac{1}{2}\eta(R_B + R_D) \end{aligned}\right\} \tag{6-28}$$

（3）叠加上述两项计算的柱顶剪力，即得到刚弹性方案房屋墙、柱的最后内力（图 6-22g）。其柱顶剪力、柱底弯矩如下：

$$\left.\begin{aligned} V_B &= V_B^{(1)} + V_B^{(2)} = -\frac{3}{8}q_1 H + \frac{1}{2}\eta\left(W + \frac{3}{8}q_1 H + \frac{3}{8}q_2 H\right) \\ V_D &= V_D^{(1)} + V_D^{(2)} = -\frac{3}{8}q_2 H + \frac{1}{2}\eta\left(W + \frac{3}{8}q_1 H + \frac{3}{8}q_2 H\right) \end{aligned}\right\} \tag{6-29}$$

$$\left.\begin{aligned} M_A &= \frac{1}{2}\eta WH + \left(\frac{1}{8} + \frac{3}{16}\eta\right)q_1 H^2 + \frac{3}{16}\eta q_2 H^2 \\ M_C &= -\frac{1}{2}\eta WH - \left(\frac{1}{8} + \frac{3}{16}\eta\right)q_2 H^2 - \frac{3}{16}\eta q_1 H^2 \end{aligned}\right\} \tag{6-30}$$

$$M_B = M_D = 0$$

单跨对称排架在竖向对称荷载作用下无侧移影响，它与刚性方案房屋墙、柱的内力计算方法相同。

6.7.2 上柔下刚多层房屋

上柔下刚多层房屋是指房屋下部各层横墙间距较密，符合刚性方案房屋要求，而顶层空间较大，横墙少，不符合刚性方案房屋要求。

多层房屋除了在纵向各开间与单层房屋相似存在空间作用外，层与层之间也存在相互影响的空间作用。

理论分析表明，不考虑层间的空间作用是偏于安全的。另外，实测结果证实多层房屋各层的空间性能影响系数 η_i 与单层房屋的相同。因此，计算上柔下刚多层房屋时，顶层可按单层房屋计算，其空间性能影响系数可根据屋盖类别按表 6-2 确定。底层墙、柱则按刚性方案计算。在竖向荷载作用下，由于侧移较小，为简化计算，其墙、柱内力可按刚性方案房屋的方法分析。

上柔下刚房屋墙、柱的内力分析方法与单层刚弹性方案房屋墙、柱的内力分析相类似，其计算简图如图 6-23 所示。

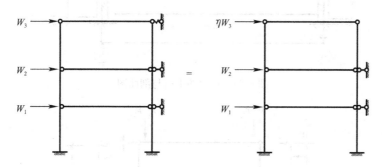

图 6-23　上柔下刚房屋的计算简图

【**例题 6-5**】　某无吊车厂房（图 6-24）全长 $8 \times 6 = 48$m，宽 15m，采用无檩体系装配式钢筋混凝土屋盖、水平投影面上屋盖恒载为 3.55kN/m^2（包括屋面梁自重），屋面活荷载标准值为 0.7kN/m^2，基本风压值为 0.5kN/m^2。屋面梁的反力中心至纵墙轴线的距离为 150mm，房屋出檐 700mm，屋面梁支座面标高为 5.5m，室外地面标高 -0.2m，基础顶面标高为 -0.5m，窗高 3.4m，墙体用普通黏土砖 MU10 和 M7.5 砂浆砌筑，施工质量控制等级为 B 级。试验算承重纵墙的承载力。

【**解**】　（1）计算方案及计算简图的确定

该厂房采用无檩体系钢筋混凝土屋盖，属第一类屋盖，横墙间距 $s = 48$m > 32m，由表 6-1 可知，房屋为刚弹性方案房屋。

取一个标准开间 6m 为计算单元，取窗间墙截面作为带壁柱墙的计算截面，纵墙高度 $H = 5.5 + 0.5 = 6$m，计算简图如图 6-25 所示。

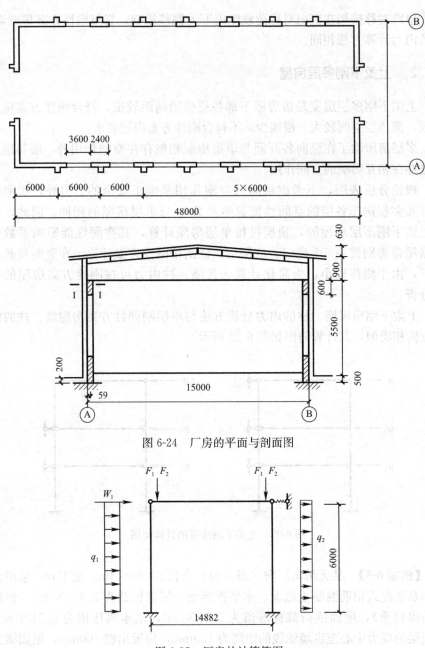

图 6-24 厂房的平面与剖面图

图 6-25 厂房的计算简图

（2）荷载计算

1）屋面荷载

屋面恒载

$$3.55 \times 6 \times (15 + 2 \times 0.7)/2 = 174.66 \text{kN}$$

屋面活载

$$0.7 \times 6 \times (15 + 2 \times 0.7)/2 = 34.44 \text{kN}$$

2）墙体自重（圈梁自重近似按墙体计算）

墙砌体重度标准值 19kN/m^2。

窗间墙自重（自基础顶面至屋面板底面）标准值为：
$$19 \times 0.7166 \times (0.6 + 0.9) = 93.35 \text{kN}$$
窗上墙自重标准值为：
$$19 \times 3.6 \times 0.24 \times (0.6 + 0.9) = 24.62 \text{kN}$$
窗自重（采用钢窗）$3.6 \times 3.4 \times 0.4 = 4.90 \text{kN}$（钢窗高 3.4m，自重 0.4kN/m^2），
则基础顶面以上墙体自重标准值：
$$93.95 + 24.62 + 4.90 = 123.47 \text{kN}$$

   3）风荷载

$W = \mu_s \mu_z w_0$，基本风压 $w_0 = 0.5 \text{kN/m}^2$，μ_z 为风压高度变化系数。计算柱顶底屋盖集中风荷载时，μ_z 按柱顶和屋脊的平均高度取值，即 $H = 0.2 + 5.5 + 1.53/2 = 6.456$m。由《建筑结构荷载规范》可知，对建造在中、小城镇，属 B 类地面粗糙度的厂房 $\mu_z = 1.0$。μ_s 为风荷载体型系数，根据《建筑结构荷载规范》所确定的厂房风荷载体型数如图 6-26 所示。由此可得柱顶的集中荷载为：
$$W_1 = (0.8 + 0.5) \times 1.0 \times 0.5 \times 6 \times 0.9 = 3.51 \text{kN}$$
迎风面的均布荷载：
$$q_1 = 0.8 \times 1.0 \times 0.5 \times 6 = 2.40 \text{kN/m}$$
背风面的均布荷载：
$$q_1 = 0.5 \times 1.0 \times 0.5 \times 6 = 1.50 \text{kN/m}$$

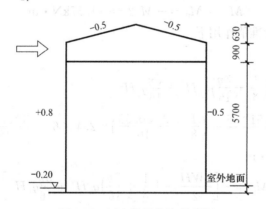

图 6-26　厂房风荷载体型系数

（3）墙截面尺寸确定及高厚比验算

根据经验，设纵墙截面尺寸如图 6-27 所示。

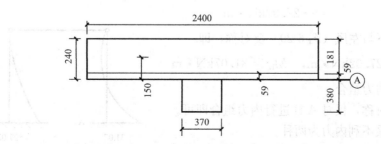

图 6-27　纵墙截面尺寸

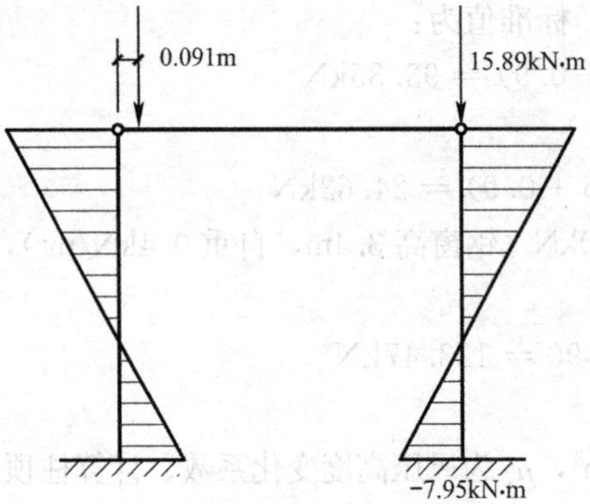

图 6-28 屋面恒载作用下屋面梁内力示意图

计算截面特征值，得：

$A = 716600$，$h_T = 512\text{mm}$，

$y_1 = 181\text{mm}$，$y_2 = 439\text{mm}$

（4）排架内力计算

经查表 6-2 得 $\eta=0.55$。

1）在屋面恒载作用下（图 6-28）屋面梁支承反力作用点至截面形心的距离为：

$$e = 181-(240-150) = 91\text{mm}$$

柱顶偏心弯矩标准值为：

$$M = 174.66\times 0.091 = 15.89\text{kN}\cdot\text{m}$$

由于荷载和排架均匀对称，排架无侧移，可按下端固定、上端不动铰支座的竖杆计算。柱底弯矩标准值为：

$$M_A = M_B = -M/2 = -7.95\text{kN}\cdot\text{m}$$

2）在屋面活荷载作用下，柱顶偏心弯矩标准值为

$$M = 34.44\times 0.091 = 3.13\text{kN}\cdot\text{m}$$

柱底截面弯矩标准值为

$$M_A = M_B = -M/2 = -1.57\text{kN}\cdot\text{m}$$

3）风荷载标准值作用下：

左风

$$M_A = \frac{\eta WH}{2} + \left(\frac{1}{8}+\frac{3\eta}{16}\right)q_1 H^2 + \frac{3\eta}{16}q_2 H^2$$

$$= \frac{0.55\times 3.51\times 6}{2} + \left(\frac{1}{8}+\frac{3\times 0.55}{16}\right)\times 2.4\times 6^2 + \frac{3\times 0.55}{16}\times 1.5\times 6^2$$

$$= 31.07\text{kN}\cdot\text{m}$$

$$M_B = -\left[\frac{\eta WH}{2} + \left(\frac{1}{8}+\frac{3\eta}{16}\right)q_2 H^2 + \frac{3\eta}{16}q_1 H^2\right]$$

$$= -\left[\frac{0.55\times 3.51\times 6}{2} + \left(\frac{1}{8}+\frac{3\times 0.55}{16}\right)\times 1.5\times 6^2 + \frac{3\times 0.55}{16}\times 2.4\times 6^2\right]$$

$$= -27.02\text{kN}\cdot\text{m}$$

右风作用下与左风（图 6-29）反对称，即

$$M_A = -27.02\text{kN}\cdot\text{m},\quad M_B = 31.07\text{kN}\cdot\text{m}$$

（5）内力组合

由于排架对称，仅对 A 柱进行内力组合即可。

柱顶截面最不利内力为两种。

由可变荷载控制的组合：

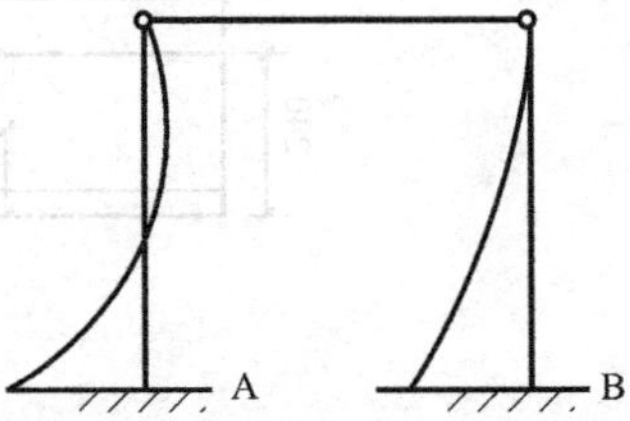

图 6-29 风内力图（kN·m）

$$M_{A1}^{\pm} = 1.2M_{Gk} + 1.4M_{Qk} = 1.2 \times 15.89 + 1.4 \times 3.13 = 23.45 \text{kN} \cdot \text{m}$$

$$N_{A1}^{\pm} = 1.2N_{Gk} + 1.4N_{Qk} = 1.2 \times 174.66 + 1.4 \times 34.44 = 257.8 \text{kN}$$

由永久荷载控制的组合：

$$M_{A1}^{\pm} = 1.35M_{Gk} + 1.0M_{Gk} = 1.35 \times 15.89 + 3.13 = 24.58 \text{kN} \cdot \text{m}$$

$$N_{A1}^{\pm} = 1.35N_{Gk} + 1.0N_{Gk} = 1.35 \times 174.66 + 34.44 = 270.23 \text{kN}$$

从上观之，由永久荷载控制的组合 $M_{A1}^{\pm}$、$N_{A1}^{\pm}$ 为 Ⅰ-Ⅰ 截面控制内力。

本例中的柱底弯矩主要由风荷载产生，其他活荷载产生的弯矩很小，对柱底截面组合见表 6-18。

柱底截面组合表   表 6-18

序 号		荷载情况	柱底内力	
			M (kN·m)	N (kN)
1		恒载	−7.95	174.66
2		活载	−1.57	34.44
3		墙自重	0	123.47
4		左风	31.07	0
5		右风	−27.02	0
荷载组合 恒载+风荷载 恒载+活荷载+风荷载 （左风和右风）	可变荷载控制的组合	1.2（①+③）+1.4④	33.96	357.76
		1.2（①+③）+1.4⑤	−47.37	357.76
		1.2（①+③）+1.4（④+0.7②）	32.42	391.51
		1.2（①+③）+1.4（⑤+0.7②）	−48.91	391.51
		简化法		
		①+③+0.9（④+②）	21.63	401.15
		①+③+0.9（⑤+②）	−35.27	401.15
恒载+活荷载	永久荷载控制的组合	1.35（①+③）+②	12.32	436.92

A 柱 Ⅱ-Ⅱ 截面内力组合略。

（6）承载力验算

根据内力组合结果，选取第 $N = 391.51 \text{kN}$、$M = 48.91 \text{kN} \cdot \text{m}$，$N = 436.92 \text{kN}$、$M = 12.32 \text{kN} \cdot \text{m}$ 两组内力对 A 柱底截面进行受压承载力验算。

1）$N = 391.51 \text{kN}$，$M = 48.91 \text{kN} \cdot \text{m}$，则

$$e = \frac{M}{N} = \frac{48.91}{391.51} = 0.125 \text{m} = 125 \text{mm}$$

$$\frac{e}{h_T} = \frac{125}{512} = 0.244$$

$$\beta = \gamma_\beta H_0 / h_T = 1.2H/h_T = 7200/512 = 14.06$$

查表 4-3 得 $\varphi = 0.341$；由 M7.5 查得 $f = 1.69 \text{MPa}$，则

$$\varphi A f = 0.341 \times 716600 \times 1.69 = 412.97 \text{kN} > N = 391.51 \text{kN}$$

满足要求。

2）$N = 436.92 \text{kN}$，$M = 12.32 \text{kN} \cdot \text{m}$

$$e = \frac{M}{N} = \frac{12320}{436.92} = 28.20 \text{mm}$$

146

$$\frac{e}{h_T}=\frac{28.20}{512}=0.055$$

$$\beta=\gamma_\beta H_0/h_T=1.2H/h_T=7200/512=14.06$$

查表4-3得，$\varphi=0.549$；由M7.5查得$f=1.6\mathrm{MPa}$，则

$$\varphi Af=0.649\times716600\times1.69=789.23\mathrm{kN}>N=436.92\mathrm{kN}$$

满足要求。

思考题

6-1 混合结构房屋的承重体系有哪几种？它们各有何特点？

6-2 什么叫做房屋的空间刚度？房屋的空间刚度性能影响系数的含义是什么？有哪些主要影响因素？

6-3 混合结构房屋有哪三种静力计算方案？

6-4 墙、柱高厚比验算的目的是什么？

习题

6-1 若例题6-3中房屋层高第一层3.6m。第二、第三、第四和第五层为3.2m。房屋进深轴线的距离为6.3m，其他条件不变。试验算A、B轴线纵墙的高厚比及承载力。

第7章
过梁、墙梁与挑梁的设计

本章知识点

知识点：

1. 掌握过梁的受力特点。

2. 掌握挑梁的受力特点和破坏形态。

3. 掌握墙梁的概念（7.2.1小节）及设计方法，了解墙梁的受力特点和破坏形态。

4. 掌握过梁、墙梁和挑梁的承载力计算方法和主要的构造要求。

重点：过梁、墙梁上荷载的取值，过梁的构造要求及承载力计算，墙梁和挑梁的受力特点及构造要求。

难点：墙梁的承载力计算，挑梁的抗倾覆验算。

7.1 过梁

7.1.1 过梁的类型及应用范围

过梁是设置在墙体门窗洞口上部的构件，用来承受门窗洞口上部墙体及梁、板传来的荷载。常用的过梁有砖砌过梁和钢筋混凝土过梁两类（图7-1）。砖砌过梁按其构造不同又分为砖砌平拱、和钢筋砖过梁等几种形式。

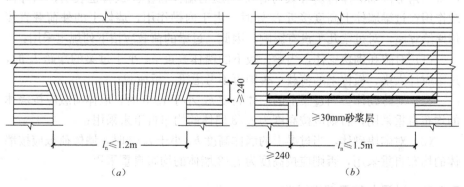

图 7-1 过梁的分类（一）

(a) 砖砌平拱过梁；(b) 钢筋砖过梁

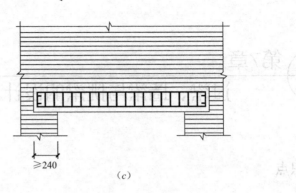

图 7-1　过梁的分类（二）

(c) 钢筋混凝土过梁

砖砌过梁造价低廉，且节约钢筋和水泥，但整体性差，对振动荷载和地基不均匀沉降反应敏感，跨度也不宜过大。因此，对有较大振动或可能产生不均匀沉降的房屋，应采用钢筋混凝土过梁。当砖砌过梁的跨度不大于 1.5m 时，可采用钢筋砖过梁；不大于 1.2m 时，可采用砖砌平拱过梁。砖砌过梁的构造要求应符合下列规定：

（1）砖砌过梁截面计算高度内的砂浆不宜低于 M5（Mb5、Ms5）；

（2）砖砌平拱用竖砖砌筑部分的高度不应小于 240mm；

（3）钢筋砖过梁底面砂浆层处的钢筋，其直径不应小于 5mm，间距不宜大于 120mm，钢筋伸入支座砌体内的长度不宜小于 240mm，砂浆层的厚度不宜小于 30mm。

7.1.2　过梁上的荷载

作用在过梁上的荷载有墙体自重和过梁上部的梁、板荷载。试验表明，当过梁上的墙体超过一定高度时，过梁与墙体共同工作明显，过梁上墙体形成内拱效应，将内拱以上部分的荷载直接传递给支座。例如，对于砖砌体墙，当过梁上的墙体高度 $h_w \geqslant l_n/3$ 时（l_n 为过梁的净跨），过梁上的墙体荷载始终接近过梁墙上 45°三角形范围内的墙体自重。按简支梁跨中弯矩相等的原则，可将三角形范围墙体自重等效为 $l_n/3$ 高度的墙体自重。试验也表明，当外荷载作用在过梁墙体上高度接近 l_n 处时，由于内拱作用，墙体上的外荷载直接传递给支座，对过梁几乎没有影响。因此，过梁的荷载应按下列规定采用：

（1）对砖和砌块砌体，当梁、板下的墙体高度 h_w 小于过梁的净跨 l_n 时，过梁应计入梁、板传来的荷载，否则可不考虑梁、板荷载；

（2）对砖砌体，当过梁上的墙体高度 h_w 小于 $l_n/3$ 时，墙体荷载应按墙体的均布自重采用，否则应按高度为 $l_n/3$ 墙体的均布自重来采用；

（3）对砌块砌体，当过梁上的墙体高度 h_w 小于 $l_n/2$ 时，墙体荷载应按墙体的均布自重采用，否则应按高度为 $l_n/2$ 墙体的均布自重采用。

7.1.3　过梁上的承载力计算

根据过梁的工作特性和破坏形态，砖砌平拱可按公式（4-34）和式（4-35）

进行跨中正截面的受弯承载力和支座斜截面的受剪承载力计算。

钢筋砖过梁的受弯承载力可按式（7-1）计算，受剪承载力按（4-35）计算。

$$M \leqslant 0.85 h_0 f_y A_s \qquad (7-1)$$

式中　M——按简支梁计算的跨中弯矩设计值；

　　　h_0——过梁截面的有效高度，$h_0 = h - a_s$；

　　　a_s——受拉钢筋重心至截面下边缘的距离；

　　　h——过梁的截面计算高度，取过梁底面以上的墙体高度，但不大于 $l_n/3$；当考虑梁、板传来的荷载时，则按梁、板下的高度采用；

　　　f_y——钢筋的抗拉强度设计值；

　　　A_s——受拉钢筋的截面面积。

混凝土过梁的承载力，应按混凝土受弯构件计算。验算过梁下砌体局部受压承载力时，可不考虑上层荷载的影响；梁端底面压应力图形完整系数可取 1.0，梁端有效支承长度可取实际支承长度，但不应大于墙厚。

【例题 7-1】　某住宅楼的钢筋砖过梁净跨 $l_n = 1.5\text{m}$，墙厚为 240mm，立面如图 7-2 所示。采用 MU10 烧结多孔砖、M10 混合砂浆砌筑。过梁底面配筋采用 3 根直径为 8mm 的 HPB300 钢筋，锚入支座内的长度为 250mm。多孔砖砌体自重 18kN/m^3。砌体施工质量控制等级为 B 级。在离窗口上皮 800mm 高度处作用有楼板传来的均布恒荷载标准值 $g_k = 10\text{kN/m}$，均布活荷载标准值 $q_k = 5\text{kN/m}$。安全等级为二级，设计使用年限 50 年。试验算该钢筋砖过梁。

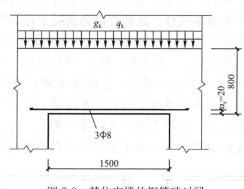

图 7-2　某住宅楼的钢筋砖过梁

【解】　（1）荷载计算

楼板下墙体高度 $h_w = 800\text{mm} < l_n = 1500\text{mm}$，应计入楼板传来的荷载。

过梁上墙体高度 $h_w = 800\text{mm} > l_n/3 = 500\text{mm}$，取 500mm 高墙体自重作为过梁的均布荷载，其过梁自重标准值为：

$$g_{kl} = 18 \times 0.24 \times 1.5/3 = 2.16\text{kN/m}$$

安全等级二级 $\gamma_0 = 1.0$，设计使用年限 50 年 $\gamma_L = 1.0$。

第一种组合：$q_1 = 1.0 \times [1.2 \times (10 + 2.16) + 1.4 \times 1.0 \times 5] = 21.59\text{kN/m}$

第二种组合：$q_2 = 1.0 \times [1.35 \times (10 + 2.16) + 1.4 \times 1.0 \times 0.7 \times 5] =$

21.32kN/m 取 $q = 21.59$kN/m。

（2）受弯承载力计算

因计入楼板传来的荷载，过梁的截面计算高度为实际高度，则

$$h = 800\text{mm}, \quad a_s = 20\text{mm}, \quad h_0 = h - a_s = 800 - 20 = 780\text{mm}$$

HPB300 钢筋，$f_y = 270$MPa，$A_s = 3 \times 50.24 = 150.72\text{mm}^2$，则

$$M = 1/8 q l_n^2 = 1/8 \times 21.59 \times 1.5^2 = 6.07\text{kN} \cdot \text{m} < 0.85 h_0 f_y A_s$$
$$= 0.85 \times 780 \times 270 \times 150.72 \times 10^{-6} = 26.98\text{kN} \cdot \text{m}$$

（3）受剪承载力计算

MU10 烧结多孔砖、M10 混合砂浆，砖砌体抗剪强度 $f_v = 0.17$MPa，则

$$V = 1/2 q l_n = 1/2 \times 21.59 \times 1.5 = 16.19\text{kN} < f_v b z = f_v b \cdot 2/3 h$$
$$= 0.17 \times 240 \times 2/3 \times 800 \times 10^{-3} = 21.76\text{kN}$$

经验算承载力满足要求。

7.2　墙梁

7.2.1　概述

在多层混合结构房屋中，为了满足使用要求，往往要求底层为大空间，如营业厅、会议厅、餐厅等；上层为小房间，如住宅、旅馆、办公室等。工程中常用的做法是在底层钢筋混凝土梁或底层框架梁上砌筑砖墙，上部各层的楼面及屋面荷载将通过砖墙及支承砖墙的钢筋混凝土楼面梁或框架梁（称托梁）传递给底层的承重墙或柱。这种由钢筋混凝土托梁和梁上计算高度范围内的砌体墙做成的组合构件，称为墙梁。与多层钢筋混凝土框架结构相比，墙梁具有节约主材、造价低、缩短工期、施工方便等优点，因此应用广泛。

墙梁按支承条件可分为简支墙梁、连续墙梁和框支墙梁（图 7-3a、b、c）；按承受荷载情况可分为承重墙梁和自承重墙梁。承重墙梁除了承受托梁和托梁以上的墙体自重外，还承受由屋盖或楼盖传来的荷载。自承重墙梁仅承受托梁和托梁以上的墙体自重，如工业建筑的维护结构中的基础梁、连系

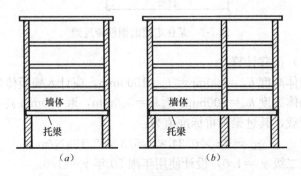

图 7-3　墙梁（一）

（a）简支墙梁；（b）连续墙梁

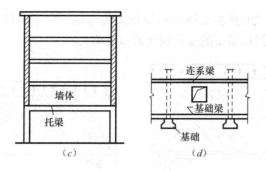

图 7-3 墙梁（二）

（c）框支墙梁；（d）自承重墙梁

梁与其上部墙体形成的墙梁（图 7-3d）。按墙梁墙体是否开洞，墙梁又可分为无洞口墙梁和有洞口墙梁。

7.2.2 墙梁的受力特点和破坏形态

1. 简支墙梁

当托梁及其上墙体达到一定强度后，墙体和托梁将共同工作而形成墙梁组合构件。当墙体上无洞口时，在均布荷载作用下处于弹性工作阶段时，由墙梁的水平应力 σ_x 的分布图可以看到，墙梁上部墙体大部分受压，托梁的全部或大部分截面受拉；墙梁上的竖向应力 σ_y 自上向下由均匀分布变为向支座集中的非均匀分布；同时在墙体与托梁的交界面上，剪应力 τ 分布变化较大，且在支座处有明显的应力集中（图 7-4）。从主应力迹线看（图 7-5a），墙体中间部分主压应力迹线呈拱形指向支座，两边主压应力迹线直接指向支座，在支座附近托梁的上方形成很大的主压应力集中，而托梁的主拉应力迹线几乎水平，托梁与墙体形成带拉杆拱的受力机构。作用在墙梁上的荷载是通过墙体内拱作用传递到两边支座，墙体以受压为主，托梁处于小偏心受拉状态。

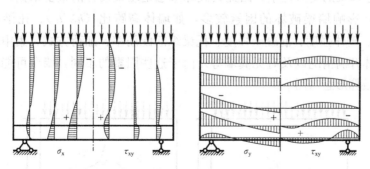

图 7-4 简支墙梁在弹性阶段的应力分布

对于有洞口墙梁，随洞口位置的不同，具有不同的受力性能。洞口居中布置的墙梁，当洞口宽度不大于 $l_0/3$（l_0 为墙梁计算跨度）、高度不过高时，由于洞口处于低应力区，并不影响墙梁的受力拱作用，因此其受力性能和破坏形态与无洞口墙梁相似（图 7-5b）。当洞口靠近支座时，成为偏开洞的墙梁，墙梁形成大拱套小拱的组合拱受力体系（图 7-5c），此时托梁既作为大拱的拉杆又作为小拱的弹性支座而承受较大的弯矩。由于洞口对墙体刚度和整体性的削弱，有洞口墙梁的变形较无洞口墙梁大。

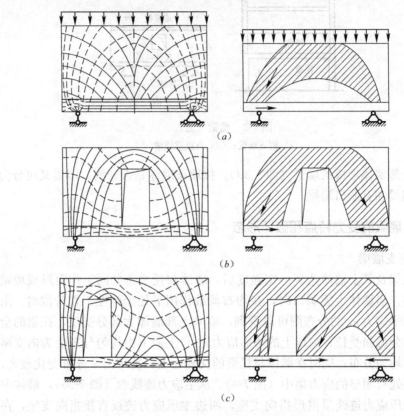

图 7-5 简支墙梁主应力迹线及受力机制

(a) 无洞口墙梁；(b) 中开洞墙梁；(c) 偏开洞墙梁

由于墙梁的受力复杂，因此其破坏形态是墙梁设计的重要依据。根据试验研究，影响墙梁破坏的因素较多，如墙体高跨比（h_w/l_0）、托梁高跨比（h_b/l_0）、砌体强度、混凝土强度、托梁纵筋配筋率、加荷方式、集中力剪跨比、墙体开洞情况以及有无翼墙等。由于这些因素的不同，墙梁可能发生以下几种破坏形态（图 7-6）。

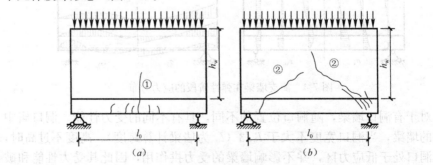

图 7-6 简支墙梁的破坏形态（一）

(a) 弯曲破坏；(b) 斜拉破坏

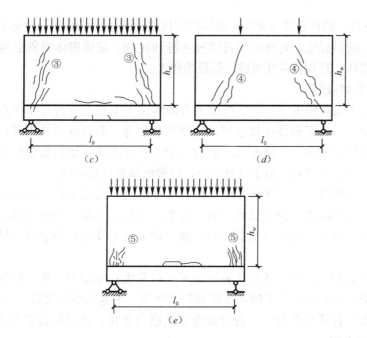

图 7-6 简支墙梁的破坏形态（二）

（c）斜压破坏；（d）劈裂破坏；（e）局压破坏

（1）弯曲破坏

当托梁中的配筋较少，而砌体强度相对较高，且墙梁的高跨比（$h_{\rm w}/l_0$）（$h_{\rm w}$ 为墙体的计算高度）较小时，随着荷载增大，托梁跨中（无洞口或中开洞墙梁）出现垂直裂缝，进而裂缝向上延伸进入墙体，最后托梁内的纵向钢筋屈服，裂缝迅速扩大并在墙体内延伸，发生正截面弯曲破坏。墙梁发生受弯破坏时，一般观察不到墙梁顶面受压区砌体压坏的迹象。对偏开洞墙梁，在洞口边也有可能发生正截面弯曲破坏。

（2）剪切破坏

当托梁纵筋配筋率较高，而砌体强度相对较低，且 $h_{\rm w}/l_0<0.75\sim0.8$ 时，在靠近支座上部的墙体中往往发生因主拉或主压应力过大而引起的斜裂缝，并延伸至托梁而导致墙体剪切破坏。根据斜裂缝形成原因的不同，墙体的剪切破坏又分为以下几种破坏形态。

1）斜拉破坏

当墙体高跨比较小（$h_{\rm w}/l_0<0.35\sim0.4$），且砂浆强度较低，或者集中荷载作用剪跨比（$a_{\rm p}/l_0$）较大（$a_{\rm p}$ 为集中荷载到最近支座的距离）时，随着荷载增大墙体中部的主拉应力大于砌体沿齿缝截面的抗拉强度而产生沿灰缝阶梯上升的比较平缓的斜裂缝，如图 7-6（b）所示。一旦该斜裂缝发生，延伸至跨中后向上发展，基本会贯通墙高，这种破坏形态裂缝较少，墙体的开裂荷载和破坏荷载比较接近，且都较小，属脆性破坏。

2）斜压破坏

当墙体高跨比较大（$h_{\rm w}/l_0>0.35\sim0.4$），或集中荷载作用剪跨比（$a_{\rm p}/$

l_0）较小时，随着荷载的增大，墙体因主压应力超过抗压强度，在支座斜上方产生较陡的斜裂缝，裂缝较多且穿过灰缝和砖块，最后砌体沿斜裂缝剥落或压碎而破坏，其开裂荷载和破坏荷载均较大。

3）劈裂破坏

在集中荷载作用下，由于托梁上方墙体在支座垫板与荷载作用点连线附近的主拉应力大于砌体抗拉强度，而产生斜裂缝。斜裂缝突然出现，延伸较长，有时伴有响声，开裂不大，就沿一条上下贯通的主要斜裂缝破坏。开裂荷载和破坏荷载接近，由于没有预兆，这种破坏是很危险的。

相对于墙体而言，钢筋混凝土托梁具有很高的抗剪承载力而不易发生剪切破坏，仅当墙体较强托梁较弱时才发生，如托梁混凝土强度等级过低，且箍筋设置过少时。发生剪切破坏时，破坏截面靠近支座，斜裂缝较陡，且上宽下窄。

对于有洞口墙梁，其墙体剪切破坏一般发生在窄墙肢一侧。斜裂缝首先在支座斜上方产生，并不断向支座和洞顶延伸，贯通墙肢高度后，墙梁破坏。在门洞处，托梁承受拉力、剪力和弯矩的联合作用，处于复合受力状态，也易发生剪切破坏。

（3）局部受压破坏

当墙体高跨比较大（$h_w/l_0 > 0.75 \sim 0.8$）而砌体强度较低时，在支座上方砌体中，由于竖向正应力形成较大的应力集中，当其超过砌体局部受压强度时，则将产生支座上方较小范围砌体局部压碎现象。试验表明，在墙梁两端设置翼墙或构造柱可以减小应力集中，改善墙体的局部受压性能。

此外，由于托梁内纵筋伸入支座的锚固长度不足，支座垫板或加荷垫板的尺寸或刚度较小，均可能引起托梁或托梁支座上部砌体的局部破坏。这种破坏可以通过采取相应的构造措施来避免。

2. 连续墙梁

连续墙梁是多层砌体房屋中常见的墙梁形式，它是由钢筋混凝土连续托梁、砌筑于连续托梁上的计算高度范围内的墙体以及墙体顶面处设置的拉通圈梁（该拉通圈梁称为连续墙梁的顶梁）组成的组合构件。在实际工程中连续墙梁的应用要比简支墙梁的应用广泛，它的受力特点与单跨墙梁有共同之处。破坏形态亦有正截面受弯破坏、斜截面受剪破坏、砌体局部受压破坏等。

两跨连续墙梁的试验表明，随着裂缝的出现和开展，连续墙梁的受力逐渐转为连续组合拱机制；托梁的全部或大部分区段处于偏心受拉状态，仅在中间支座附近，由于拱的推力而使托梁处于偏压和受剪的复合受力状态。顶梁的存在使连续墙梁的受剪承载力有较大提高。中间支座的反力虽然较普通连续梁降低，但仍然较边支座大得多（为边支座两倍左右）。在中间支座托梁顶面出现很高的峰值压应力，往往造成此处砌体局部受压破坏而导致墙梁丧失承载力。所以常要求在中间支座处设置翼墙或构造柱，若无条件，可在局部墙体缝中配置钢筋网片，以提高砌体的局部受压承载力。

3. 框支墙梁

框支墙梁是由钢筋混凝土框架和砌筑在框架托梁上计算高度范围内的墙体组成的组合构件，常用于建筑底层跨度较大或荷载较大以及有抗震设防要求的情况。在框支墙梁中，墙体的整体刚度远大于框架柱的刚度，柱端对墙梁的转角变形约束很小。有限元分析结果表明，单跨框支墙梁的受力特点和简支墙梁相似，多跨框支墙梁的受力特点和多跨连续墙梁大同小异。

7.2.3 墙梁的设计方法

1. 墙梁设计的一般规定

为保证墙梁与托梁具有较强的组合工作性能，避免某些低承载力的破坏形态发生，《砌体规范》规定了墙梁设计应满足的条件：

（1）采用烧结普通砖砌体、混凝土普通砖砌体、混凝土多孔砖砌体和混凝土砌块砌体的墙梁设计应符合表 7-1 的规定。

墙梁的一般规定 表 7-1

墙梁类别	墙体总高度 (m)	跨度 (m)	墙体高跨比 h_w/l_{0i}	托梁高跨比 h_b/l_{0i}	洞宽比 b_h/l_{0i}	洞高 h_h
承重墙梁	≤18	≤9	≥0.4	≥1/10	≤0.3	$\leq 5h_w/6$ 且 $h_w - h_h \geq 0.4m$
自承重墙梁	≤18	≤12	≥1/3	≥1/15	≤0.8	

注：墙体总高度指托梁顶面到檐口的高度，带阁楼的坡屋面应算到山尖墙 1/2 高度处。

（2）墙梁计算高度范围内每跨允许设置一个洞口，洞口高度，对窗洞取洞顶至托梁顶面距离。对自承重墙梁，洞口至边支座中心的距离不应小于 $0.1l_{0i}$，门窗洞上口至墙顶的距离不应小于 0.5m。

（3）洞口边缘至支座中心的距离，距边支座不应小于墙梁计算跨度的 0.15 倍，距中支座不应小于墙梁计算跨度的 0.07 倍。托梁支座处上部墙体设置混凝土构造柱，且构造柱边缘至洞口边缘的距离不小于 240mm 时，洞口边至支座中心距离的限值可不受本规定限制。

（4）托梁高跨比，对无洞口墙梁不宜大于 1/7，对靠近支座有洞口的墙梁不宜大于 1/6。配筋砌块砌体墙梁的托梁高跨比可适当放宽，但不宜小于 1/14；当墙梁结构中的墙体均为配筋砌块砌体时，墙体总高度可不受本规定限制。

2. 墙梁的计算简图

墙梁的计算简图如图 7-7 所示，各计算参数应符合下列规定：

（1）墙梁计算跨度，对简支墙梁和连续墙梁取净跨的 1.1 倍或支座中心线距离的较小值；框支墙梁支座中心线距离，取框架柱轴线间的距离；

（2）墙体计算高度，取托梁顶面上一层墙体（包括顶梁）高度，当 h_w 大于 l_0 时，取 h_w 等于 l_0（对连续墙梁和多跨框支墙梁，l_0 取各跨的平均值）；

（3）墙梁跨中截面计算高度，取 $H_0 = h_w + 0.5h_b$；

（4）翼墙计算宽度，取窗间墙宽度或横墙间距的 2/3，且每边不大于 3.5

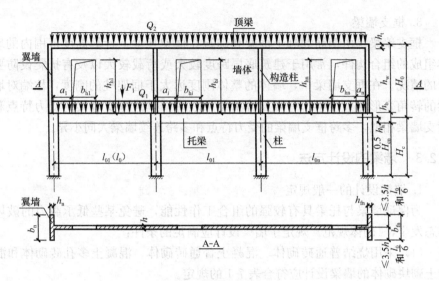

图 7-7　墙梁的计算简图

l_0 (l_{0i})-墙梁计算跨度；h_w-墙体计算高度；h-墙体厚度；H_0-墙梁跨中截面计算高度；

$_{\rm f}$-翼墙计算宽度；H_c-框架柱计算高度；b_{hi}-洞口宽度；h_{hi}-洞口高度；a_i-洞口边缘至支座中心的距离；

Q_1、F_1-承重墙梁的托梁顶面的荷载设计值；Q_2-承重墙梁的墙梁顶面的荷载设计值

倍的墙体厚度和墙梁计算跨度的 1/6；

（5）框架柱计算高度，取 $H_c = H_{cn} + 0.5h_b$；H_{cn} 为框架柱的净高，取基础顶面至托梁底面的距离。

3. 墙梁的计算荷载

使用阶段墙梁上的荷载，应按下列规定采用：

（1）承重墙梁的托梁顶面的荷载设计值，取托梁自重及本层楼盖的恒荷载和活荷载；

（2）承重墙梁的墙梁顶面的荷载设计值，取托梁以上各层墙体自重以及墙梁顶面以上各层楼（屋）盖的恒荷载和活荷载；集中荷载可沿作用的跨度近似化为均布荷载；

（3）自承重墙梁的墙梁顶面的荷载设计值，取托梁自重及托梁以上墙体自重。

施工阶段托梁上的荷载，应按下列规定采用：

（1）托梁自重及本层楼盖的恒荷载；

（2）本层楼盖的施工荷载；

（3）墙体自重，可取高度为 $l_{0\max}/3$ 的墙体自重，开洞时尚应按洞顶以下实际分布的墙体自重复核，$l_{0\max}$ 为各计算跨度的最大值。

4. 墙梁的承载力计算

墙梁应分别进行托梁使用阶段正截面承载力和斜截面受剪承载力计算、墙体受剪承载力和托梁支座上部砌体局部受压承载力计算，以及施工阶段托梁承载力验算。自承重墙梁可不验算墙体受剪承载力和砌体局部受压承载力。

（1）墙梁的托梁正截面承载力

托梁跨中截面应按混凝土偏心受拉构件计算，第 i 跨跨中最大弯矩设计值 M_{bi} 及轴心拉力设计值 N_{bti} 可按下列公式计算：

$$M_{bi} = M_{1i} + \alpha_M M_{2i} \tag{7-2}$$

$$N_{bti} = \eta_N \frac{M_{2i}}{H_0} \tag{7-3}$$

当为简支墙梁时：

$$\alpha_M = \varphi_M \left(1.7 \frac{h_b}{l_0} - 0.03 \right) \tag{7-4}$$

$$\varphi_M = 4.5 - 10 \frac{a}{l_0} \tag{7-5}$$

$$\eta_N = 0.44 + 2.1 \frac{h_w}{l_0} \tag{7-6}$$

当为连续墙梁和框支墙梁时：

$$\alpha_M = \varphi_M \left(2.7 \frac{h_b}{l_{0i}} - 0.08 \right) \tag{7-7}$$

$$\varphi_M = 3.8 - 8.0 \frac{a_i}{l_{0i}} \tag{7-8}$$

$$\eta_N = 0.8 + 2.6 \frac{h_w}{l_{0i}} \tag{7-9}$$

式中　M_{1i}——荷载设计值 Q_1、F_1 作用下的简支梁跨中弯矩或按连续梁、框架分析的托梁第 i 跨跨中最大弯矩；

M_{2i}——荷载设计值 Q_2 作用下的简支梁跨中弯矩或按连续梁、框架分析的托梁第 i 跨跨中最大弯矩；

α_M——考虑墙梁组合作用的托梁跨中截面弯矩系数，可按式（7-4）或式（7-7）计算，但对自承重墙梁应乘以折减系数 0.8；当式（7-4）中的 $h_b/l_0 > 1/6$ 时，取 $h_b/l_0 = 1/6$；当式（7-7）中的 $h_b/l_{0i} > 1/7$ 时，取 $h_b/l_{0i} = 1/7$；当 $\alpha_M > 1.0$ 时，取 $\alpha_M = 1.0$；

η_N——考虑墙梁组合作用的托梁跨中截面轴力系数，可按式（7-6）或式（7-9）计算，但对自承重简支墙梁应乘以折减系数 0.8；当 $h_w/l_{0i} > 1$ 时，取 $h_w/l_{0i} = 1$；

φ_M——洞口对托梁跨中截面弯矩的影响系数，对无洞口墙梁取 1.0，对有洞口墙梁可按式（7-5）或式（7-8）计算；

a_i——洞口边缘至墙梁最近支座中心的距离，当 $a_i > 0.35l_{0i}$ 时，取 $a_i = 0.35l_{0i}$。

托梁支座截面应按混凝土受弯构件计算，第 j 支座的弯矩设计值 M_{bj} 可按下列公式计算：

$$M_{bj} = M_{1j} + \alpha_M M_{2j} \tag{7-10}$$

$$\alpha_M = 0.75 - \frac{a_i}{l_{0i}} \tag{7-11}$$

式中 M_{1j}——荷载设计值 Q_1、F_1 作用下按连续梁或框架分析的托梁第 j 支座截面的弯矩设计值；

M_{2j}——荷载设计值 Q_2 作用下按连续梁或框架分析的托梁第 j 支座截面的弯矩设计值；

α_M——考虑墙梁组合作用的托梁支座截面弯矩系数，无洞口墙梁取 0.4，有洞口墙梁可按式（7-11）计算。

由于多跨框支墙梁存在边柱之间的大拱效应，使边柱轴压力增大，中柱轴压力减少，故在墙梁顶面荷载 Q_2 作用下当边柱轴压力增大对承载力不利时应乘以 1.2 的修正系数。框架柱的弯矩计算不考虑墙梁组合作用。

（2）墙梁的受剪承载力

试验表明，墙梁发生剪切破坏时，一般情况下墙体先于托梁进入极限状态而剪坏。当托梁混凝土强度较低，箍筋较少时，或墙体采用构造框架约束砌体的情况下托梁可能稍后剪坏。故托梁与墙体应分别计算受剪承载力。

墙梁的托梁斜截面受剪承载力应按混凝土受弯构件计算，第 j 支座边缘截面的剪力设计值 V_{bj} 可按下式计算：

$$V_{bj} = V_{1j} + \beta_v V_{2j} \tag{7-12}$$

式中 V_{1j}——荷载设计值 Q_1、F_1 作用下按简支梁、连续梁或框架分析的托梁第 j 支座边缘截面剪力设计值；

V_{2j}——荷载设计值 Q_2 作用下按简支梁、连续梁或框架分析的托梁第 j 支座边缘截面剪力设计值；

β_v——考虑墙梁组合作用的托梁剪力系数，无洞口墙梁边支座截面取 0.6，中间支座截面取 0.7；有洞口墙梁边支座截面取 0.7，中间支座截面取 0.8；对自承重墙梁，无洞口时取 0.45，有洞口时取 0.5。

墙梁的墙体受剪承载力，应按式（7-13）验算，当墙梁支座处墙体中设置上、下贯通的落地混凝土构造柱，且其截面不小于 240mm×240mm 时，可不验算墙梁的墙体受剪承载力。

$$V_2 \leqslant \xi_1 \xi_2 \left(0.2 + \frac{h_b}{l_{0i}} + \frac{h_t}{l_{0i}} \right) f h h_w \tag{7-13}$$

式中 V_2——在荷载设计值 Q_2 作用下墙梁支座边缘截面剪力的最大值；

ξ_1——翼墙影响系数，对单层墙梁取 1.0，对多层墙梁，当 $b_f/h = 3$ 时取 1.3，当 $b_f/h = 7$ 时取 1.5，当 $3 < b_f/h < 7$ 时，按线性插入取值；

ξ_2——洞口影响系数，无洞口墙梁取 1.0，多层有洞口墙梁取 0.9，单层有洞口墙梁取 0.6；

h_t——墙梁顶面圈梁截面高度。

（3）托梁支座上部砌体局部受压承载力

托梁支座上部砌体局部受压承载力，应按式（7-14）验算，当墙梁的墙体中设置上、下贯通的落地混凝土构造柱，且其截面不小于 240mm×240mm

时，或当 b_f/h 大于等于 5 时，可不验算托梁支座上部砌体局部受压承载力。

$$Q_2 \leqslant \zeta f h \qquad (7\text{-}14)$$

$$\zeta = 0.25 + 0.08 \frac{b_f}{h} \qquad (7\text{-}15)$$

式中　ζ——局压系数。

墙梁是在托梁上砌筑砌体墙形成的。除应限制计算高度范围内墙体每天的可砌高度，严格进行施工质量控制外，尚应进行托梁在施工荷载作用下的承载力验算，以确保施工安全。托梁应按混凝土受弯构件进行施工阶段的受弯、受剪承载力验算。

5. 墙梁的构造要求

为保证托梁与上部墙体共同工作，保证墙梁组合作用的正常发挥，墙梁应符合下列基本构造要求：

（1）材料

1）托梁和框支柱的混凝土强度等级不应低于 C30；

2）承重墙梁的块体强度等级不应低于 MU10，计算高度范围内墙体的砂浆强度等级不应低于 M10（Mb10）；

（2）墙体

1）框支墙梁的上部砌体房屋以及设有承重的简支墙梁或连续墙梁的房屋，应满足刚性方案房屋的要求；

2）墙梁的计算高度范围内的墙体厚度，对砖砌体不应小于 240mm，对混凝土砌块砌体不应小于 190mm；

3）墙梁洞口上方应设置混凝土过梁，其支承长度不应小于 240mm；洞口范围内不应施加集中荷载；

4）承重墙梁的支座处应设置落地翼墙，翼墙厚度，对砖砌体不应小于 240mm，对混凝土砌块砌体不应小于 190mm，翼墙宽度不应小于墙梁墙体厚度的 3 倍，并与墙梁墙体同时砌筑。当不能设置翼墙时，应设置落地且上下贯通的混凝土构造柱；

5）当墙梁墙体在靠近支座 1/3 跨度范围内开洞时，支座处应设置落地且上下贯通的混凝土构造柱，并应与每层圈梁连接；

6）墙梁计算高度范围内的墙体，每天可砌筑高度不应超过 1.5m，否则，应加设临时支撑。

（3）托梁

1）托梁两侧各两个开间的楼盖应采用现浇混凝土楼盖，楼板厚度不应小于 120mm，当楼板厚度大于 150mm 时，应采用双层双向钢筋网，楼板上应少开洞，洞口尺寸大于 800mm 时应设洞口边梁；

2）托梁每跨底部的纵向受力钢筋应通长设置，不应在跨中弯起或截断；钢筋连接应采用机械连接或焊接；

3）托梁跨中截面的纵向受力钢筋总配筋率不应小于 0.6%；

4）托梁上部通长布置的纵向钢筋面积与跨中下部纵向钢筋面积之比值不

应小于 0.4；连续墙梁或多跨框支墙梁的托梁支座上部附加纵向钢筋从支座边缘算起每边延伸长度不应小于 $l_0/4$；

5）承重墙梁的托梁在砌体墙、柱上的支承长度不应小于 350mm；纵向受力钢筋伸入支座的长度应符合受拉钢筋的锚固要求；

6）当托梁截面高度 h_b 大于等于 450mm 时，应沿梁截面高度设置通长水平腰筋，其直径不应小于 12mm，间距不应大于 200mm；

7）对于洞口偏置的墙梁，其托梁的箍筋加密区范围应延到洞口外，距洞边的距离大于等于托梁截面高度 h_b（图 7-8），箍筋直径不应小于 8mm，间距不应大于 100mm。

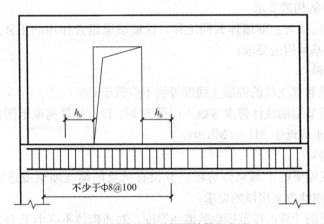

图 7-8　偏开洞时托梁箍筋加密区

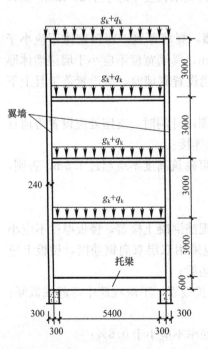

图 7-9　某四层简支承重墙梁

【例题 7-2】　某四层简支承重墙梁，如图 7-9 所示。楼板厚 120mm，托梁截面 $b_b \times h_b = 250mm \times 600mm$，托梁自重标准值 5.0kN/m，混凝土为 C25，纵向受力钢筋为 HRB335，箍筋采用 HPB300。墙体厚度 240mm，采用 MU10 烧结多孔砖（多孔砖孔洞率小于 30%），计算高度范围内为 M10 混合砂浆，其余为 M5 混合砂浆，墙体及抹灰自重标准值为 4.5kN/m²，翼墙计算宽度为 1400mm，翼墙厚 240mm，楼层圈梁截面高 200mm。每层墙顶由楼（屋）盖传来的均布荷载标准值均相同，恒荷载为 12kN/m，活荷载为 6kN/m。安全等级为二级，设计使用年限 50 年。试设计该墙梁。

【解】　（1）墙梁的基本尺寸

墙梁支座中心线距离：$l_c = 6m < 9m$

墙梁净跨：$l_n = 5.4m$

墙梁计算跨度：$l_0 = \min(l_c, 1.1l_n) = \min(6, 5.94) = 5.94\text{m}$

墙体计算高度：$h_w = 3\text{m} < l_0$

墙梁跨中截面计算高度：$H_0 = h_w + 0.5h_b = 3 + 0.5 \times 0.6 = 3.3\text{m}$

翼墙计算宽度：$b_f = 1.4\text{m} < \begin{cases} 2 \times 3.5h = 2 \times 3.5 \times 0.24 = 1.68\text{m} \\ 2 \times \dfrac{l_0}{6} = 2 \times \dfrac{5.94}{6} = 1.98\text{m} \end{cases}$

墙体总高度：$H = 12\text{m} < 18\text{m}$

墙体高跨比：$h_w/l_0 = 0.51 > 0.4$

托梁高跨比：$h_b/l_0 = 1/9.9 > 1/10$

（2）墙梁的荷载计算

安全等级二级 $\gamma_0 = 1.0$，设计使用年限50年 $\gamma_L = 1.0$。

使用阶段托梁顶面的荷载设计值：

第一种组合：$\quad Q_1 = 1.2 \times 5 = 6\text{kN/m}$

第二种组合：$\quad Q_1 = 1.35 \times 5 = 6.75\text{kN/m}$

使用阶段墙梁顶面的荷载设计值：

第一种组合：$Q_2 = 1.2 \times (4.5 \times 3) \times 4 + (1.2 \times 12 + 1.4 \times 6) \times 4 = 156\text{kN/m}$

第二种组合：$Q_2 = 1.35 \times (4.5 \times 3) \times 4 + (1.35 \times 12 + 1.4 \times 0.7 \times 6) \times 4 = 161.22\text{kN/m}$

施工阶段托梁上的荷载：

$$1.35 \times (5 + 5.94/3 \times 4.5) = 18.78\text{kN/m}$$

（3）墙梁的承载力计算

① 托梁跨中截面承载力

Q_1 在托梁跨中截面产生的弯矩：

第一种组合：

$$M_1 = \frac{1}{8}Q_1 l_0^2 = \frac{1}{8} \times 6 \times 5.94^2 = 26.46\text{kN} \cdot \text{m}$$

第二种组合：

$$M_1 = \frac{1}{8}Q_1 l_0^2 = \frac{1}{8} \times 6.75 \times 5.94^2 = 29.77\text{kN} \cdot \text{m}$$

Q_2 在托梁跨中截面产生的弯矩：

第一种组合：

$$M_2 = \frac{1}{8}Q_2 l_0^2 = \frac{1}{8} \times 156 \times 5.94^2 = 688.03\text{kN} \cdot \text{m}$$

第二种组合：

$$M_2 = \frac{1}{8}Q_2 l_0^2 = \frac{1}{8} \times 161.22 \times 5.94^2 = 711.05\text{kN} \cdot \text{m}$$

$$\varphi_M = 1.0（无洞口墙梁）$$

$$\alpha_M = \varphi_M \left(1.7 \frac{h_b}{l_0} - 0.03 \right) = 1.0 \times \left(1.7 \times \frac{0.6}{5.94} - 0.03 \right) = 0.142$$

$$\eta_N = 0.44 + 2.1 \frac{h_w}{l_0} = 0.44 + 2.1 \times \frac{3}{5.94} = 1.501$$

托梁跨中最大弯矩设计值：

第一种组合：

$$M_b = M_1 + \alpha_M M_2 = 26.46 + 0.142 \times 688.03 = 124.16 \text{kN} \cdot \text{m}$$

第二种组合：

$$M_b = M_1 + \alpha_M M_2 = 29.77 + 0.142 \times 711.05 = 130.74 \text{kN} \cdot \text{m}$$

托梁轴心拉力设计值：

第一种组合：　　$N_{bt} = \eta_N \dfrac{M_2}{H_0} = 1.501 \times \dfrac{688.03}{3.3} = 312.95 \text{kN}$

第二种组合：　　$N_{bt} = \eta_N \dfrac{M_2}{H_0} = 1.501 \times \dfrac{711.05}{3.3} = 323.42 \text{kN}$

托梁按钢筋混凝土偏心受拉构件进行配筋计算（略）。

② 托梁梁端受剪承载力

$$V_1 = Q_1 \frac{l_n}{2} = 6.75 \times \frac{5.4}{2} = 18.23 \text{kN}$$

$$V_2 = Q_2 \frac{l_n}{2} = 161.22 \times \frac{5.4}{2} = 435.29 \text{kN}$$

$$\beta_v = 0.6$$

$$V_b = V_1 + \beta_v V_2 = 18.23 + 0.6 \times 435.29 = 279.4 \text{kN}$$

托梁按钢筋混凝土受弯构件进行抗剪计算（略）。

③ 墙体斜截面受剪承载力

MU10 砖，M10 混合砂浆，$f = 1.89 \text{N/mm}^2$

$$V_2 = Q_2 \frac{l_n}{2} = 161.22 \times \frac{5.4}{2} = 435.29 \text{kN}$$

$$\frac{b_f}{h} = \frac{1.4}{0.24} = 5.83$$

$$\xi_1 = 1.44, \quad \xi_2 = 1.0$$

$$\xi_1 \xi_2 \left(0.2 + \frac{h_b}{l_0} + \frac{h_t}{l_0} \right) f h h_w$$

$$= 1.44 \times 1.0 \times \left(0.2 + \frac{0.6}{5.94} + \frac{0.2}{5.94} \right) \times 1.89 \times 0.24 \times 3 \times 10^3$$

$$= 655.82 \text{kN} > V_2 = 435.29 \text{kN}$$

满足要求。

④ 托梁支座上部砌体局部受压承载力

$$\zeta = 0.25 + 0.08 \frac{b_f}{h} = 0.25 + 0.08 \times \frac{1.4}{0.24} = 0.72$$

$$Q_2 = 161.22 \text{kN/m} < \zeta f h = 0.72 \times 1.89 \times 240 = 326.59 \text{kN/m}$$

满足要求。

此外，由于 $\dfrac{b_f}{h} = \dfrac{1.4}{0.24} = 5.83 > 5$，可不验算托梁支座上部砌体局部受压承载力。

（4）施工阶段托梁承载力计算

托梁跨中最大弯矩：

$$M_{\max} = 18.78 \times \frac{5.94^2}{8} = 82.83 \text{kN} \cdot \text{m}$$

托梁支座最大剪力：

$$V_{\max} = 18.78 \times \frac{5.94}{2} = 55.78 \text{kN}$$

按受弯构件验算托梁已配置的纵向钢筋和箍筋（略）。

7.3 挑梁

在砌体结构房屋中，由于使用功能和建筑艺术的需要，往往将钢筋混凝土的梁或板悬挑在墙体外面，这种一端嵌入墙内，一端挑出的梁或板，称为悬挑构件。砌体结构中的悬挑构件有两种情况，一种是墙体内的悬挑构件，如支撑阳台板、檐口板、外伸走廊板的挑梁，另一种是墙体平面外的悬挑构件，如雨篷等。

7.3.1 挑梁的受力性能

当挑梁埋入墙内的长度较大且梁相对于砌体的刚度较小时，梁发生明显的挠曲变形，将这种挑梁称为弹性挑梁，如阳台挑梁、外廊挑梁等；当挑梁埋入墙内的长度较小且梁相对于砌体刚度较大时，挠曲变形很小，主要发生刚体转动，将这种挑梁称为刚性挑梁，如雨篷。

1. 弹性挑梁

埋置于墙体中的挑梁，是与砌体共同工作的。从应力状态来看它属于钢筋混凝土梁与墙体组合的平面应力问题，因而，不能简单地作为一般的一端固定梁设计。在悬挑段外荷载和埋入段砌体的共同作用下，挑梁将经历弹性、带裂缝工作及破坏三个受力阶段。

挑梁的悬挑部分在未受荷载作用之前，埋入部分和砌体一样承受着上部砌体传来的荷载，在其埋入部分的上下界面存在着初始压应力。当挑梁的悬挑端受外荷载作用之后，埋入端将产生弯曲变形。由于这种变形受到上下砌体的约束，使挑梁的上下界面产生如图 7-10（a）所示的应力分布。此时，挑梁尚处于弹性阶段。

当挑梁与砌体的上界面墙边竖向拉应力超过砌体沿通缝的抗拉强度时，将出现水平裂缝①（图 7-10b）。随着荷载的增大，水平裂缝①不断向内发展，继而在挑梁埋入端下界面出现水平裂缝②，并随着荷载的增大逐步向墙边发展，同时挑梁有上翘的趋势。随后在挑梁埋入端上角出现阶梯形斜裂缝③。水平裂缝②的发展使挑梁下砌体受压区不断减小，有时会出现局部受压裂缝④。

当荷载继续增大时，挑梁与砌体的共同工作可能发生以下两种破坏形态：一种是斜裂缝迅速延伸并穿通墙体，挑梁发生倾覆破坏（图 7-10c）；另一种是在发生倾覆破坏之前挑梁埋入墙体的下界面前端砌体的最大压应力超过砌体的局部抗压强度，产生一系列局部裂缝而发生局部受压破坏（图 7-10d）。

163

此外，由于挑梁正截面受弯或斜截面受剪承载力不足，也会引起挑梁自身的破坏，这种破坏属于钢筋混凝土受弯构件的破坏。

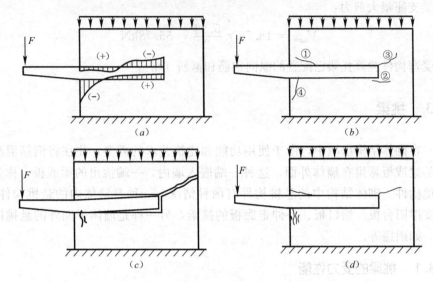

图 7-10　挑梁三个受力阶段的破坏形态
(a) 弹性阶段；(b) 带裂缝工作阶段；(c) 倾覆破坏；(d) 局压破坏

2. 刚性挑梁

刚性挑梁埋入砌体的长度较短，一般为墙厚，在外荷载作用下，埋入墙内的梁挠曲变形很小，可以忽略不计。在外荷载作用下，挑梁绕着砌体内某点发生刚体转动，梁下外侧部分砌体产生压应变，内侧部分砌体产生拉应变，随着荷载的增大，中和轴逐渐向外侧移动。当砌体受拉边灰缝拉应力超过界面水平灰缝的弯曲抗拉强度时，出现水平裂缝，此时的荷载约为倾覆荷载的 $50\%\sim60\%$。荷载继续增大，裂缝向墙外侧延伸，挑梁及其上部墙体继续转动，直至发生倾覆破坏。

7.3.2　挑梁的计算

根据埋入砌体中钢筋混凝土挑梁的三种破坏形态，应分别对挑梁进行抗倾覆验算、挑梁下砌体局部受压承载力验算和挑梁自身承载力计算。

1. 挑梁抗倾覆验算

砌体墙中挑梁应按下式进行抗倾覆验算：

$$M_{0v} \leqslant M_r \tag{7-16}$$

式中　M_{0v}——挑梁的荷载设计值对计算倾覆点产生的倾覆力矩；

　　　M_r——挑梁的抗倾覆力矩设计值。

挑梁倾覆破坏时其倾覆点并不在墙边，而在距墙外边缘 x_0 处，计算倾覆点至墙外边缘的距离 x_0 可按下列规定采用：

(1) 当 l_1 不小于 $2.2h_b$ 时，$x_0=0.3h_b$ 且不应大于 $0.13l_1$；

(2) 当 l_1 小于 $2.2h_b$ 时，$x_0=0.13l_1$；

（3）当挑梁下有混凝土构造柱或垫梁时，计算倾覆点到墙外边缘的距离可取 $0.5x_0$。

以上规定中，l_1 为挑梁埋入砌体墙中的长度；h_b 为挑梁的截面高度。

挑梁的抗倾覆力矩设计值，可按下式计算：

$$M_r = 0.8G_r(l_2 - x_0) \tag{7-17}$$

式中　G_r——挑梁的抗倾覆荷载，为挑梁尾端上部 45°扩展角的阴影范围（其水平长度为 l_3）内本层的砌体与楼面恒荷载标准值之和（图 7-11）；当上部楼层无挑梁时，抗倾覆荷载中可计及上部楼层的楼面永久荷载；

　　　　l_2——G_r 作用点至墙外边缘的距离。

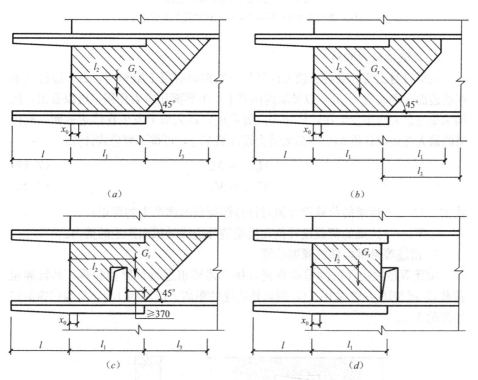

图 7-11　挑梁的抗倾覆荷载

（a）$l_3 \leqslant l_1$ 时；（b）$l_3 > l_1$ 时；（c）洞在 l_1 之内；（d）洞在 l_1 之外

2. 挑梁下砌体的局部受压承载力验算

挑梁下砌体的局部受压承载力可按下式验算（图 7-10）：

$$N_l \leqslant \eta\gamma f A_l \tag{7-18}$$

式中　N_l——挑梁下的支承压力，可取 $N_l = 2R$，R 为挑梁的倾覆荷载设计值；

　　　　η——梁端底面压应力图形的完整系数，可取 0.7；

　　　　γ——砌体局部抗压强度提高系数，对图 7-12（a）可取 1.25；对

图 7-12 (b) 可取 1.5；

A_l——挑梁下砌体局部受压面积，可取 $A_l = 1.2bh_b$，b 为挑梁的截面宽度，h_b 为挑梁的截面高度。

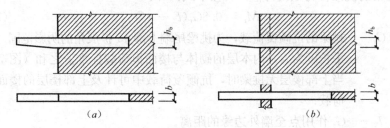

图 7-12 挑梁下砌体局部受压

(a) 挑梁支承在一字墙上；(b) 挑梁支承在丁字墙上

3. 挑梁承载力验算

挑梁自身受弯、受剪承载力计算与一般钢筋混凝土梁相同。由于倾覆点不在墙边而在离墙边 x_0 处，以及墙内挑梁上、下界面压应力作用，可以看出，挑梁承受的最大弯矩发生在计算倾覆点处截面，最大剪力发生在墙边截面，故挑梁的最大弯矩设计值 M_{max} 与最大剪力设计值 V_{max}，可按下列公式计算：

$$M_{max} = M_0 \tag{7-19}$$

$$V_{max} = V_0 \tag{7-20}$$

式中　M_0——挑梁的荷载设计值对计算倾覆点截面产生的弯矩；

　　　 V_0——挑梁的荷载设计值在挑梁墙外边缘处截面产生的剪力。

4. 雨篷等悬挑构件抗倾覆验算

雨篷等悬挑构件抗倾覆验算仍可按上述要求进行抗倾覆验算，其抗倾覆荷载 G_r 可按图 7-13 采用，G_r 距墙外边缘的距离为墙厚的 $1/2$，l_3 为门窗洞口净跨的 $1/2$。

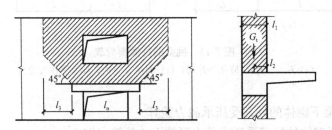

图 7-13 雨篷的抗倾覆荷载

G_r-抗倾覆荷载；l_1-墙厚；l_2-距墙外边缘的距离

7.3.3 挑梁的构造要求

挑梁设计除应符合现行国家标准《混凝土结构设计规范》GB 50010 的有

关规定外，尚应满足下列要求：

（1）纵向受力钢筋至少应有 1/2 的钢筋面积伸入梁尾端，且不少于 2Φ12。其余钢筋伸入支座的长度不应小于 $2l_1/3$；

（2）挑梁埋入砌体长度 l_1 与挑出长度 l 之比宜大于 1.2；当挑梁上无砌体时，l_1 与 l 之比宜大于 2。

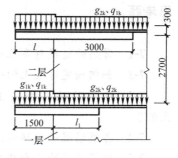

图 7-14 剖面图

【例题 7-3】 某二层砌体结构中钢筋混凝土挑梁如图 7-14 所示，埋置于丁字形截面墙体中的长度 l_1 为 1600mm，墙厚均为 240mm，采用 MU10 烧结普通砖、M7.5 水泥砂浆砌筑，墙体自重为 5.24kN/m²。挑梁采用 C20 级混凝土，断面（$b \times h_b$）为 240mm×300mm，梁下无钢筋混凝土构造柱。楼板传给挑梁的永久荷载 g、活荷载 q 的标准值分别为 $g_{1k}=15.5$kN/m，$q_{1k}=5$kN/m，$g_{2k}=10$kN/m，挑梁自重标准值为 1.35kN/m。活荷载组合系数 $\psi_c=0.7$。安全等级二级，设计使用年限 50 年，施工质量控制等级为 B 级。试验算一层挑梁抗倾覆及挑梁下砌体局部受压承载力。

【解】（1）挑梁抗倾覆验算

① 计算挑梁倾覆点至墙外边缘的距离 x_0

$$l_1 = 1600\text{mm} > 2.2h_b = 2.2 \times 300 = 660\text{mm}$$

$$x_0 = 0.3h_b = 0.3 \times 300 = 90\text{mm} < 0.13l_1 = 0.13 \times 1600 = 208\text{mm}$$

② 计算倾覆力矩 M_{0v}

安全等级二级 $\gamma_0 = 1.0$，设计使用年限 50 年 $\gamma_L = 1.0$，则

第一种组合：$q_1 = 1.0 \times [1.2 \times (15.5+1.35) + 1.4 \times 1.0 \times 5] = 27.22$kN/m

第二种组合：$q_2 = 1.0 \times [1.35 \times (15.5+1.35) + 1.4 \times 1.0 \times 0.7 \times 5] = 27.65$kN/m

取 $q_2 = 27.65$kN/m 计算倾覆力矩。

$$M_{0v} = 1/2 \times 27.65 \times 1.69^2 = 39.48\text{kN} \cdot \text{m}$$

③ 计算抗倾覆力矩 M_r

$$M_r = 0.8 \times \left[(10+1.35) \times 1.6 \times \left(\frac{1.6}{2} - 0.09 \right) + 5.24 \times 2.7 \right.$$

$$\left. \times 3.2 \times (1.6-0.09) - 5.24 \times 1.6 \times 1.6 \times \frac{1}{2} \times \left(1.6 + \frac{3.2}{3} - 0.09 \right) \right]$$

$$= 51.18\text{kN} \cdot \text{m} > M_{0v}$$

挑梁抗倾覆安全。

（2）挑梁下砌体局部受压承载力验算

MU10 烧结普通砖、M7.5 水泥砂浆，$f = 1.69$MPa，则

$$N_l = 2R = 2 \times 27.65 \times 1.69 = 93.46\text{kN}$$

$$\eta\gamma fA_l = 0.7\times1.5\times1.69\times1.2\times240\times300\times10^{-3} = 153.32\text{kN} > N_l$$
梁下砌体局部受压承载力满足要求。

思考题

7-1 常用的过梁有哪几种类型？它们的适用范围是什么？

7-2 如何确定过梁上的荷载？

7-3 墙梁的破坏形态主要有哪几种？它们分别是在什么情况下发生的？

7-4 各类墙梁的破坏形态与哪些影响因素有关？

7-5 墙梁使用阶段和施工阶段承载力计算时，荷载分别如何取？

7-6 墙梁应进行哪些承载力计算？

7-7 挑梁的破坏形态有哪几种？挑梁的承载力计算内容包括哪几方面？

7-8 挑梁的倾覆点和抗倾覆荷载分别如何确定？

习题

7-1 已知砖砌平拱过梁净跨 $l_n=1.2$m，采用 MU10 烧结普通砖和 M7.5 混合砂浆砌筑，墙厚240mm，在距洞口顶面 1.0m 处作用梁板荷载 4.5kN/m，砖砌体自重标准值为 19kN/m²，安全等级为二级，设计使用年限50年。试验算该过梁承载力。

7-2 已知某五层商店住宅进深 6m，开间 3.3m，其局部平剖面及楼（屋）盖恒荷载和活荷载如图 7-15 所示。托梁截面 $b_b\times h_b=250\text{mm}\times600\text{mm}$，托梁自重标准值 4.2kN/m，混凝土为 C30，纵向受力钢筋为 HRB335，箍筋采用 HPB300；墙体厚度240mm，采用 MU10 烧结多孔砖（多孔砖孔洞率小于30%），计算高度范围内为 M10 混合砂浆，其余为 M5 混合砂浆，每层墙体自重标准值为 11.6kN/m，外纵墙厚370mm（一层内外均带壁柱），以上各层厚240mm；顶梁截面 $b_i\times h_i=240\text{mm}\times180\text{mm}$，安全等级为二级，设计使用年限50年。试设计该墙梁。

7-3 某钢筋混凝土挑梁如图 7-16 所示，埋入墙内部分长度为 2.5m，截面 $(b\times h_b)$ 为 240mm×300mm，挑出部分长度为 1.5m，截面高度为 150mm，挑梁上墙体高 2.8m，墙厚240mm，墙端设有构造柱（240mm×240mm）。距墙边 1.6m 处开门洞，$b_h=900$mm，$h_h=2100$mm，楼板传给挑梁的荷载标准值：梁端集中作用的恒载 $F_k=4.5$kN。作用在挑梁上挑出部分和埋入墙内部分的恒载 $g_{1k}=g_{2k}=17.75$kN/m，作用在挑出部分上的活载 $q_{1k}=8.25$kN/m，埋入墙内部分的活载 $q_{2k}=4.95$kN/m。挑梁自重挑出部分为 1.56kN/m，埋入部分为 1.98kN/m，墙体自重 19kN/m³。安全等级二级，设计使用年限50年。试验算楼层的抗倾覆能力。

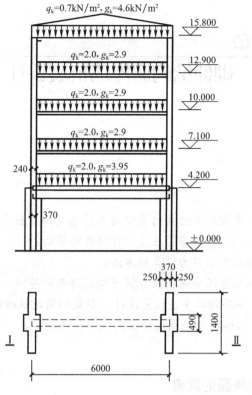

$q_k=0.7kN/m^2$, $g_k=4.6kN/m^2$

15.800

$q_k=2.0$, $g_k=2.9$

12.900

$q_k=2.0$, $g_k=2.9$

10.000

$q_k=2.0$, $g_k=2.9$

7.100

$q_k=2.0$, $g_k=3.95$

4.200

240

370

±0.000

370

250　250

490 | 1400

Ⅰ　Ⅱ

6000

图 7-15　平、剖面简图

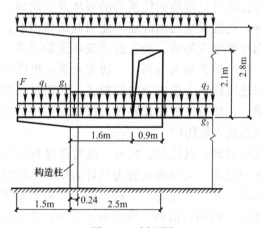

2.8m

2.1m

F　q_1　g_1

q_2

g_2

1.6m　0.9m

构造柱

1.5m　0.24　2.5m

图 7-16　剖面图

第8章
砌体结构房屋的抗震设计

本章知识点

> 知识点：
> 1. 熟练掌握砌体结构的重要构造措施（如：圈梁和构造柱）；
> 2. 掌握砌体结构房屋抗震设计的主要原则；
> 3. 了解抗震承载力计算的方法；
> 4. 掌握砌体结构房屋在抗震下构造措施的异同。
>
> 重点：多层砌体房屋抗震设计，圈梁和构造柱的设置及构造。
> 难点：墙体抗侧移刚度计算。

8.1 砌体结构房屋的震害

地震产生的地震波可直接造成建筑物的破坏甚至倒塌，破坏地面，产生地面裂缝、塌陷等；地震发生在山区还可能引起山体滑坡、雪崩等；而发生在海底的强地震则可能引发海啸。余震会使破坏更加严重。所以地震往往会给人类造成巨大的财产损失和人员伤亡。通常来讲，里氏3级以下的地震释放的能量很小，对建筑物不会造成明显的损害。人们对于里氏4级以上的地震具有明显的震感。在防震性能比较差且人口相对集中的区域，里氏5级以上的地震就有可能造成人员伤亡。

砌体是一种脆性材料，其抗拉、抗剪、抗弯强度均较低，因而砌体结构房屋的抗震性能相对较差。大量地震震害统计表明，未经抗震设防的多层砌体结构房屋，其破坏是相当严重的。实践证明，如果对砌体结构房屋进行抗震设计，采取合理的抗震构造措施，确保施工质量，那么即使在中、高烈度区，砌体结构房屋也能够不同程度地抵御地震的破坏。故一般房屋还是常采用砌体结构，但对特别重要的房屋如甲类设防建筑不采用砌体结构。

砌体结构房屋在地震作用下发生破坏的根本原因是地震作用在结构中产生的效应（内力或应力）超过了结构材料的抗力或强度。从这一点出发，可将砌体结构房屋发生震害的原因分为三类：

（1）房屋建筑布置、结构布置不合理造成局部地震作用过大，如房屋平立面布置突变造成结构刚度突变，使地震作用异常增大；结构布置不对称引起扭转振动，使房屋两端墙片所受地震作用增大等。

（2）砌体墙片抗震强度不足，当墙片所受的地震作用大于墙片的抗震强度时，墙片将会开裂甚至局部倒塌。

（3）房屋构件（墙片、楼盖、屋盖）间的连接强度不足使各构件间的连接遭到破坏，各构件不能形成一个整体而共同工作，当地震作用产生的变形较大时，相互间连接遭到破坏的各构件丧失稳定，发生局部倒塌。

针对房屋发生震害的不同原因，砌体房屋的抗震设计可分成三个主要部分：

（1）建筑布置与结构选型——概念设计

包括合理的建筑和结构布置，房屋总高度、总层数的限制等，主要目的是使房屋在地震作用下各构件能均匀受力，不产生过大的内力或应力。

（2）抗震强度验算——计算设计

包括墙片地震作用及抗震强度的计算，确保房屋墙片在地震作用下不发生破坏。

（3）抗震构造措施——构造设计

包括加强房屋整体性和构造间连接强度的措施，如构造柱、圈梁、拉结筋的布置，对墙体间咬砌及楼板搁置长度的要求等。

8.2 多层砌体房屋抗震设计一般规定

8.2.1 建筑布置和结构体系

多层砌体房屋的结构选型和布置对房屋的抗震性能影响极大，其基本要求为建筑形状力求简单、规则，建筑平立面的刚度和质量分布力求对称均匀。

根据历次地震调查统计，纵墙承重的结构布置方案，因横向支承较少，纵墙较易受弯曲破坏而导致倒塌。因此，多层砌体房屋应优先采用横墙承重或纵横墙共同承重的结构体系，不应采用砌体墙和混凝土墙混合承重的结构体系。纵横向砌体抗震墙的布置应符合下列要求：

（1）宜均匀对称，沿平面内宜对齐，沿竖向应上下连续；且纵横向墙体的数量不宜相差过大。

（2）平面轮廓凹凸尺寸，不应超过典型尺寸的 50%；当超过典型尺寸的 25% 时，房屋转角处应采取加强措施。

（3）楼板局部大洞口的尺寸不宜超过楼板宽度的 30%，且不应在墙体两侧同时开洞。

（4）房屋错层的楼板高差超过 500mm 时，应按两层计算；错层部位的墙体应采取加强措施。

（5）同一轴线上的窗间墙宽度宜均匀；墙面洞口的面积，6、7 度时不宜大于墙面总面积的 55%，8、9 度时不宜大于 50%。

（6）在房屋宽度方向的中部应设置内纵墙，其累计长度不宜小于房屋总长度的 60%（高宽比大于 4 的墙段不计入）。

当房屋立面高差在 6m 以上，房屋有错层，且楼板高差大于层高的 1/4 或各部分结构刚度、质量截然不同时，应设置防震缝，缝两侧均应设置墙体，缝宽应根据烈度和房屋高度确定，可采用 70～100mm。房屋的楼梯间不宜设置在尽端或转角处，不应在房屋转角处设置转角窗。横墙较少、跨度较大的房屋，宜采用现浇钢筋混凝土楼、屋盖。

8.2.2　房屋层数和高度的限制

　　多层砌体房屋的抗震能力与房屋的高度有直接联系。历次地震的宏观调查资料表明，二、三层砖房在不同烈度区的震害比四、五层的震害轻得多；六层及六层以上的砖房在地震时震害明显加重。海城和唐山地震中，相邻的砖房，四、五层的比二、三层的破坏严重，倒塌率也高得多。因此，限制房屋的层数和总高度是主要的抗震措施。房屋的层数和总高度不应超过表 8-1 的规定。

房屋的层数和总高度限值（m）　　　　　　　　　　　表 8-1

房屋类别		最小墙厚度（mm）	设防烈度和设计基本地震加速度										
			6		7				8				9
			0.05g		0.10g		0.15g		0.20g		0.30g		0.40g
			高度	层数	高度	层数	高度	层数	高度	层数	高度	层数	高度	层数
多层砌体房屋	普通砖	240	21	7	21	7	21	7	18	6	15	5	12	4
	多孔砖	240	21	7	21	7	18	6	18	6	15	5	9	3
	多孔砖	190	21	7	18	6	15	5	15	5	12	4		
	混凝土砌块	190	21	7	21	7	18	6	18	6	15	5	9	3
底部框架-抗震墙房屋	普通砖、多孔砖	240	22	7	22	7	19	6	16	5	—	—	—	—
	多孔砖	190	22	7	19	6	16	5	13	4	—	—	—	—
	混凝土砌块	190	22	7	22	7	19	6	16	5	—	—	—	—

　　房屋的总高度指室外地面到主要屋面板板顶或檐口的高度，半地下室从地下室室内地面算起，全地下室和嵌固条件好的半地下室应允许从室外地面算起；对带阁楼的坡屋面应算到山尖墙的 1/2 高度处。

　　室内外高差大于 0.6m 时，房屋总高度应允许比表 8-1 中的数据适当增加，但增加量应少于 1.0m。

　　乙类的多层砌体房屋仍按本地区设防烈度查表，其层数应减少一层且总高度应降低 3m；不应采用底部框架-抗震墙砌体房屋。

　　对医院、教学楼等横墙较少的多层砌体房屋总高度，应比表 8-1 的规定降低 3m，层数相应减少一层；各层横墙很少的多层砌体房屋，还应再减少一层。横墙较少是指同一楼层内开间大于 4.2m 的房间占该层总面积的 40% 以上；其中，开间不大于 4.2m 的房间占该层总面积不到 20% 且开间大于 4.8m 的房间占该层总面积的 50% 以上为横墙很少。

　　抗震设防烈度为 6、7 度时，横墙较少的丙类多层砌体房屋，当按《建筑抗震设计规范》GB 50011—2010 规定采取加强措施并满足抗震承载力要求时，其高度和层数可仍按表 8-1 的规定采用。采用蒸压灰砂砖和蒸压粉煤灰砖的砌体的房屋，当砌体的抗剪强度仅达到普通黏土砖砌体的 70% 时，房屋的层数应比普通砖房减少一层，总高度应减少 3m；当砌体的抗剪强度达到普通黏土砖砌体的取值时，房屋层数和总高度的要求同普通砖房屋。

多层砌体承重房屋的层高，不应超过 3.6m。当使用功能确有需要时，采用约束砌体等加强措施的普通砖房屋，层高不应超过 3.9m。

多层砌体房屋一般可以不做整体弯曲验算，但为了保证房屋的稳定性，应限制其高宽比。房屋的最大高宽比限值见表 8-2。表中单面走廊房屋的总宽度不包括走廊宽度；建筑平面接近正方形时，其高宽比宜适当减小。

房屋最大高宽比　　　　　　　　表 8-2

烈　　度	6	7	8	9
最大高宽比	2.5	2.5	2.0	1.5

8.2.3　房屋抗震横墙的间距限值

多层砌体房屋的横向地震力主要由横墙承担，地震中横墙间距大小对房屋倒塌影响很大，不仅横墙需要具有足够的承载力，而且楼盖须具有传递地震力给横墙的水平刚度。多层砌体房屋抗震横墙的最大间距与房屋结构类别、设防烈度以及楼、屋盖结构类别等因素有关，具体限值见表 8-3。

多层砌体房屋的顶层，除木屋盖外的最大横墙间距允许适当放宽，但应采取相应加强措施。

多孔砖抗震横墙厚度为 190mm 时，最大横墙间距应比表 8-3 中数值减少 3m。

房屋抗震横墙的间距（m）　　　　　　表 8-3

房屋类型		烈　度			
		6	7	8	9
多层砌体房屋	现浇或装配整体式钢筋混凝土楼、屋盖	15	15	11	7
	装配式钢筋混凝土楼、屋盖	11	11	9	4
	木屋盖	9	9	4	—
底部框架-抗震墙砌体房屋	上部各层	同多层砌体房屋			—
	底层或底部两层	18	15	11	—

8.2.4　房屋的局部尺寸限值

砌体房屋局部尺寸的限制，在于防止因这些部位的失效，而造成整栋结构的破坏甚至倒塌。多层砌体房屋中砌体墙段的局部尺寸限值，宜符合表 8-4 的要求。

当局部尺寸不足时，应采取局部加强措施弥补，且最小宽度不宜小于 1/4 层高和表 8-4 列数据的 80%；出入口处的女儿墙应有锚固措施。

房屋的局部尺寸限值（m）　　　　　　　　表 8-4

部　位	6度	7度	8度	9度
承重窗间墙最小宽度	1.0	1.0	1.2	1.5
承重外墙尽端至门窗洞边的最小距离	1.0	1.0	1.2	1.5
非承重外墙尽端至门窗洞边的最小距离	1.0	1.0	1.0	1.0
内墙阳角至门窗洞边的最小距离	1.0	1.0	1.5	2.0
无锚固女儿墙（非出入口处）的最大高度	0.5	0.5	0.5	0.0

外墙尽端指建筑物平面凸角处（不包括外墙总长的中部局部凸折处）的外墙端头，以及建筑物平面凹角处（不包括外墙总长的中部局部凹折处）未与内墙相连的外墙端头。

8.2.5　结构材料的要求

砌体材料应符合下列规定：

（1）普通砖和多孔砖的强度等级不应低于 MU10，其砌筑砂浆强度等级不应低于 M5；蒸压灰砂普通砖、蒸压粉煤灰普通砖及混凝土砖的强度等级不应低于 MU15，其砌筑砂浆强度等级不应低于 Ms5（Mb5）；

（2）混凝土砌块的强度等级不应低于 MU7.5，其砌筑砂浆强度等级不应低于 Mb7.5；

（3）约束砖砌体墙，其砌筑砂浆强度等级不应低于 M10 或 Mb10；

（4）配筋砌块砌体抗震墙，其混凝土空心砌块的强度等级不应低于 MU10，其砌筑砂浆强度等级不应低于 Mb10。

混凝土材料，应符合下列规定：

（1）托梁，底部框架-抗震墙砌体房屋中的框架梁、框架柱、节点核心区、混凝土墙和过渡层底板，部分框支配筋砌块砌体抗震墙结构中的框支梁和框支柱等转换构件、节点核心区、落地混凝土墙和转换层楼板，其混凝土的强度等级不应低于 C30；

（2）构造柱、圈梁、水平现浇钢筋混凝土带及其他各类构件不应低于 C20，砌块砌体芯柱和配筋砌块砌体抗震墙的灌孔混凝土强度等级不应低于 Cb20。

钢筋材料应符合下列规定：

（1）钢筋宜选用 HRB400 级钢筋和 HRB335 级钢筋，也可采用 HPB300 级钢筋；

（2）托梁、框架梁、框架柱等混凝土构件和落地混凝土墙，其普通受力钢筋宜优先选用 HRB400 钢筋。

8.3　多层砌体结构房屋抗震计算

多层砌体结构所受地震作用主要包括水平及竖直方向地震作用，某些情况下还有地震扭转作用。一般来讲，竖直地震作用对多层砌体房屋所造成的破坏比例相对较小，因而不要求进行这方面的计算，仅在长悬臂和其他大跨度结构以及烟囱等高耸结构、高层建筑中才加以考虑。在多层砌体房屋中地震的扭转作用亦可不作计算，仅在进行建筑平面、立面布置及结构布置时尽量做到质量、刚度均匀，一方面减少扭转的影响，另一方面增强抗扭能力。因此，对多层砌体房屋抗震计算，一般只需验算房屋在横向和纵向水平地震作用下，横墙和纵墙在其自身平面内的剪切强度。多层砌体结构的抗震验算可分为三个基本步骤：确立计算简图；分配地震剪力；对不利墙段进行抗震验算。

8.3.1 计算简图

砌体房屋层数不多，刚度沿高度分布一般比较均匀，并且以剪切变形为主，可采用底部剪力法计算。在计算多层砌体房屋地震作用时，应以防震缝所划分的结构单元作为计算单元，在计算单元中各楼层的集中质点设在楼、屋盖标高处，各楼层质点重力荷载应包括：楼、屋盖自重和作用在该层楼面上的可变荷载，以及上、下各半层的墙体、构造柱重量之和。图 8-1 为多层砌体房屋的计算简图。各可变荷载的组合值系数应按表 8-5 采用。

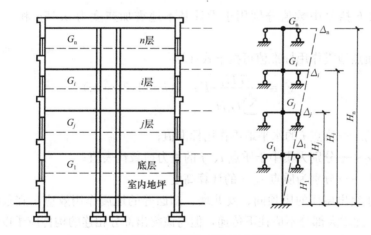

图 8-1 多层砌体结构房屋的计算简图

组合值系数		表 8-5
可变荷载种类		组合值系数
雪荷载		0.5
屋面积灰荷载		0.5
屋面活荷载		不计入
按实际情况计算的楼面活荷载		1.0
按等效均布荷载计算的楼面活荷载	藏书库、档案库	0.8
	其他民用建筑	0.5

计算简图中结构底部固定端标高的取法：当基础埋置较浅时，取为基础顶面；当基础埋置较深时，可取为室外地坪下 0.5m 处标高；当设有整体刚度很大的全地下室时，则取为地下室顶板顶部；当地下室刚度较小或为半地下室时，则应取为地下室室内地坪处，此时，地下室顶板也算一层楼面。

8.3.2　楼层地震剪力

结构总水平地震作用标准值应按下式确定：

$$F_{Ek} = \alpha_1 G_{eq} \tag{8-1}$$

式中　F_{Ek}——结构总水平地震作用标准值；

$\quad\alpha_1$——相应于结构基本自振周期的水平地震影响系数值，多层砌体房屋、底部框架砌体房屋，宜取水平地震影响系数最大值 α_{max}，α_{max} 按表 8-6 采用；

$\quad G_{eq}$——结构等效总重力荷载，单质点应取总重力荷载代表值，多质点可取总重力荷载代表值的 85%。

水平地震影响系数最大值　　　　　　　　表 8-6

地震影响	6 度	7 度	8 度	9 度
多遇地震	0.04	0.08 (0.12)	0.16 (0.24)	0.32
罕遇地震	0.28	0.50 (0.72)	0.90 (1.20)	1.40

表 8-6 括号中数值分别用于设计基本地震加速度为 $0.15g$ 和 $0.30g$ 的地区。

各质点地震作用标准值可按下式计算：

$$F_i = \frac{G_i H_i}{\sum_{j=1}^{n} G_j H_j} F_{Ek} \quad (i = 1, 2, \cdots, n) \tag{8-2}$$

式中　F_i——质点 i 的水平地震作用标准值；

$\quad G_i$、G_j——分别为集中于质点 i、j 的重力荷载代表值；

$\quad H_i$、H_j——分别为质点 i、j 的计算高度。

对于突出屋面的屋顶间、女儿墙、烟囱等的地震作用效应，宜乘以增大系数 3，此增大部分不应往下传递，但与该突出部分相连的构件应予以计入。

作用在第 i 层的地震剪力 V_i 为 i 层以上各层地震作用之和，即：

$$V_{EKi} = \sum_{j=i}^{n} F_i (i = 1, 2, 3 \cdots, n) > \lambda \sum_{j=i}^{n} G_j \tag{8-3}$$

式中　V_{EKi}——第 i 层对应于水平地震作用标准值的楼层剪力；

$\quad\lambda$——剪力系数，不应小于表 8-7 规定的楼层最小地震剪力系数值，对竖向不规则结构的薄弱层，尚应乘以 1.15 的增大系数；

$\quad G_j$——第 j 层的重力荷载代表值。

楼层最小地震剪力系数值　　　　　　　　表 8-7

类　别	6 度	7 度	8 度	9 度
扭转效应明显或基本周期小于 3.5s 的结构	0.008	0.016 (0.024)	0.032 (0.048)	0.064
基本周期大于 5.0s 的结构	0.006	0.012 (0.018)	0.024 (0.036)	0.048

注：1. 基本周期介于 3.5s 和 5.0s 之间的结构，按插入法取值；
　　2. 括号内数值分别用于设计基本地震加速度为 $0.15g$ 和 $0.30g$ 的地区。

8.3.3 楼层地震剪力在墙体中的分配

楼层地震剪力 V_i 是作用在整个房屋某一楼层上的剪力。首先要把它分配到该楼层的各道墙上去，对设有门窗洞口的墙，再把墙上的地震剪力分配到该墙的各墙段上。这样，当某一道墙或某一墙段的地震剪力已知后，才可能按砌体结构的方法对墙体的抗震承载力进行验算。楼层地震剪力 V_i 在同一层各墙体间的分配主要取决于楼盖的水平刚度及各墙体的侧移刚度。

1. 墙段的侧移刚度

在多层砌体房屋的抗震分析中，如果各层楼盖仅发生平移而不发生转动，确定墙体的层间抗侧力等效刚度时，视其为下端固定、上端嵌固的构件，在单位水平力作用下其侧向变形 δ 一般应包括层间弯曲变形 δ_b 和剪切变形 δ_s，可表示为：

$$\delta = \delta_b + \delta_s = \frac{h^3}{12EI} + \frac{\xi h}{AG} \tag{8-4}$$

式中　h——墙段、门间墙或窗间墙高度；

　　　A——墙段、门间墙或窗间墙的水平截面面积；

　　　I——墙段、门间墙或窗间墙的水平截面惯性矩；

　　　ξ——截面剪应力分布不均匀系数，对矩形截面取 $\xi = 1.2$；

　　　E——砌体弹性模量；

　　　G——砌体剪切模量，一般取 $G = 0.4E$。

若墙段的宽度为 b，厚度为 t，则有 $A = bt$，$I = \frac{1}{12}b^3 t$，经整理后得：

$$\delta = \delta_b + \delta_s = \frac{1}{Et} \cdot \frac{h}{b} \cdot \left(\frac{h}{b}\right)^2 + 3 \cdot \frac{1}{Et} \cdot \frac{h}{b} \tag{8-5}$$

由于墙段的高宽比影响剪切变形和弯曲变形在总变形中所占的比例，为了简化计算，根据《建筑抗震设计规范》GB 50011—2010 规定，在进行地震剪力分配和截面验算时，砌体墙段的层间等效侧向刚度应按下列原则确定：

（1）高宽比小于 1 时，可只计算剪切变形，有：

$$K = \frac{1}{\delta_s} = \frac{Etb}{3h} \tag{8-6}$$

（2）高宽比不大于 4 且不小于 1 时，应同时计算考虑弯曲和剪切变形，即：

$$K = \frac{1}{\delta_b + \delta_s} = \frac{Et}{(h/b)\left[3 + (h/b)^2\right]} \tag{8-7}$$

（3）高宽比大于 4 时，可不考虑其刚度，即取 $K = 0$。

墙段的高宽比指层高与墙长之比，对门窗洞边的小墙段指洞净高与洞侧墙宽之比。

墙段宜按门窗洞口划分；对设置构造柱的小开口墙段按毛墙面计算的刚度，可根据开洞率乘以表 8-8 的墙段洞口影响系数。

墙段洞口影响系数　　　　　　　　表 8-8

开洞率	0.10	0.20	0.30
影响系数	0.98	0.94	0.88

注：1. 开洞率为洞口水平截面积与墙段水平毛截面积之比，相邻洞口之间净宽小于 500mm 的墙段视为洞口。
　　2. 洞口中线偏离墙段中线大于墙段长度的 1/4 时，表中影响系数值折减 0.9；门洞的洞顶高度大于层高 80% 时，表中数据不适用；窗洞高度大于 50% 层高时，按门洞对待。

2. 楼层地震剪力 V_i 的分配原则

当地震作用沿房屋横向作用时，由于横墙在其平面内的刚度很大，而纵墙在其平面外刚度很小，所以地震作用的绝大部分由横墙承担。反之，当地震作用沿房屋纵向作用时，则地震作用的绝大部分由纵墙承担。因此，在抗震设计中，当抗震横墙间距符合表 8-3 的规定时，楼层地震剪力 V_i 则假定由各层与 V_i 方向一致的抗震墙体共同承担，即横向地震作用全部由横墙承担，而不考虑纵墙的作用。同样，纵向地震作用全部由纵墙承担，而不考虑横墙的作用。

3. 横向楼层地震剪力 V_i 的分配

横向楼层地震剪力在横向各抗侧力墙体之间的分配，不仅取决于每片墙体的层间抗侧力等效刚度，而且也取决于楼盖的整体水平刚度。楼盖的水平刚度一般取决于楼盖的结构类型和楼盖的宽长比。对于横向计算若近似认为楼盖的宽长比保持不变，则楼盖的水平刚度仅与楼盖的结构类型有关。

（1）刚性楼盖房屋

刚性楼盖房屋指抗震横墙间距符合《建筑抗震设计规范》GB 50011—2010 规定的现浇及装配整体式钢筋混凝土楼盖房屋。当受到横向水平地震作用时，可以认为楼盖在其水平面内无变形，故可将楼盖视为在其平面内绝对刚性的连续梁，而将各横墙看作是该梁的弹性支座。当结构和荷载都对称时，房屋的刚度中心与质量中心重合，楼盖仅发生整体平移运动而不发生扭转，各横墙将产生相等的水平位移 Δ，此时作用于刚性梁上的地震作用所引起的支座反力即为抗震横墙所承受的地震剪力，它与支座的弹性刚度成正比，即各墙所承受的地震剪力按各墙的侧移刚度比例进行分配。

设第 i 层共有 r 道抗震横墙，其中第 m 道横墙承受的地震剪力为 V_{im}，各抗震横墙所分担的地震剪力 V_{im} 之和即为该楼层总地震剪力 V_i：

$$\sum_{m=1}^{r} V_{im} = V_i \tag{8-8}$$

式中　V_{im}——第 m 道墙的侧移值 Δ 与其侧移刚度 K_{im} 的乘积：

$$V_{im} = \Delta \cdot K_{im} \tag{8-9}$$

即

$$\sum_{m=1}^{r} \Delta \cdot K_{im} = V_i \tag{8-10}$$

则有

$$\Delta = \frac{V_i}{\sum_{m=1}^{r} K_{im}} \tag{8-11}$$

将式（8-11）代入式（8-9）得：

$$V_{im} = \frac{K_{im}}{\sum_{m=1}^{r} K_{im}} V_i \tag{8-12}$$

当计算墙体在其平面内的侧移刚度 K_m 时，由于大部分墙体的高宽比小于 1，其弯曲变形小，故一般可只考虑剪切变形的影响，即：

$$K_{im} = \frac{A_{im} G_{im}}{\xi h_{im}} \tag{8-13}$$

式中 G_{im}——第 i 层第 m 道墙砌体的剪切模量；

A_{im}——第 i 层第 m 道墙的净横截面面积；

h_{im}——第 i 层第 m 道墙的高度。

若各墙的高度 h_{im} 相同，材料相同，从而 G_{im} 相同，则：

$$V_{im} = \frac{A_{im}}{\sum_{m=1}^{r} A_{im}} V_i \tag{8-14}$$

式中 $\sum_{m=1}^{r} A_{im}$——第 i 层各抗震横墙净横截面面积之和。

式（8-14）表明，对于刚性楼盖，当各抗震横墙的高度、材料相同时，其楼层水平地震剪力可按各抗震墙的横截面面积比例进行分配。

（2）柔性楼盖房屋

柔性楼盖房屋是指以木结构等柔性材料为楼盖的房屋。由于楼盖的整体性差，在其自身平面内的水平刚度很小，故当受到横向水平地震作用时，楼盖变形除平移外还有弯曲变形，在各横墙处的变形不相同，变形曲线也不连续，因而可近似地视整个楼盖为分段简支于各片横墙的多跨简支梁，各片横墙可独立地变形，视为各跨简支梁的弹性支座。各横墙所承担的地震作用为该墙两侧横墙之间各一半楼（屋）盖面积上重力荷载所产生的地震作用。因此，各横墙所承担的地震作用可按各墙所承担的上述重力荷载代表值的比例进行分配，即：

$$V_{im} = \frac{G_{im}}{G_i} V_i \tag{8-15}$$

式中 G_{im}——第 i 层楼（屋）盖上，第 m 道墙与左右两侧相邻横墙之间各一半楼（屋）盖面积上所承担的重力荷载代表值之和；

G_i——第 i 层楼（屋）盖上所承担的总重力荷载代表值。

当楼（屋）盖上重力荷载均匀分布时，各横墙所承担的地震剪力可进一步简化为按该墙与两侧横墙之间各一半楼（屋）盖面积比例进行分配，即：

$$V_{im} = \frac{S_{im}}{S_i} V_i \tag{8-16}$$

式中 S_{im}——第 i 层楼（屋）盖上第 m 道墙与左右两侧相邻横墙之间各一半楼（屋）盖面积之和；

S_i——第 i 层楼（屋）盖的总面积。

（3）中等刚性楼盖房屋

装配式钢筋混凝土楼盖属于中等刚性楼盖，其楼盖的刚度介于刚性与柔性楼盖之间，既不能把它假定为绝对刚性水平连续梁，也不能假定为多跨简支梁。在一般多层砌体的设计中，对于中等刚性楼盖房屋，第 i 层第 m 片横墙所承担的地震剪力，可取前述两种分配算法的平均值，即：

$$V_{im} = \frac{1}{2}\left[\frac{K_{im}}{\sum\limits_{m=1}^{r} K_{im}} + \frac{G_{im}}{G_i}\right]V_i \tag{8-17}$$

当墙高及所用材料相同，且楼（屋）盖上重力荷载分布均匀时，上式可进一步简化为：

$$V_{im} = \frac{1}{2}\left[\frac{A_{im}}{\sum\limits_{m=1}^{r} A_{im}} + \frac{S_{im}}{S_i}\right]V_i \tag{8-18}$$

4. 纵向楼层地震剪力的分配

一般房屋纵向尺寸较横向大得多，且纵墙的间距小。因此，无论何种类型的楼盖，其纵向水平刚度都很大，在纵向地震作用下，均可按刚性楼盖考虑，即纵向地震剪力可按各纵墙侧移刚度比例进行分配。

5. 一道墙的地震剪力在各墙段间的分配

在同一道墙上，门窗洞口之间各墙段所承担的地震剪力可按各墙段的侧移刚度比例进行再分配。第 i 层第 m 道墙上第 s 墙段所分配的地震剪力为：

$$V_{ims} = \frac{K_{ims}}{\sum\limits_{s=1}^{n} K_{ims}}V_{im} \tag{8-19}$$

式中　K_{ims}——第 i 层第 m 道墙上第 s 墙段的侧移刚度；

　　　V_{im}——第 i 层第 m 道墙分配的地震剪力。

8.3.4　墙体抗震承载力验算

对于砌体结构房屋，可只选择从属面积较大或竖向应力较小的墙段进行截面抗震承载力验算。

根据《建筑抗震设计规范》GB 50011—2010 的规定，墙体截面抗震验算的设计表达式为：

$$S \leqslant R/\gamma_{RE} \tag{8-20}$$

式中　S——结构构件内力组合的设计值，包括组合的弯矩、轴向力和剪力设计值等；

　　　R——结构构件承载力设计值；

　　　γ_{RE}——承载力抗震调整系数，应按表 8-9 采用，当仅计算竖向地震作用时，各类结构构件承载力抗震调整系数均应采用 1.0。

结构构件	受力状态	γ_{RE}
两端均有构造柱、芯柱的抗震墙	受剪	0.9
其他抗震墙	受剪	1.0

1. 砌体抗震抗剪强度

各类砌体沿阶梯形截面破坏的抗震抗剪强度设计值，应按下式确定：

$$f_{vE} = \zeta_N f_v \qquad (8-21)$$

式中 f_{vE}——砌体沿阶梯形截面破坏的抗震抗剪强度设计值；

       f_v——非抗震设计的砌体抗剪强度设计值；

       ζ_N——砌体抗震抗剪强度的正应力影响系数，应按表 8-10 采用。

砌体强度的正应力影响系数   表 8-10

砌体类别	σ_0/f_v							
	0.0	1.0	3.0	5.0	7.0	10.0	12.0	≥16.0
普通砖、多孔砖	0.80	0.99	1.25	1.47	1.65	1.90	2.05	—
小砌块	—	1.23	1.69	2.15	2.57	3.02	3.32	3.92

注：1. σ_0 为对应于重力荷载代表值的砌体截面平均压应力；
     2. "小砌块"为"混凝土小型空心砌块"的简称。

2. 墙体截面抗震受剪承载力

普通砖、多孔砖墙体的截面抗震受剪承载力，应按下列规定验算：

（1）一般情况下，应按下式验算：

$$V \leqslant f_{vE}A/\gamma_{RE} \qquad (8-22)$$

式中 V——墙体剪力设计值；

      f_{vE}——砖砌体沿阶梯形截面破坏的抗震抗剪强度设计值；

       A——墙体横截面面积，多孔砖取毛截面面积；

    γ_{RE}——承载力抗震调整系数，根据《建筑抗震设计规范》GB 50011—
           2010 的规定，承重墙按表 8-9 采用，自承重墙按 0.75 采用。

（2）采用水平配筋的墙体，应按下式验算：

$$V \leqslant \frac{1}{\gamma_{RE}}(f_{vE}A + \zeta_s f_{yh}A_{sh}) \qquad (8-23)$$

式中 ζ_s——钢筋参与工作系数，可按表 8-11 采用；

     f_{yh}——墙体水平纵向钢筋的抗拉强度设计值；

     A_{sh}——层间墙体竖向截面的总水平纵向钢筋面积，其配筋率应不小于
           0.07% 且不大于 0.17%。

钢筋参与工作系数   表 8-11

墙体高厚比	0.4	0.6	0.8	1.0	1.2
ζ_s	0.10	0.12	0.14	0.15	0.12

（3）当按式（8-22）、式（8-23）验算不满足要求时，可计入基本均匀设置于墙段中部、截面不小于 240mm×240mm（墙厚 190mm 时为 240mm×

190mm）且间距不大于 4m 的构造柱对受剪承载力的提高作用，按下列简化方法验算：

$$V \leqslant \frac{1}{\gamma_{RE}}[\eta_c f_{vE}(A-A_c) + \zeta_c f_t A_c + 0.08 f_{yc} A_{sc} + \zeta_c f_{yh} A_{sh}] \quad (8\text{-}24)$$

式中　A_c——中部构造柱的横截面总面积（对横墙和内纵墙，$A_c>0.15A$ 时，取 $0.15A$；对外纵墙，$A_c>0.25A$ 时，取 $0.25A$）；

f_t——中部构造柱的混凝土轴心抗拉强度设计值；

A_{sc}——中部构造柱的纵向钢筋截面总面积（配筋率不小于 0.6%，大于 1.4% 时取 1.4%）；

f_{yh}、f_{yc}——分别为墙体水平钢筋、构造柱钢筋抗拉强度设计值；

ζ_c——中部构造柱参与工作系数；居中设一根时取 0.5，多于一根时取 0.4；

η_c——墙体约束修正系数；一般情况取 1.0，构造柱间距不大于 3.0m 时取 1.1；

A_{sh}——层间墙体竖向截面的总水平钢筋面积，无水平钢筋时取 0.0。

小砌块墙体的截面抗震受剪承载力，应按下式验算：

$$V \leqslant \frac{1}{\gamma_{RE}}[f_{vE}A + (0.3 f_t A_c + 0.05 f_y A_s)\zeta_c] \quad (8\text{-}25)$$

式中　f_t——芯柱混凝土轴心抗拉强度设计值；

A_c——芯柱截面总面积；

A_s——芯柱钢筋截面总面积；

f_y——芯柱钢筋抗拉强度设计值；

ζ_c——芯柱参与工作系数，可按表 8-12 采用。

当同时设置芯柱和构造柱时，构造柱截面可作为芯柱截面，构造柱钢筋可作为芯柱钢筋。

芯柱参与工作系数　　　　　表 8-12

填孔率 ρ	$\rho<0.15$	$0.15\leqslant\rho<0.25$	$0.25\leqslant\rho<0.5$	$\rho\geqslant0.5$
ζ_c	0.0	1.0	1.10	1.15

注：填孔率指芯柱根数（含构造柱和填实孔洞数量）与孔洞总数之比。

【例题 8-1】　某四层砌体结构办公楼，其平面、剖面尺寸如图 8-2，墙体轴线居中。外墙厚 36cm，内墙厚 24cm。除个别注明外，窗口尺寸 1.5m× 2.1m，内门尺寸为 1.0m×2.5m。楼盖及屋盖采用现浇钢筋混凝土板（板厚 100mm），横墙承重。采用强度等级为 MU10 烧结普通砖和 M5 混合砂浆砌筑。设防烈度 7 度，设计基本地震加速度值为 0.10g。各层重力荷载代表值：$G_1=5020$kN；$G_2=G_3=4860$kN；$G_4=4140$kN。试验算该楼墙体的抗震承载力。

【解】　（1）建筑总重力载荷代表值计算

$$G_E = \sum_{i=1}^{4} G_i = 18880\text{kN}$$

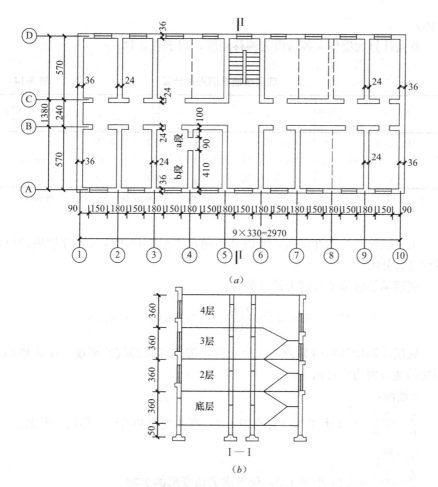

图 8-2　建筑平、剖面图（图中单位为"cm"）

（2）水平地震作用计算

$$F_{Ek} = \alpha_1 G_{eq} = \alpha_{max} \times 0.85 G_E = 0.08 \times 0.85 \times 18880 = 1283.84\text{kN}$$

各楼层的水平地震作用标准值及楼层地震剪力标准值见表 8-13。

楼层水平地震作用及地震剪力标准值计算 表 8-13

楼层	G_i (kN)	H_i (m)	G_iH_i (kN·m)	$\dfrac{G_iH_i}{\sum\limits_{j=1}^{4}G_jH_j}$	$F_i = \dfrac{G_iH_i}{\sum\limits_{j=1}^{4}G_jH_j}F_{Ek}$(kN)	$V_i = \sum\limits_{i=1}^{4}F_i$(kN)
4	4140	14.9	61686	0.353	453.20	453.20
3	4860	11.3	54918	0.315	404.41	857.61
2	4860	7.7	37422	0.214	274.74	1132.35
1	5020	4.1	20582	0.118	151.49	1283.84
$\sum$	18880		174608		1283.84	

（3）墙体抗震承载力验算

1）横向水平地震作用下，横墙的抗震承载力验算（取底层④、⑦轴墙体)。

首先计算底层横向各墙段的侧移刚度,列于表8-14。

底层横墙抗侧刚度计算

表8-14

墙　段	数量	$\rho=\dfrac{h}{b}$	$K=\dfrac{Et}{3\rho}$	$\sum K$	一层总刚度 $\sum K_1$
①、⑩轴	2	4.1/14.16=0.290<1.0	1.151Et	2.302Et	
②、③轴,⑤~⑨轴	11	4.1/6=0.683<1.0	0.488Et	5.368Et	8.091Et
④轴	1	4.1/6=0.683<1.0	0.421Et	0.421Et	

注:④轴为带小洞口的墙段,开洞率为0.15,墙段洞口影响系数为0.96;偏洞影响系数为0.9;
洞口影响系数为0.864。

由于该建筑为刚性楼盖,所以其横向水平地震作用应按各片横墙的抗侧刚度进行分配。

底层④轴墙体地震剪力设计值为:

$$V_{14}=1.3\times\frac{0.421Et}{8.091Et}\times1283.84=86.84\text{kN}$$

底层④轴墙体由门洞分为两个墙段,按各墙段的抗侧刚度分配④轴墙体所受的地震剪力设计值为:

a墙段:

$\dfrac{h}{b}=\dfrac{2.1}{1.0}=2.1$ 大于1.0且小于4.0,弯曲变形和剪切变形均应考虑。

b墙段:

$\dfrac{h}{b}=\dfrac{2.1}{4.1}=0.51$ 小于1.0,仅考虑剪切变形的影响。

$$K_a-\frac{Et}{(h/b)[3|(h/b)^2]}-\frac{Et}{2.1\times(3|2.1^2)}-0.064Et$$

$$K_b=\frac{Et}{3(h/b)}=\frac{Et}{3\times0.51}=0.654Et$$

$$\sum K=K_a+K_b=(0.064+0.654)Et=0.718Et$$

各墙段分配的地震剪力为:

a墙段:

$$V_a=\frac{K_a}{\sum K}V_{14}=\frac{0.064}{0.718}\times86.84=7.74\text{kN}$$

b墙段:

$$V_b=\frac{K_b}{\sum K}V_{14}=\frac{0.654}{0.718}\times86.84=79.10\text{kN}$$

⑦轴线分配的水平地震剪力设计值为:

$$V_{17}=1.3\times\frac{0.488Et}{8.091Et}\times1283.84=100.66\text{kN}$$

各墙段在层高半高处平均压应力如下（计算过程从略）

④轴 a 墙段：$\sigma_0=0.60\text{N/mm}^2$，b 墙段：$\sigma_0=0.46\text{N/mm}^2$；

⑦轴：$\sigma_0=0.44\text{N/mm}^2$；

$f_v=0.11\text{MPa}$。

④、⑦轴各墙段抗震承载力验算见表 8-15。

④、⑦轴各墙段抗震承载力验算　　　　　　　　表 8-15

墙　段	面积 (mm^2)	σ_0/f_v	ξ_N	$f_{vE}=\zeta_N f_v$ (N/mm^2)	$f_{vE}A/\gamma_{RE}$ (kN)	V (kN)	是否满足要求
④轴 a	240000	5.45	1.51	0.166	39.84	7.74	满足
④轴 b	984000	4.18	1.38	0.152	149.57	79.10	满足
⑦轴	1440000	4.00	1.36	0.150	216	100.66	满足

注：本表计算时，取 $\gamma_{RE}=1.0$。

2）纵向地震作用下，纵墙的抗震承载力验算（取底层 A 轴墙体）。

A 轴外纵墙可以分为三个部分（Ⅰ、Ⅱ、Ⅲ），其中墙体Ⅰ和Ⅲ相同，图 8-3 反映了Ⅰ和Ⅱ墙体开洞情况，A 轴外纵墙侧向刚度计算结果见表 8-16。

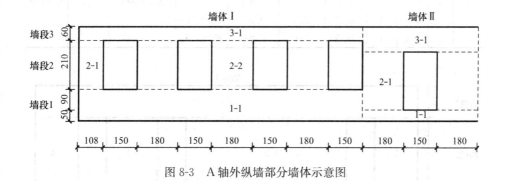

图 8-3　A 轴外纵墙部分墙体示意图

A 轴外纵墙侧移刚度计算结果　　　　　　　　表 8-16

墙体	墙段	墙肢	个数	墙宽 b (m)	墙高 h (m)	$\rho=\dfrac{h}{b}$	$K=\dfrac{Et}{3\rho}$	$K=\dfrac{Et}{\rho(3+\rho^2)}$	墙段位移	墙体总刚度
Ⅰ、Ⅲ	1	1-1	1	12.48	1.4	0.112	$Et/0.336$			
	2	2-1	1	1.08	2.1	1.944		$Et/13.179$	1.983 $/Et$	
		2-2	3	1.8	2.1	1.167		$Et/5.090$		
	3	3-1	1	12.48	0.6	0.048	$Et/0.144$			$1.238Et$
Ⅱ	1	1-1	1	5.1	0.5	0.098	$Et/0.294$			
	2	2-1	2	1.8	2.5	1.389		$Et/6.847$	4.366 $/Et$	
	3	3-1	1	5.1	1.1	0.216	$Et/0.648$			

图 8-4 反映了 B、C 轴内纵墙在①～⑤轴间墙体开洞情况，墙体侧向刚度计算结果见表 8-17。

图 8-5 反映了 B、C 轴内纵墙在⑥～⑩轴间墙体开洞情况，墙体侧向刚度计算结果见表 8-18。

185

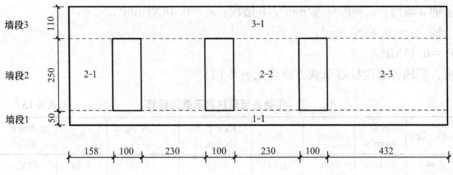

图 8-4 B、C 轴内纵墙在①～⑤轴间墙体示意图

B、C 轴内纵墙在①～⑤轴间墙体侧移刚度计算结果　　表 8-17

墙体	墙段	墙肢	个数	墙宽 b（m）	墙高 h（m）	$\rho=\dfrac{h}{b}$	$K=\dfrac{Et}{3\rho}$	$K=\dfrac{Et}{\rho(3+\rho^2)}$	墙段位移	墙体总刚度
I	1	1-1	1	13.5	0.5	0.037	$Et/0.111$			
	2	2-1	1	1.58	2.5	1.582		$Et/8.705$	1.238 /Et	0.807Et
		2-2	2	2.3	2.5	1.087		$Et/4.545$		
		2-3	1	4.32	2.5	0.579	$Et/1.737$			
	3	3-1	1	13.5	1.1	0.081	$Et/0.243$			

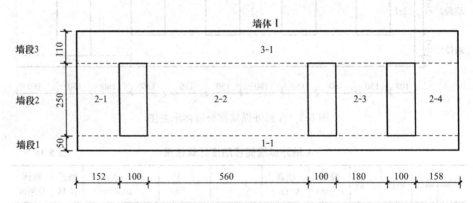

图 8-5 B、C 轴内纵墙在⑥～⑩轴间墙体示意图

B、C 轴内纵墙在⑥～⑩轴间墙体侧移刚度计算结果　　表 8-18

墙体	墙段	墙肢	个数	墙宽 b（m）	墙高 h（m）	$\rho=\dfrac{h}{b}$	$K=\dfrac{Et}{3\rho}$	$K=\dfrac{Et}{\rho(3+\rho^2)}$	墙段位移	墙体总刚度
I	1	1-1	1	13.5	0.5	0.037	$Et/0.111$			
	2	2-1	1	1.52	2.5	1.645		$Et/9.386$	1.251/ Et	0.799Et
		2-2	1	5.6	2.5	0.446	$Et/1.338$			
		2-3	1	1.8	2.5	1.389		$Et/6.847$		
		2-4	1	1.58	2.5	1.582		$Et/8.705$		
	3	3-1	1	13.5	1.1	0.081	$Et/0.243$			

图 8-6 反映了 D 轴外纵墙开洞情况，外纵墙侧向刚度计算结果见表 8-19。

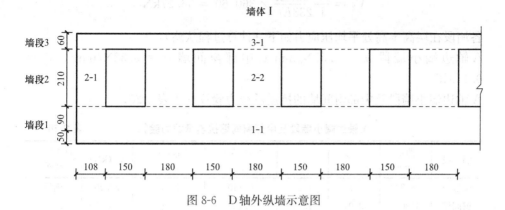

图 8-6　D 轴外纵墙示意图

D 轴外纵墙侧移刚度计算结果　表 8-19

墙体	墙段	墙肢	个数	墙宽 b (m)	墙高 h (m)	$\rho = \dfrac{h}{b}$	$K = \dfrac{Et}{3\rho}$	$K = \dfrac{Et}{\rho(3+\rho^2)}$	墙段位移	墙体总刚度
I	1	1-1	1	30.06	1.4	0.047	$Et/0.141$			
	2	2-1	2	1.08	2.1	1.944		$Et/13.179$	0.781 /Et	1.280Et
		2-2	8	1.8	2.1	1.167		$Et/5.090$		
	3	3-1	1	30.06	0.6	0.020	$Et/0.060$			

$$V_A = 1.3 \times \frac{1.238Et}{(1.238 + 2 \times 0.807 + 2 \times 0.799 + 1.280)Et} \times 1283.84$$
$$= 360.60\text{kN}$$

将 A 轴分配的水平地震剪力设计值分配给各小墙段。

边端小墙段：

$\dfrac{h}{b} = \dfrac{2.1}{1.08} = 1.94$ 大于 1.0 且小于 4.0，弯曲变形和剪切变形均应考虑。

中部窗间墙（门窗间墙）：

$\dfrac{h}{b} = \dfrac{2.1}{1.8} = 1.17$ 大于 1.0 且小于 4.0，弯曲变形和剪切变形均应考虑。

边端小墙段的侧移刚度 K_1 为：

$$K_1 = \frac{Et}{(h/b)[3+(h/b)^2]} = \frac{Et}{1.94 \times (3+1.94^2)} = 0.0762Et$$

中部窗间墙（门窗间墙）的侧移刚度 K_2 为：

$$K_2 = \frac{Et}{(h/b)[3+(h/b)^2]} = \frac{Et}{1.17 \times (3+1.17^2)} = 0.1956Et$$

边端小墙段分配的剪力设计值为：

$$V_1 = \frac{0.0762Et}{1.238Et} \times 360.60 = 22.20\text{kN}$$

中部窗间墙分配的剪力设计值为：

$$V_2 = \frac{0.1956Et}{1.238Et} \times 360.60 = 56.97\text{kN}$$

各墙段在层高半高处平均压应力如下（计算过程从略）：

A 轴边端小墙段 $\sigma_0 = 0.35\text{N/mm}^2$；中部窗间墙 $\sigma_0 = 0.32\text{N/mm}^2$；$f_v = 0.11\text{MPa}$。

A 轴边端小墙段及中部窗间墙的抗震承载力验算列于表 8-20。

A 轴边端小墙段及中部窗间墙抗震承载力验算　　　表 8-20

墙　段	面积 (mm^2)	σ_0/f_v	ξ_N	$f_{vE} = \zeta_N f_v$ (N/mm^2)	$f_{vE}A/\gamma_{RE}$ (kN)	V (kN)	是否满足要求
端墙段	388800	3.18	1.27	0.140	54.43	22.20	满足
窗间墙	648000	2.91	1.24	0.136	88.13	56.97	满足

　　注：本表计算时，取 $\gamma_{RE} = 1.0$。

其他各层各轴验算方法同上，从略。

8.4　多层砌体房屋抗震构造措施

砌体房屋抗震构造措施的主要目的在于加强结构的整体性，弥补抗震计算的不足。通过抗震构造措施提高房屋的变形能力，确保房屋在地震作用下不发生倒塌。砌体房屋的抗震强度验算仅针对墙体本身，对于墙片与墙片、楼屋盖之间及房屋局部等部位的连接，必须通过构造措施来确保小震作用下各构件间的连接强度以满足使用要求。

8.4.1　多层砖砌体房屋抗震构造措施

1. 构造柱

设置钢筋混凝土构造柱可以明显改善多层砖砌体房屋的抗震性能，能够提高砌体的抗剪承载力 $10\% \sim 30\%$，提高幅度与墙体高宽比、竖向压力和开洞情况有关；构造柱主要是对砌体起约束作用，因此可提高其变形能力；构造柱应当设置在震害较重、连接构造比较薄弱和易于应力集中的部分。

构造柱设置部位，一般情况下应符合表 8-21 的要求。

外廊式和单面走廊式的多层房屋，应根据房屋增加一层后的层数，按表 8-21 的要求设置构造柱，且单面走廊两侧的纵墙均应按外墙处理。

横墙较少的房屋，应根据房屋增加一层后的层数，按表 8-21 的要求设置构造柱。当横墙较少的房屋为外廊式或单面走廊式时，也应根据房屋增加一层后的层数，按表 8-21 的要求设置构造柱，且单面走廊两侧的纵墙均应按外墙处理；但 6 度不超过四层、7 度不超过三层和 8 度不超过二层时，应按增加二层后的层数对待。各层横墙很少的房屋，应按增加二层后的层数设置构造柱。

多层砖砌体房屋构造柱设置要求   表 8-21

房屋层数				设置部位		
6度	7度	8度	9度			
四、五	三、四	二、三		楼、电梯间四角；楼梯斜梯段上下端对应的墙体处；外墙四角和对应转角；错层部位横墙与外纵墙交接处；大房间内外墙交接处；较大洞口两侧	隔12m或单元横墙与外纵墙交接处；楼梯间对应的另一侧内横墙与外纵墙交接处	
六	五	四	二		隔开间横墙（轴线）与外墙交接处；山墙与内纵墙交接处	
七	≥六	≥五	≥三		内墙（轴线）与外墙交接处；内横墙的局部较小墙垛处；内纵墙与横墙（轴线）交接处	

注：较大洞口，内墙指不小于2.1m的洞口；外墙在内外墙交接处已设置构造柱时应允许适当放宽，但洞侧墙体应加强。

采用蒸压灰砂砖和蒸压粉煤灰砖的砌体房屋，当砌体的抗剪强度仅达到普通黏土砖砌体的70%时，应根据增加一层后的层数按上述要求设置构造柱；但6度不超过四层、7度不超过三层和8度不超过二层时，应按增加二层后的层数对待。

有错层的多层房屋，在错层部位应设置墙，其与其他墙交接处应设置构造柱；在错层部位的错层楼板位置应设置现浇钢筋混凝土圈梁；当房屋层数不低于四层时，底部1/4楼层处错层部位墙中部的构造柱间距不宜大于2m。

多层砖砌体房屋的构造柱应符合下列构造要求：

（1）构造柱最小截面可采用180mm×240mm（墙厚190mm时为180mm×190mm），纵向钢筋宜采用4Φ12，箍筋间距不宜大于250mm，且在柱上下端应适当加密；6、7度时超过六层、8度时超过五层和9度时，构造柱纵向钢筋宜采用4Φ14，箍筋间距不应大于200mm；房屋四角的构造柱应适当加大截面及配筋。

（2）构造柱的施工顺序应为先砌墙、后浇柱。构造柱与墙连接处应砌成马牙槎，沿墙高每隔500mm设2Φ6水平钢筋和Φ4分布短筋平面内点焊组成的拉结网片或Φ4点焊钢筋网片，每边伸入墙内不宜小于1m。6、7度时底部1/3楼层，8度时底部1/2楼层，9度时全部楼层，上述拉结钢筋网片应沿墙体水平通长设置。

（3）构造柱应与圈梁连接，以增加构造柱的中间支点。构造柱与圈梁连接处，构造柱的纵筋应在圈梁纵筋内侧穿过，保证构造柱纵筋上下贯通。

（4）构造柱可不单独设置基础，但应伸入室外地面下500mm，或与埋深小于500mm的基础圈梁相连。

（5）房屋高度和层数接近表8-1的限值时，纵、横墙内构造柱间距尚应符合下列要求：

① 横墙内的构造柱间距不宜大于层高的二倍；下部1/3楼层的构造柱间

8.4　多层砌体房屋抗震构造措施

距适当减小；

② 当外纵墙开间大于 3.9m 时，应另设加强措施。内纵墙的构造柱间距不宜大于 4.2m。

2. 圈梁

圈梁对砌体结构房屋抗震有重要的作用，它可以加强纵横墙的连接，增强楼盖的整体性；还可以有效地约束墙体裂缝的开展，并提高墙体的稳定性；同时也可以减轻地震或其他原因所引起的地基不均匀沉降对房屋的破坏。

多层砖砌体房屋的现浇钢筋混凝土圈梁设置应符合下列要求：

(1) 装配式钢筋混凝土楼、屋盖或木屋盖的砖房，应按表 8-22 的要求设置圈梁；纵墙承重时，抗震横墙上的圈梁间距应比表内要求适当加密。

多层砖砌体房屋现浇钢筋混凝土圈梁设置要求　　　　　表 8-22

墙　类	烈　　度		
	6、7	8	9
外墙和内纵墙	屋盖处及每层楼盖处	屋盖处及每层楼盖处	屋盖处及每层楼盖处
内横墙	屋盖处及每层楼盖处；屋盖处间距不应大于 4.5m；楼盖处间距不应大于 7.2m；构造柱对应部位	屋盖处及每层楼盖处；各层所有横墙，且间距不应大于 4.5m；构造柱对应部位	屋盖处及每层楼盖处；各层所有横墙

(2) 现浇或装配整体式钢筋混凝土楼、屋盖与墙体有可靠连接的房屋，应允许不另设圈梁，但楼板沿抗震墙体周边均应加强配筋并应与相应的构造柱钢筋可靠连接。

多层砖砌体房屋现浇混凝土圈梁的构造应符合下列要求：

(1) 圈梁应闭合，遇有洞口圈梁应上下搭接。圈梁宜与预制板设在同一标高处或紧靠板底；

(2) 圈梁在表 8-22 要求的间距内无横墙时，应利用梁或板缝中配筋替代圈梁；

(3) 圈梁的截面高度不应小于 120mm，配筋应符合表 8-23 的要求；为加强基础整体性和刚性而增设的基础圈梁，截面高度不应小于 180mm，配筋不应少于 4Φ12。

多层砖砌体房屋圈梁配筋要求　　　　　表 8-23

配　筋	烈　　度		
	6、7	8	9
最小纵筋	4Φ10	4Φ12	4Φ14
箍筋最大间距（mm）	250	200	150

3. 约束砖墙

砖墙在构造柱和圈梁的包围后能有很好的延性，但应满足一定的构造条件，构造柱和圈梁才能发挥一定的约束作用，约束普通砖墙的构造，应符合下列要求：

（1）墙段两端设有符合现行国家标准《建筑抗震设计规范》GB 50011—2010 要求的构造柱，且墙肢两端及中部构造柱的间距不大于层高或 3.0m，较大洞口两侧应设置构造柱；构造柱最小截面尺寸不宜小于 240mm×240mm（墙厚 190mm 时为 240mm×190mm），边柱和角柱的截面宜适当加大；构造柱的纵筋和箍筋设置宜符合表 8-24 的要求。

构造柱的纵筋和箍筋设置要求   表 8-24

位 置	纵向钢筋			箍 筋		
	最大配筋率（%）	最小配筋率（%）	最小直径（mm）	加密区范围（mm）	加密区间距（mm）	最小直径（mm）
角柱	1.8	0.8	14	全高	100	6
边柱			14	上端 700		
中柱	1.4	0.6	12	下端 500		

（2）墙体在楼、屋盖标高处均设置满足现行国家标准《建筑抗震设计规范》GB 50011—2010 要求的圈梁，上部各楼层处圈梁截面高度不宜小于 150mm；圈梁纵向钢筋应采用强度等级不低于 HRB335 的钢筋，6、7 度时不小于 4Φ10，8 度时不小于 4Φ12，9 度时不小于 4Φ14，箍筋不小于 Φ6。

4. 楼、屋盖的支撑与连接

房屋的楼、屋盖与承重墙构件的连接，应符合下列要求：

（1）钢筋混凝土预制楼板在梁、承重墙上必须具有足够的搁置长度。当圈梁未设在板的同一标高时，板端的搁置长度，在外墙上不应小于 120mm，在内墙上，不应小于 100mm，在梁上不应小于 80mm，当采用硬架支模连接时，搁置长度允许不满足上述要求。

（2）当圈梁设在板的同一标高时，钢筋混凝土预制楼板端头应伸出钢筋，与墙体的圈梁相连接。当圈梁设在板底时，房屋端部大房间的楼盖，6 度时房屋的屋盖和 7～9 度时房屋的楼、屋盖，钢筋混凝土预制板应相互拉结，并应与梁、墙或圈梁拉结。

（3）当板的跨度大于 4.8m 并与外墙平行时，靠外墙的预制板侧边应与墙或圈梁拉结。

（4）钢筋混凝土预制楼板侧边之间应留有不小于 20mm 的空隙，相邻跨预制楼板板缝宜贯通，当板缝宽度不小于 50mm 时应配置板缝钢筋。

（5）装配整体式钢筋混凝土楼、屋盖，应在预制板叠合层上双向配置通长的水平钢筋，预制板应与后浇的叠合层有可靠的连接。现浇板和现浇叠合层应跨越承重内墙或梁，伸入外墙内长度应不小于 120mm 和 1/2 墙厚。

（6）现浇或装配整体式钢筋混凝土楼、屋盖与墙体有可靠连接的房屋，应允许不另设圈梁，但楼板沿抗震墙体周边均应加强配筋并应与相应的构造柱钢筋可靠连接。

5. 对楼梯间的要求

楼梯间是地震发生时的疏散通道，刚度一般较大，受到的地震作用也比其他部位大。由于楼梯段嵌入墙内而使墙体削弱，所以楼梯间的震害一般较严重。因此，应对其抗震构造措施给予足够的重视。楼梯间尚应符合下列要求：

（1）顶层楼梯间墙体应沿墙高每隔 500mm 设 $2\phi6$ 通长钢筋和 $\phi4$ 分布短钢筋平面内点焊组成的拉结网片或 $\phi4$ 点焊网片；7～9 度时其他各层楼梯间墙体应在休息平台或楼层半高处设置 60mm 厚、纵向钢筋不应少于 $2\phi10$ 的钢筋混凝土带或配筋砖带，配筋砖带不少于 3 皮，每皮的配筋不少于 $2\phi6$，砂浆强度等级不应低于 M7.5 且不低于同层墙体的砂浆强度等级。

（2）楼梯间及门厅内墙阳角处的大梁支承长度不应小于 500mm，并应与圈梁连接。

（3）装配式楼梯段应与平台板的梁可靠连接，8、9 度时不应采用装配式楼梯段；不应采用墙中悬挑式踏步或踏步竖肋插入墙体的楼梯，不应采用无筋砖砌栏板。

（4）突出屋顶的楼、电梯间，构造柱应伸到顶部，并与顶部圈梁连接，所有墙体应沿墙高每隔 500mm 设 $2\phi6$ 通长钢筋和 $\phi4$ 分布短筋平面内点焊组成的拉结网片或 $\phi4$ 点焊网片。

8.4.2　多层砌块房屋抗震构造措施

多层小砌块房屋应按表 8-25 的要求设置钢筋混凝土芯柱。对外廊式和单面走廊式的多层房屋、横墙较少的房屋、各层横墙很少的房屋，尚应分别按前述设置构造柱时关于增加层数的对应要求，按表 8-25 的要求设置芯柱。

多层小砌块房屋芯柱设置要求　　　　　　表 8-25

房屋层数				设置部位	设置数量
6 度	7 度	8 度	9 度		
四、五	三、四	二、三		外墙转角，楼、电梯间四角、楼梯斜梯段上下端对应的墙体处； 大房间内外墙交接处； 错层部位横墙与外纵墙交接处； 隔 12m 或单元横墙与外纵墙交接处	外墙转角，灌实 3 个孔； 内外墙交接处，灌实 4 个孔； 楼梯斜梯段上下端对应的墙体处，灌实 2 个孔
六	五	四		同上； 隔开间横墙（轴线）与外纵墙交接处	
七	六	五	二	同上； 各内墙（轴线）与外纵墙交接处； 内纵墙与横墙（轴线）交接处和洞口两侧	外墙转角，灌实 5 个孔； 内外墙交接处，灌实 4 个孔； 内墙交接处，灌实 4～5 个孔； 洞口两侧各灌实 1 个孔

房屋层数				设置部位	设置数量
6度	7度	8度	9度		
	七	≥六	≥三	同上； 横墙内芯柱间距不大于2m	外墙转角，灌实7个孔； 内外墙交接处，灌实5个孔； 内墙交接处，灌实4～5个孔； 洞口两侧各灌实1个孔

注：外墙转角、内外墙交接处、楼电梯间四角等部位，应允许采用钢筋混凝土构造柱替代部分芯柱。

多层小砌块房屋的芯柱，应符合下列构造要求：

（1）小砌块房屋芯柱截面不宜小于120mm×120mm。

（2）芯柱混凝土强度等级，不应低于Cb20。

（3）芯柱的竖向插筋应贯通墙身且与圈梁连接；插筋不应小于1Φ12，6、7度时超过五层、8度时超过四层和9度时，插筋不应小于1Φ14。

（4）芯柱应伸入室外地面下500mm或与埋深小于500mm的基础圈梁相连。

（5）为提高墙体抗震受剪承载力而设置的芯柱，宜在墙体内均匀布置，最大净距不宜大于2.0m。

（6）多层小砌块房屋墙体交接处或芯柱与墙体连接处应设置拉结钢筋网片，网片可采用直径4mm的钢筋点焊而成，沿墙高间距不大于600mm，并应沿墙体水平通长设置。6、7度时底部1/3楼层，8度时底部1/2楼层，9度时全部楼层，上述拉结钢筋网片沿墙高间距不大于400mm。

小砌块房屋中替代芯柱的钢筋混凝土构造柱，应符合下列构造要求：

（1）构造柱截面不宜小于190mm×190mm，纵向钢筋宜采用4Φ12，箍筋间距不宜大于250mm，且在柱上下端应适当加密；6、7度时超过五层、8度时超过四层和9度时，构造柱纵向钢筋宜采用4Φ14，箍筋间距不应大于200mm；外墙转角的构造柱可适当加大截面及配筋。

（2）构造柱与砌块墙连接处应砌成马牙槎，与构造柱相邻的砌块孔洞，6度时宜填实，7度时应填实，8、9度时应填实并插筋。构造柱与砌块墙之间沿墙高每隔600mm设置Φ4点焊拉结钢筋网片，并应沿墙体水平通长设置。6、7度时底部1/3楼层，8度时底部1/2楼层，9度全部楼层，上述拉结钢筋网片沿墙高间距不大于400mm。

（3）构造柱与圈梁连接处，构造柱的纵筋应在圈梁纵筋内侧穿过，保证构造柱纵筋上下贯通。

（4）构造柱可不单独设置基础，但应伸入室外地面下500mm，或与埋深小于500mm的基础圈梁相连。

多层小砌块房屋的现浇钢筋混凝土圈梁的设置位置应按上述对多层砖砌

8.4 多层砌体房屋抗震构造措施

体房屋圈梁的要求执行，圈梁宽度不应小于 190mm，配筋不应少于 4Φ12，箍筋间距不应大于 200mm。多层小砌块房屋的层数，6 度时超过五层、7 度时超过四层、8 度时超过三层和 9 度时，在底层和顶层的窗台标高处，沿纵横墙应设置通长的水平现浇钢筋混凝土带；其截面高度不小于 60mm，纵筋不少于 2Φ10，并应有分布拉结钢筋；其混凝土强度等级不应低于 C20。水平现浇混凝土带亦可采用槽形砌块替代模板，其纵筋和拉结钢筋不变。

8.5　底部框架-抗震墙砌体房屋

底部框架-抗震墙砌体房屋是指底部为钢筋混凝土全框架加抗震墙，上部为砌体的多层房屋，简称为底层框架砌体房屋。主要用于底层需要大空间、而上方各层允许布置较多纵、横墙的房屋。这种房屋底部的大空间可以满足商场、餐厅、礼堂、停车库等公共建筑使用功能的要求，而其上部满足住宅、办公等较小开间使用的要求。这种结构形式具有比全框架结构经济且施工简单工期短等特点，但是因其底部刚度小，上部刚度大，竖向刚度急剧变化，因此抗震性能较差。底部框架-抗震墙砌体房屋是我国现阶段经济条件下特有的一种结构。强烈地震的震害表明，这类房屋设计不合理时，其底部可能发生变形集中，出现较大的侧移而破坏，甚至坍塌。因此，底部框架-抗震墙砌体房屋的应用范围是有限制的，不允许用于乙类建筑和 8 度（0.3g）的丙类建筑。

8.5.1　结构布置

底部框架-抗震墙砌体房屋的结构布置应符合下列要求：

（1）上部的砌体墙体与底部的框架梁或抗震墙，除楼梯间附近的个别墙段外均应对齐。

（2）房屋的底部，应沿纵横两方向设置一定数量的抗震墙，并应均匀对称布置。6 度且总层数不超过四层的底层框架-抗震墙砌体房屋，应允许采用嵌砌于框架之间的约束普通砖砌体或小砌块砌体的砌体抗震墙，但应计入砌体墙对框架的附加轴力和附加剪力并进行底层的抗震验算，且同一方向不应同时采用钢筋混凝土抗震墙和约束砌体抗震墙；其余情况，8 度时应采用钢筋混凝土抗震墙，6、7 度时应采用钢筋混凝土抗震墙或配筋小砌块砌体抗震墙。

（3）底层框架-抗震墙砌体房屋的纵横两个方向，第二层计入构造柱影响的侧向刚度与底层侧向刚度的比值，6、7 度时不应大于 2.5，8 度时不应大于 2.0，且均不应小于 1.0。

（4）底部两层框架-抗震墙砌体房屋纵横两个方向，底层与底部第二层侧向刚度应接近，第三层计入构造柱影响的侧向刚度与底部第二层侧向刚度的比值，6、7 度时不应大于 2.0，8 度时不应大于 1.5，且均不应小于 1.0。

（5）底部框架-抗震墙砌体房屋的抗震墙应设置条形基础、筏形基础等整体性好的基础。

8.5.2 抗震设计一般规定

底部框架-抗震墙砌体房屋的层数和总高度不应超过表 8-1 的限值，抗震横墙的最大间距不应超过表 8-3 的限值。底部框架-抗震墙砌体房屋的底部，层高不应超过 4.5m；当底层采用约束砌体抗震墙时，底层的层高不应超过 4.2m。

8.5.3 抗震设计要点

底部框架-抗震墙砌体房屋的抗震计算可采用底部剪力法，底部剪力、质点地震作用及层间剪力的计算方法与一般多层砌体结构房屋相同，但考虑到变形集中对结构的不利影响，需对底部的地震作用作适当的调整。为提高底部的抗震安全性，对底层框架-抗震墙砌体房屋，底层的纵、横向地震力设计值均应乘以增大系数 η，其值可根据第二层与底层侧移刚度比值 γ 的大小在 1.2～1.5 范围内选用，可取

$$\eta = \sqrt{\gamma} \tag{8-26}$$

当 $\eta < 1.2$ 时，取 $\eta = 1.2$；当 $\eta > 1.5$ 时，取 $\eta = 1.5$。

调整后的底层水平地震剪力设计值为：

$$V_1 = \gamma_{Eh} \eta \alpha_{max} G_{eq} \tag{8-27}$$

对底部两层框架-抗震墙砌体房屋，底层和第二层的纵向和横向地震剪力设计值亦均应乘以增大系数；其值可根据第三层与第二层侧向刚度比值 γ 的大小在 1.2～1.5 范围内选用。

按两道防线思想设计时，在结构弹性阶段，底层或底部两层的纵向和横向地震剪力设计值应全部由该方向的抗震墙承担，并按各墙体的侧向刚度比例分配。所以一片混凝土抗震墙承担的地震剪力为：

$$V_{cw} = \frac{K_{cw}}{\sum K_{cw} + \sum K_{mw}} V_1 \tag{8-28}$$

结构进入弹塑性工作阶段以后，考虑到抗震墙的损伤，由抗震墙和框架柱共同承担地震剪力。此时框架柱承担的地震剪力设计值，可按各抗侧力构件有效侧向刚度比例分配确定；有效侧向刚度的取值，框架不折减；混凝土墙或配筋混凝土小砌块砌体墙可乘以折减系数 0.30；约束普通砖砌体或小砌块砌体抗震墙可乘以折减系数 0.20。据此可确定框架柱所承担的地震剪力为：

$$V_f = \frac{K_f}{0.3 \sum K_{cw} + 0.2 \sum K_{mw} + \sum K_f} V_1 \tag{8-29}$$

式中 K_{cw}、K_{mw}、K_f——分别为一片混凝土抗震墙、一片砖抗震墙、一根钢筋混凝土框架柱的侧移刚度。

此外，框架柱的设计尚需考虑上部砌体结构的地震倾覆力矩引起的附加轴力。作用于整个房屋底层的地震倾覆力矩为：

$$M_1 = \gamma_{Eh} \sum_{i=2}^{n} F_i (H_i - H_1) \tag{8-30}$$

式中　M_1——整个房屋底层的地震倾覆力矩;

　　　F_i——i 质点的水平地震作用标准值;

　　　H_i——i 质点的计算高度。

底部各轴线的框架或抗震墙所分担的地震倾覆力矩应按框架或抗震墙的转动刚度比例分配,由于计算比较复杂,可近似地将地震倾覆力矩按底部抗震墙和框架的有效侧向刚度的比例分配。

一榀框架柱承担的倾覆力矩为:

$$M_f = \frac{K_f}{0.3\sum K_{cw} + 0.2\sum K_{mw} + \sum K_f} M_1 \qquad (8\text{-}31)$$

一片抗震墙承担的倾覆力矩为:

$$M_{cw} = \frac{0.3K_{cw}}{0.3\sum K_{cw} + 0.2\sum K_{mw} + \sum K_f} M_1 \qquad (8\text{-}32)$$

$$M_{mw} = \frac{0.2K_{mw}}{0.3\sum K_{cw} + 0.2\sum K_{mw} + \sum K_f} M_1 \qquad (8\text{-}33)$$

考虑各柱均参加抗倾覆,倾覆力矩 M_f 在框架柱中产生的附加轴力为:

$$N_{fi} = \pm \frac{A_i x_i}{\sum A_i x_i^2} M_f \qquad (8\text{-}34)$$

式中　A_i——第 i 根框架柱的截面面积;

　　　x_i——第 i 根框架柱轴线到框架形心的水平距离。

当抗震墙之间楼盖长宽比大于 2.5 时,框架柱各轴线承担的地震剪力和轴向力,尚应计入楼盖平面内变形的影响。

底部框架-抗震墙砌体房屋的钢筋混凝土托墙梁计算地震组合内力时,应采用合适的计算简图。若考虑上部墙体与托墙梁的组合作用,应计入地震时墙体开裂对组合作用的不利影响,可调整有关的弯矩系数、轴力系数等计算参数。

底部框架-抗震墙砌体房屋的底部框架及抗震墙按上述方法求得地震作用效应后,可分别对钢筋混凝土构件及砌体墙进行抗震强度验算。此时,底部混凝土框架的抗震等级,6、7、8 度应分别按三、二、一级采用,混凝土墙体的抗震等级,6、7、8 度应分别按三、三、二级采用。底部框架砌体房屋框架层以上结构的计算与多层砌体结构房屋相同。

抗震设防烈度为 6 度时,总层数超过三层的底部框架-抗震墙砌体房屋,及外廊式和单面走廊式底部框架-抗震墙砌体房屋,应进行多遇地震作用下的截面抗震验算。

当底层框架-抗震墙房屋中嵌砌于框架之间的普通砖或小砌块的砌体墙满足约束墙体的构造要求时,抗震验算应符合下列规定:

(1) 底层框架柱的轴向力和剪力,应计入砖墙或小砌块墙引起的附加轴力和附加剪力,其值可按下列公式确定:

$$N_f = V_w H_f / l \qquad (8\text{-}35)$$

$$V_{\text{f}} = V_{\text{w}} \tag{8-36}$$

式中　V_{w}——墙体承担的剪力设计值，柱两侧有墙时可取两者中的较大值；

　　　N_{f}——框架柱的附加轴力设计值；

　　　V_{f}——框架柱的附加剪力设计值；

　　H_{f}、l——分别为框架的层高和跨度。

（2）嵌砌于框架之间的普通砖墙或小砌块墙及两端框架柱，其抗震受剪承载力应按下式验算：

$$V \leqslant \frac{1}{\gamma_{\text{REc}}} \sum (M_{\text{yc}}^{\text{u}} + M_{\text{yc}}^{\ell})/H_0 + \frac{1}{\gamma_{\text{REw}}} \sum f_{\text{vE}} A_{\text{w0}} \tag{8-37}$$

式中　V——嵌砌普通砖墙或小砌块墙及两端框架柱剪力设计值；

　　A_{w0}——砖墙或小砌块墙水平截面的计算面积，无洞口时取实际截面的 1.25 倍，有洞口时取截面的净面积，但不计入宽度小于洞口高度 1/4 的墙肢截面面积；

M_{yc}^{u}、M_{yc}^{ℓ}——分别为底层框架柱上、下端的正截面受弯承载力设计值，可按现行国家标准《混凝土结构设计规范》GB 50010 非抗震设计的有关公式取等号计算；

　　H_0——底层框架柱的计算高度，两侧均有砌体墙时取柱净高的 2/3，其余情况取柱净高；

　　γ_{REc}——底层框架柱承载力抗震调整系数，可采用 0.8；

　　γ_{REw}——嵌砌普通砖墙或小砌块墙承载力抗震调整系数，可采用 0.9。

【例题 8-2】某四层底部框架-抗震墙砌体房屋，底层为商店，上部三层为住宅，平面和剖面如图 8-7 所示，墙体轴线距墙外侧 120mm。底层钢筋混凝土柱截面为 400mm×400mm，梁截面为 240mm×500mm，采用 C20 混凝土及 HPB300 钢筋，现浇钢筋混凝土楼、屋盖。底层砖抗震墙厚度为 370mm，上部墙体厚度为 240mm，均采用 MU10 烧结多孔砖，M10 混合砂浆砌筑。抗震设防烈度为 8 度（0.2g），设计地震分组为第二组，场地类别为 II 类。各质点重力荷载如图 8-7 所示。试求底层横向设计地震剪力和框架柱所承担的地震剪力。

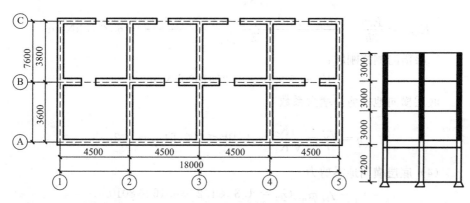

图 8-7　底层框架-抗震墙砌体房屋的平面及剖面图（一）

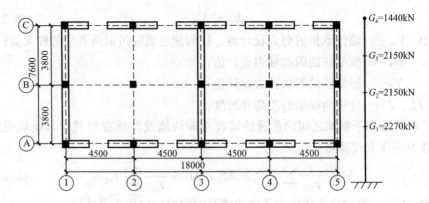

图 8-7　底层框架-抗震墙砌体房屋的平面及剖面图（二）

【解】　（1）房屋高度和层数

$$H = 13.2\text{m} < 16\text{m}$$

$N = 4$ 层 < 5 层，满足要求。

（2）底层抗震横墙最大间距

$l_{max} = 9\text{m} < 11\text{m}$，满足要求。

（3）计算二层与底层的侧移刚度比

底层一根框架柱的侧移刚度：

$$K_f = \frac{12EI}{H^3} = \frac{12 \times 2.55 \times 10^7 \times 0.4^4/12}{4.2^3} = 8811\text{kN/m}$$

底层一片砖抗震墙的侧移刚度（不考虑带洞墙体）：

$$h/b = \frac{4.2}{7.84} = 0.54 < 1$$

$$K_{mw1} = \frac{Etb}{3h} = \frac{1600 \times 10^3 \times 1.89 \times 0.37 \times 7.84}{3 \times 4.2} = 696192\text{kN/m}$$

底层横向侧移刚度：

$$K_1 = 15 \times K_c + 3 \times K_{w1} = 2220741\text{kN/m}$$

二层一片砖抗震墙的侧移刚度：

$$h/b = \frac{3.0}{7.84} = 0.38 < 1$$

$$K_{mw2} = \frac{Etb}{3h} = \frac{1600 \times 10^3 \times 1.89 \times 0.24 \times 7.84}{3 \times 3} = 632218\text{kN/m}$$

二层横向侧移刚度：

$$K_2 = 5 \times K_{w2} = 3161090\text{kN/m}$$

底层横向地震剪力增大系数：

$$\eta = \sqrt{\gamma} = \sqrt{\frac{K_2}{K_1}} = 1.19 < 1.2，取 \eta = 1.2$$

（4）底层横向地震剪力

$$V_1 = \gamma_{Eh} \eta_{max} G_{eq} = 1.3 \times 1.2 \times 0.16 \times 8010$$
$$= 1999.30\text{kN}$$

（5）框架柱所承担的地震剪力

$$V_f = \frac{K_f}{0.2\sum K_{mw} + \sum K_c}V_1 = \frac{8811 \times 1999.30}{0.2 \times 2088576 + 132165} = 32.04\text{kN}$$

8.5.4 抗震构造措施

底部框架-抗震墙砌体房屋的上部结构的构造措施与一般多层砌体房屋相同。

1. 构造柱的设置

底部框架-抗震墙砌体房屋的上部应根据房屋的总层数分别按前述多层砖砌体和小砌块砌体设置构造柱和芯柱的相关规定设置钢筋混凝土构造柱或芯柱。砖砌体墙中构造柱截面不宜小于 240mm×240mm（墙厚 190mm 时为 240mm×190mm）；构造柱的纵向钢筋不宜少于 4Φ14，箍筋间距不宜大于 200mm；芯柱每孔插筋不应小于 1Φ14，芯柱之间沿墙高应每隔 400mm 设Φ4 焊接钢筋网片。构造柱、芯柱应与每层圈梁连接，或与现浇楼板可靠拉接。

2. 过渡层墙体的构造要求

过渡层上部砌体墙的中心线宜与底部的框架梁、抗震墙的中心线相重合；构造柱或芯柱宜与框架柱上下贯通。过渡层应在底部框架柱、混凝土墙或约束砌体墙的构造柱所对应处设置构造柱或芯柱；墙体内的构造柱间距不宜大于层高；芯柱除按表 8-25 设置外，最大间距不宜大于 1m。

过渡层构造柱的纵向钢筋，6、7 度时不宜少于 4Φ16，8 度时不宜少于 4Φ18。过渡层芯柱的纵向钢筋，6、7 度时不宜少于每孔 1Φ16，8 度时不宜少于每孔 1Φ18。一般情况下，纵向钢筋应锚入下部的框架柱或混凝土墙内；当纵向钢筋锚固在托墙梁内时，托墙梁的相应位置应加强。

过渡层的砌体墙在窗台标高处，应设置沿纵横墙通长的水平现浇钢筋混凝土带；其截面高度不小于 60mm，宽度不小于墙厚，纵向钢筋不少于 2Φ10，横向分布筋的直径不小于 6mm 且其间距不大于 200mm。此外，砖砌体墙在相邻构造柱间的墙体，应沿墙高每隔 360mm 设置 2Φ6 通长水平钢筋和Φ4 分布短筋平面内点焊组成的拉结网片或Φ4 点焊钢筋网片，并锚入构造柱内；小砌块砌体墙芯柱之间沿墙高应每隔 400mm 设置Φ4 通长水平点焊钢筋网片。过渡层的砌体墙，凡宽度不小于 1.2m 的门洞和 2.1m 的窗洞，洞口两侧宜增设截面不小于 120mm×240mm（墙厚 190mm 时为 120mm×190mm）的构造柱或单孔芯柱。当过渡层的砌体抗震墙与底部框架梁、墙体不对齐时，应在底部框架内设置托墙转换梁，并且过渡层砖墙或砌块墙应采取比上述更高的加强措施。

3. 抗震墙的构造要求

底部框架-抗震墙砌体房屋的底部采用钢筋混凝土墙时，墙体周边应设置梁（或暗梁）和边框柱（或框架柱）组成的边框；边框梁的截面宽度不宜小于墙板厚度的 1.5 倍，截面高度不宜小于墙板厚度的 2.5 倍；边框柱的截面高度不宜小于墙板厚度的 2 倍。墙板的厚度不宜小于 160mm，且不应小于墙板净高的 1/20；墙体宜开设洞口形成若干墙段，各墙段的高宽比不宜小于 2。墙体的竖向和横向分布钢筋配筋率均不应小于 0.30%，并应采用双排布置；双排分布钢筋间拉筋的间距不应大于 600mm，直径不应小于 6mm。

当 6 度设防的底层框架-抗震墙砖房的底层采用约束砖砌体墙时，砖墙厚不应小于 240mm，砌筑砂浆强度等级不应低于 M10，应先砌墙后浇框架。沿框架柱每隔 300mm 配置 2Φ8 水平钢筋和 Φ4 分布短筋平面内点焊组成的拉结网片，并沿砖墙水平通长设置；在墙体半高处尚应设置与框架柱相连的钢筋混凝土水平系梁。墙长大于 4m 时和洞口两侧，应在墙内增设钢筋混凝土构造柱。

当 6 度设防的底层框架-抗震墙砌块房屋的底层采用约束小砌块砌体墙时，墙厚不应小于 190mm，砌筑砂浆强度等级不应低于 Mb10，应先砌墙后浇框架。沿框架柱每隔 400mm 配置 2Φ8 水平钢筋和 Φ4 分布短筋平面内点焊组成的拉结网片，并沿砌块墙水平通长设置；在墙体半高处尚应设置与框架柱相连的钢筋混凝土水平系梁，系梁截面不应小于 190mm×190mm，纵筋不应小于 4Φ12，箍筋直径不应小于 6mm，间距不应大于 200mm。

墙体在门、窗洞口两侧应设置芯柱，墙长大于 4m 时，应在墙内增设芯柱，芯柱应符合前述有关多层小砌块房屋芯柱的构造要求；其余位置，宜采用钢筋混凝土构造柱替代芯柱，钢筋混凝土构造柱应符合前述多层砖砌体构造柱相关的构造要求。

4. 框架柱的构造要求

底部框架-抗震墙砌体房屋框架柱的截面不应小于 400mm×400mm，圆柱直径不应小于 450mm。柱的轴压比，6 度时不宜大于 0.85，7 度时不宜大于 0.75，8 度时不宜大于 0.65。柱的纵向钢筋最小总配筋率，当钢筋的强度标准值低于 400MPa 时，中柱在 6、7 度时不应小于 0.9%，8 度时不应小于 1.1%；边柱、角柱和混凝土抗震墙端柱在 6、7 度时不应小于 1.0%，8 度时不应小于 1.2%。柱的箍筋直径，6、7 度时不应小于 8mm，8 度时不应小于 10mm，并应全高加密箍筋，间距不大于 100mm。柱的最上端和最下端组合的弯矩设计值应乘以增大系数，一、二、三级的增大系数应分别按 1.5、1.25 和 1.15 采用。

5. 楼盖的构造要求

底部框架-抗震墙砌体房屋过渡层的底板应采用现浇钢筋混凝土板，板厚不应小于 120mm；并应少开洞、开小洞，当洞口尺寸大于 800mm 时，洞口周边应设置边梁。其他楼层，采用装配式钢筋混凝土楼板时均应设现浇圈梁；采用现浇钢筋混凝土楼板时应允许不另设圈梁，但楼板沿抗震墙体周边均应加强配筋并应与相应的构造柱可靠连接。

6. 托墙梁的构造要求

底部框架-抗震墙砌体房屋的钢筋混凝土托墙梁的截面宽度不应小于 300mm，梁的截面高度不应小于跨度的 1/10。箍筋的直径不应小于 8mm，间距不应大于 200mm；梁端在 1.5 倍梁高且不小于 1/5 梁净跨范围内，以及上部墙体的洞口处和洞口两侧各 500mm 且不小于梁高的范围内，箍筋间距不应大于 100mm。沿梁高应设腰筋，数量不应少于 2Φ14，间距不应大于 200mm。梁的纵向受力钢筋和腰筋应按受拉钢筋的要求锚固在柱内，且支座上部的纵向钢筋在柱内的锚固长度应符合钢筋混凝土框支梁的有关要求。

7. 材料要求

底部框架-抗震墙砌体房屋中框架柱、混凝土墙和托墙梁的混凝土强度等级，不应低于 C30。过渡层砌体块材的强度等级不应低于 MU10，砖砌体砌筑砂浆强度的等级不应低于 M10，砌块砌体砌筑砂浆强度的等级不应低于 Mb10。

8.6 配筋砌块砌体抗震墙设计

采用高强度混凝土小型空心砌块及专用砂浆砌筑墙体，在砌块的孔洞和凹槽内配置一定数量的竖向和水平方向钢筋，并灌入强度高、坍落度大、收缩性小的灌孔混凝土，从而成为一种受力特征和变形性能类似于一般钢筋混凝土墙的新型墙体，称为配筋砌块砌体抗震墙。这种新型结构形式有着强度高、延性好、抗震性能佳、施工方便、造价较低的特点，适用于多高层建筑。

8.6.1 抗震设计的一般规定

1. 房屋高度限制

配筋砌块砌体抗震墙结构房屋最大高度应符合表 8-26 的规定。房屋高度超过表内高度时，应进行专门研究和论证，采取有效的加强措施。房屋高度指室外地面到主要屋面板板顶的高度（不包括局部突出屋顶部分）。某层或几层开间大于 6.0m 以上的房间建筑面积占相应层建筑面积 40% 以上时，表中数据相应减少 6m。

配筋混凝土小型空心砌块抗震墙房屋适用的最大高度（m）　　表 8-26

最小墙厚（mm）	6 度	7 度		8 度		9 度
	0.05g	0.10g	0.15g	0.20g	0.30g	0.40g
190	60	55	45	40	30	24

2. 房屋高宽比限制

配筋砌块砌体抗震墙房屋的总高度与总宽度的比值不宜超过表 8-27 的规定。房屋的平面布置和竖向布置不规则时应适当减小最大高宽比。

配筋混凝土小型空心砌块抗震墙房屋的最大高宽比　　表 8-27

烈　度	6 度	7 度	8 度	9 度
最大高宽比	4.5	4.0	3.0	2.0

3. 房屋的层高

配筋混凝土小型空心砌块抗震墙房屋的层高，应符合下列要求：

201

（1）底部加强部位（不小于房屋高度的1/6且不小于底部二层的高度范围，房屋总高度小于21m时取一层）的层高，一、二级不宜大于3.2m，三、四级不应大于3.9m；

（2）其他部位的层高，一、二级不应大于3.9m，三、四级不应大于4.8m。

4. 抗震等级

配筋混凝土小型空心砌块抗震墙房屋应根据抗震设防类别、烈度和房屋高度采用不同的抗震等级，并应符合相应的计算和构造措施要求。丙类建筑的抗震等级宜按表8-28确定。接近或等于高度分界时，可结合房屋不规则程度及场地、地基条件确定抗震等级。

配筋混凝土小型空心砌块抗震墙房屋的抗震等级　　　　表8-28

烈　　度	6 度		7 度		8 度		9 度
高度（m）	≤24	>24	≤24	>24	≤24	>24	≤24
抗震等级	四	三	三	二	二	一	一

5. 结构选型

与普通砌体房屋类似，配筋混凝土小型空心砌块抗震墙房屋的结构布置在平面上和立面上都应力求简单、规则、均匀，避免房屋有刚度突变、扭转和应力集中等不利于抗震的受力状况。在房屋设计时宜选平面规则、传力合理的建筑结构方案，并应符合下列要求：

（1）平面形状宜简单、规则，凹凸不宜过大；竖向布置宜规则、均匀，避免过大的外挑和内收。

（2）纵横向抗震墙宜拉通对直；每个独立墙段长度不宜大于8m，且不宜小于墙厚的5倍；墙段的总高度与墙段长度之比不宜小于2；门洞口宜上下对齐，成列布置。

（3）采用现浇钢筋混凝土楼、屋盖时，抗震横墙的最大间距，应符合表8-29的要求。

配筋混凝土小型空心砌块抗震横墙的最大间距　　　　表8-29

烈　　度	6 度	7 度	8 度	9 度
最大间距（m）	15	15	11	7

（4）房屋需要设置防震缝时，其最小宽度应符合下列要求：

当房屋高度不超过24m时，可采用100mm；当超过24m时，6度、7度、8度和9度相应每增加6m、5m、4m和3m，宜加宽20mm。

6. 抗震墙设置

短肢抗震墙是指墙肢截面高度与宽度之比为5~8的抗震墙，一般抗震墙是指墙肢截面高度与宽度之比大于8的抗震墙。"L"形，"T"形，"＋"形等多肢墙截面的长短肢性质应由较长一肢确定。配筋砌块砌体短肢抗震墙及一般抗震墙设置，应符合下列规定：

（1）抗震墙宜沿主轴方向双向布置，各向结构刚度、承载力宜均匀分布。高层建筑不宜采用全部为短肢墙的配筋砌块砌体抗震墙结构，应形成短肢抗震墙与一般抗震墙共同抵抗水平地震作用的抗震墙结构。9度时不宜采用短肢墙。

（2）纵横方向的抗震墙宜拉通对齐；较长的抗震墙可采用楼板或弱连梁分为若干个独立的墙段，每个独立墙段的总高度与长度之比不宜小于2，墙肢的截面高度也不宜大于8m。

（3）抗震墙的门窗洞口宜上下对齐，成列布置。

（4）一般抗震墙承受的第一振型底部地震倾覆力矩不应小于结构总倾覆力矩的50%，且两个主轴方向，短肢抗震墙截面面积与同一层所有抗震墙截面面积比例不宜大于20%。

（5）短肢抗震墙宜设翼缘。一字形短肢墙平面外不宜布置与之单侧相交的楼面梁。

（6）短肢墙的抗震等级应比表8-28的规定提高一级采用；已为一级时，配筋应按9度的要求提高。

（7）配筋砌块砌体抗震墙的墙肢截面高度不宜小于墙肢截面宽度的5倍。

8.6.2 抗震设计要点

配筋混凝土小型空心砌块抗震墙房屋6度时可不进行截面抗震验算，但应采取相应抗震构造措施。配筋混凝土小型空心砌块抗震墙房屋应进行多遇地震作用下的抗震变形验算，其楼层内最大的弹性层间位移角，底层不宜超过1/1200，其他楼层不宜超过1/800。

配筋砌块砌体抗震墙承载力计算时，底部加强部位的截面组合的剪力设计值V_w应按下列规定调整：

$$V_w = \eta_{vw} V \tag{8-38}$$

式中　V——考虑地震作用组合的抗震墙计算截面的剪力设计值；

　　　η_{vw}——剪力增大系数，一级取1.6，二级取1.4，三级取1.2，四级取1.0。

配筋砌块砌体抗震墙截面组合的剪力设计值应符合下列要求：

当剪跨比大于2时：

$$V_w \leqslant \frac{1}{\gamma_{RE}}(0.2 f_g b h_0) \tag{8-39}$$

当剪跨不大于2时：

$$V_w \leqslant \frac{1}{\gamma_{RE}}(0.15 f_g b h_0) \tag{8-40}$$

式中　f_g——灌孔砌体的抗压强度设计值；

　　　b——抗震墙截面宽度；

　　　h_0——抗震墙截面有效高度；

　　　γ_{RE}——承载力抗震调整系数，取0.85。

偏心受压配筋砌块砌体抗震墙的斜截面受剪承载力，应按下列公式计算：

$$V_{\text{w}} \leqslant \frac{1}{\gamma_{\text{RE}}} \left[\frac{1}{\lambda - 0.5} \left(0.48 f_{\text{vg}} bh_0 + 0.10N \frac{A_{\text{w}}}{A} \right) + 0.72 f_{\text{yh}} \frac{A_{\text{sh}}}{s} h_0 \right]$$

(8-41)

$$\lambda = \frac{M}{Vh_0}$$

(8-42)

式中　f_{vg}——灌孔砌块砌体的抗剪强度设计值；

　　　M——考虑地震作用组合的抗震墙计算截面的弯矩设计值；

　　　N——考虑地震作用组合的抗震墙计算截面的轴向力设计值，当 $N >$
　　　　　$0.2 f_{\text{g}} bh$ ，取 $N = 0.2 f_{\text{g}} bh$ ；

　　　A——抗震墙的截面面积，其中翼缘的有效面积，可按有关规定计算；

　　　A_{w}——T 形或 I 字形截面抗震墙腹板的截面面积，对于矩形截面取
　　　　　$A_{\text{w}} = A$ ；

　　　λ——计算截面的剪跨比，当 $\lambda \leqslant 1.5$ 时，取 $\lambda = 1.5$ ；当 $\lambda \geqslant 2.2$ 时，
　　　　　取 $\lambda = 2.2$ ；

　　　A_{sh}——配置在同一截面内的水平分布钢筋的全部截面面积；

　　　f_{yh}——水平钢筋的抗拉强度设计值；

　　　s——水平分布钢筋的竖向间距。

偏心受拉配筋砌块砌体抗震墙，其斜截面受剪承载力，应按下列公式
计算：

$$V_{\text{w}} \leqslant \frac{1}{\gamma_{\text{RE}}} \left[\frac{1}{\lambda - 0.5} \left(0.48 f_{\text{vg}} bh_0 - 0.17N \frac{A_{\text{w}}}{A} \right) + 0.72 f_{\text{yh}} \frac{A_{\text{sh}}}{s} h_0 \right]$$

(8-43)

当 $0.48 f_{\text{vg}} bh_0 - 0.17N \dfrac{A_{\text{w}}}{A} < 0$ 时，取 $0.48 f_{\text{vg}} bh_0 - 0.17N \dfrac{A_{\text{w}}}{A} = 0$ 。

配筋砌块砌体抗震墙跨高比大于 2.5 的连梁应采用钢筋混凝土连梁，其截面组合的剪力设计值和斜截面承载力，应符合现行国家标准《混凝土结构设计规范》GB 50010—2010 对连梁的有关规定；跨高比小于或等于 2.5 的连梁可采用配筋砌块砌体连梁，采用配筋砌块砌体连梁时，应采用相应的计算参数和指标；连梁的正截面承载力应除以相应的承载力抗震调整系数。

配筋砌块砌体抗震墙连梁的剪力设计值，抗震等级一、二、三级时应按下式调整，四级时可不调整：

$$V_{\text{b}} = \eta_{\text{v}} \frac{M_{\text{b}}^l + M_{\text{b}}^r}{l_{\text{n}}} + V_{\text{Gb}}$$

(8-44)

式中　V_{b}——连梁的剪力设计值；

　　　η_{v}——剪力增大系数，一级时取 1.3；二级时取 1.2；三级时取 1.1；

M_{b}^l、M_{b}^r——分别为梁左、右端考虑地震作用组合的弯矩设计值；

　　　V_{Gb}——在重力荷载代表值作用下，按简支梁计算的截面剪力设计值；

　　　l_{n}——连梁净跨。

抗震墙采用配筋混凝土砌块砌体连梁时，应符合下列规定：

(1) 连梁的截面应满足下式的要求：

$$V_b \leqslant \frac{1}{\gamma_{RE}}(0.15 f_g b h_0) \qquad (8-45)$$

(2) 连梁的斜截面受剪承载力应按下式计算：

$$V_b = \frac{1}{\gamma_{RE}}\left(0.56 f_{vg} b h_0 + 0.7 f_{yv}\frac{A_{sv}}{s}h_0\right) \qquad (8-46)$$

式中 A_{sv}——配置在同一截面内的箍筋各肢的全部截面面积；

f_{yv}——箍筋的抗拉强度设计值。

8.6.3 构造措施

1. 墙体内钢筋的构造布置

配筋砌块砌体抗震墙的水平和竖向分布钢筋应符合下列规定，抗震墙底部加强区的高度不小于房屋高度的 1/6，且不小于房屋底部两层的高度。

(1) 抗震墙水平分布钢筋的配筋构造应符合表 8-30 的规定，水平分布钢筋宜双排布置，在顶层和底部加强部位，最大间距不应大于 400mm；双排水平分布钢筋应设不小于 Φ6 拉结筋，水平间距不应大于 400mm。

抗震墙水平分布钢筋的配筋构造　　　　　表 8-30

抗震等级	最小配筋率（%）		最大间距（mm）	最小直径（mm）
	一般部位	加强部位		
一级	0.13	0.15	400	8
二级	0.13	0.13	600	8
三级	0.11	0.13	600	8
四级	0.10	0.10	600	6

(2) 抗震墙竖向分布钢筋的配筋构造应符合表 8-31 的规定，竖向分布钢筋宜采用单排布置，直径不应大于 25mm，9 度时配筋率不应小于 0.2%。在顶层和底部加强部位，最大间距应适当减小。

抗震墙竖向分布钢筋的配筋构造　　　　　表 8-31

抗震等级	最小配筋率（%）		最大间距（mm）	最小直径（mm）
	一般部位	加强部位		
一级	0.15	0.15	400	12
二级	0.13	0.13	600	12
三级	0.11	0.13	600	12
四级	0.10	0.10	600	12

2. 边缘构件

配筋砌块砌体抗震墙应在底部加强部位和轴压比大于 0.4 的其他部位的墙肢设置边缘构件。边缘构件的配筋范围：无翼墙端部为 3 孔配筋；"L"形转角节点为 3 孔配筋；"T"形转角节点为 4 孔配筋；边缘构件范围内应设置水平箍筋；配筋砌块砌体抗震墙边缘构件的配筋应符合表 8-32 的要求。边缘构件水平箍筋宜采用横筋为双筋的搭接点焊网片形式；当抗震等级为二、三级时，边缘构件箍筋应采用 HRB400 级或 RRB400 级钢筋；表中括号中数字为边缘构件采用混凝土边框柱时的配筋。

配筋砌块砌体抗震墙边缘构件的配筋要求　　　　　表 8-32

抗震等级	每孔竖向钢筋最小量		水平箍筋最小直径（mm）	水平箍筋最大间距（mm）
	底部加强部位	一般部位		
一级	1Φ20（4Φ16）	1Φ18（4Φ16）	8	200
二级	1Φ18（4Φ16）	1Φ16（4Φ14）	6	200
三级	1Φ16（4Φ12）	1Φ14（4Φ12）	6	200
四级	1Φ14（4Φ12）	1Φ12（4Φ12）	6	200

宜避免设置转角窗，否则，转角窗开间相关墙体尽端边缘构件最小纵筋直径应比表 8-32 的规定值提高一级，且转角窗开间的楼、屋面应采用现浇钢筋混凝土楼、屋面板。

3. 轴压比

配筋砌块砌体抗震墙在重力荷载代表值作用下的轴压比，应符合下列规定：

（1）一般墙体的底部加强部位，一级（9 度）不宜大于 0.4，一级（8 度）不宜大于 0.5，二、三级不宜大于 0.6，一般部位，均不宜大于 0.6；

（2）短肢墙体全高范围，一级不宜大于 0.50，二、三级不宜大于 0.60；对于无翼缘的一字形短肢墙，其轴压比限值应相应降低 0.1；

（3）各向墙肢截面均为 3～5 倍墙厚的独立小墙肢，一级不宜大于 0.4，二、三级不宜大于 0.5；对于无翼缘的一字形独立小墙肢，其轴压比限值应相应降低 0.1。

4. 加强房屋整体性的构造要求

配筋混凝土小型空心砌块抗震墙房屋的楼、屋盖，高层建筑和 9 度时应采用现浇钢筋混凝土板，多层建筑宜采用现浇钢筋混凝土板；抗震等级为四级时，也可采用装配整体式钢筋混凝土楼盖。

配筋砌块砌体圈梁构造，应符合下列规定：

（1）各楼层标高处，每道配筋砌块砌体抗震墙均应设置现浇钢筋混凝土圈梁，圈梁的宽度应为墙厚，其截面高度不宜小于 200mm；

（2）圈梁混凝土抗压强度不应小于相应灌孔砌块砌体的强度，且不应小于 C20；

（3）圈梁纵向钢筋直径不应小于墙中水平分布钢筋的直径，且不应小于 4Φ12；基础圈梁纵筋不应小于 4Φ12；圈梁及基础圈梁箍筋直径不应小于 8mm，间距不应大于 200mm；当圈梁高度大于 300mm 时，应沿梁截面高度方向设置腰筋，其间距不应大于 200mm，直径不应小于 Φ10；

（4）圈梁底部嵌入墙顶砌块孔洞内，深度不宜小于 30mm；圈梁顶部应是毛面。

5. 连梁的构造要求

配筋砌块砌体抗震墙连梁的构造，当采用混凝土连梁时，应符合现行国家标准《混凝土结构设计规范》GB 50010—2010 中有关地震区连梁的构造要求；当采用配筋砌块砌体连梁时，尚应符合下列规定：

（1）连梁上下水平钢筋锚入墙体内的长度，一、二级抗震等级不应小于 $1.1l_a$，三、四级抗震等级不应小于 l_a，且不应小于 600mm；

（2）连梁的箍筋应沿梁长布置，并应符合表 8-33 的规定，h 为连梁截面高度；加密区长度不小于 600mm。

连梁箍筋的构造要求 表 8-33

抗震等级	箍筋加密区			箍筋非加密区	
	长度	箍筋最大间距	直径（mm）	间距（mm）	直径（mm）
一级	2h	100mm，6d，1/4h 中的小值	10	200	10
二级	1.5h	100mm，8d，1/4h 中的小值	8	200	8
三级	1.5h	150mm，8d，1/4h 中的小值	8	200	8
四级	1.5h	150mm，8d，1/4h 中的小值	8	200	8

（3）在顶层连梁伸入墙体的钢筋长度范围内，应设置间距不大于 200mm 的构造箍筋，箍筋直径应与连梁的箍筋直径相同；

（4）连梁不宜开洞。当需要开洞时，应在跨中梁高 1/3 处预埋外径不大于 200mm 的钢套管，洞口上下的有效高度不应小于 1/3 梁高，且不应小于 200mm，洞口处应配补强钢筋并在洞周边浇筑灌孔混凝土，被洞口削弱的截面应进行受剪承载力验算。

思考题

8-1 多层砌体结构的类型有哪几种？

8-2 抗震设防区砌体结构房屋的总高度限值与哪些因素有关？

8-3 限制房屋高宽比的目的是什么？

8-4 有抗震要求的长矩形多层砌体房屋，应优先采用哪些结构体系？

8-5 多层砌体结构房屋的计算简图如何选取？地震作用如何计算？层间地震剪力在墙体间如何分配？

8-6 多层砌体结构房屋墙体抗震承载力如何验算？

8-7 构造柱的施工顺序是什么？

8-8 多层砌体结构房屋的抗震构造措施包括哪些方面？

习题

8-1 某多层砖房，每层层高均为 2.9m，采用现浇钢筋混凝土楼、屋盖，纵、横墙共同承重，门洞宽度均为 900mm，抗震设防烈度为 8 度，平面布置如图 8-8 所示，当房屋总层数为 3 层时，构造柱如何布置？当房屋总层数为 6 层时，构造柱如何布置？

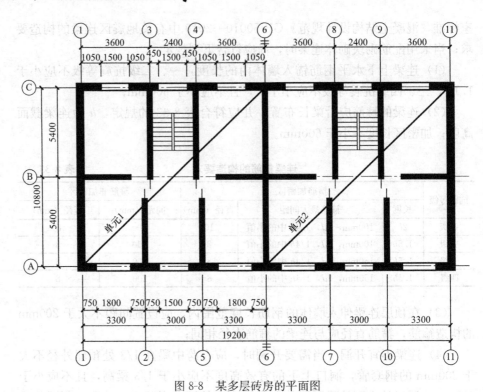

图 8-8 某多层砖房的平面图

8-2 试对图 8-9 所示四层混凝土小型空心砌块砌体办公楼墙体进行抗震设计。该办公楼采用装配式钢筋混凝土梁板结构，进深梁截面尺寸为 200mm×

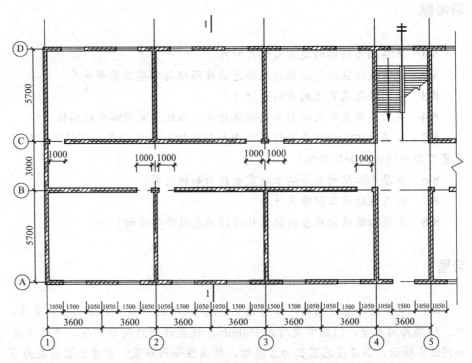

图 8-9 建筑平、剖面图（一）

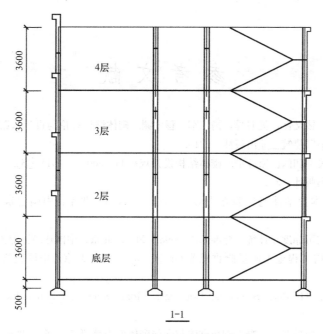

1-1

图 8-9 建筑平、剖面图 (二)

500mm，间距 3.6m，墙体采用 MU7.5 砌块、Mb5 混合砂浆砌筑，施工质量控制等级为 B 级；外墙采用保温复合墙，分内外两叶，内叶墙为 190mm 厚承重砌块，外叶采用 90mm 厚的围护砌块，两叶墙之间留有 100mm 厚空隙，其间填充 80mm 厚苯板，内墙厚 190mm。抗震设防烈度为 8 度 (0.2g)，设计地震分组为第二组，场地类别为Ⅱ类。

荷载资料（标准值）：屋面恒载 3.54kN/m²，楼面恒载 2.94kN/m²，进深梁自重为 2.5kN/m，屋面活荷载为 0.7kN/m²，雪荷载为 0.5kN/m²，楼面活荷载为 2.0kN/m²。墙体自重（包括抹灰、局部灌孔）：外墙 5.8kN/m²、内墙 3.38kN/m²，门窗自重 0.3kN/m²。为简化起见，进深梁自重可折算为均布荷载，即为 2.5/3.6＝0.7kN/m²。于是，屋面恒载为 3.54＋0.7＝4.24kN/m²，楼面恒载为 2.94＋0.7＝3.64kN/m²。

参 考 文 献

[1] 施楚贤，钱义良，吴明舜，杨伟军，程才渊. 砌体结构理论与设计（第三版）[M]. 北京：中国建筑工业出版社，2013.

[2] 中华人民共和国国家标准. 砌体结构设计规范 GB 50003—2011 [S]. 北京：中国建筑工业出版社，2011.

[3] 砌体基本力学性能试验方法 GB/T 50129—2011. 北京：中国建筑工业出版社，2011.

[4] 建筑结构可靠度设计统一标准 GB 50068—2001. 北京：中国建筑工业出版社，2001.

[5] 砌体结构工程施工质量验收规范 GB 50203—2011. 北京：中国建筑工业出版社，2011.

[6] A. W. Hendry. Structural Brickwork. John wiley and Sons，Inc. New York，1981.

[7] 杨伟军，施楚贤. 混凝土砌块砌体与配筋砌体剪力墙研究 [M]. 北京：中国科学技术出版社，2002.

[8] 中华人民共和国国家标准. 建筑抗震设计规范 GB 50011—2010 [S]. 北京：中国建筑工业出版社，2010.

[9] 中华人民共和国国家标准. 墙体材料应用统一技术规范 GB 50574—2010 [S]. 北京：中国建筑工业出版社，2010.

[10] 施楚贤主编. 砌体结构（第三版）[M]. 北京：中国建筑工业出版社，2012

[11] 东南大学，同济大学，郑州大学合编. 砌体结构 [M]. 北京：中国建筑工业出版社，2004.

高等学校土木工程学科专业指导委员会规划教材(专业基础课)
(按高等学校土木工程本科指导性专业规范编写)

征订号	书　名	定价	作　者	备　注
V21081	高等学校土木工程本科指导性专业规范	21.00	高等学校土木工程学科指导委员会	
V20707	土木工程概论(赠送课件)	23.00	周新刚	土建学科专业"十二五"规划教材
V22994	土木工程制图(含习题集、赠送课件)	68.00	何培斌	土建学科专业"十二五"规划教材
V20628	土木工程测量(赠送课件)	45.00	王国辉	土建学科专业"十二五"规划教材
V21517	土木工程材料(赠送课件)	36.00	白宪臣	土建学科专业"十二五"规划教材
V20689	土木工程试验(含光盘)	32.00	宋　彧	土建学科专业"十二五"规划教材
V19954	理论力学(含光盘)	45.00	韦　林	土建学科专业"十二五"规划教材
V20630	材料力学(赠送课件)	35.00	曲淑英	土建学科专业"十二五"规划教材
V21529	结构力学(赠送课件)	45.00	祁　皑	土建学科专业"十二五"规划教材
V20619	流体力学(赠送课件)	28.00	张维佳	土建学科专业"十二五"规划教材
V23002	土力学(赠送课件)	39.00	王成华	土建学科专业"十二五"规划教材
V22611	基础工程(赠送课件)	45.00	张四平	土建学科专业"十二五"规划教材
V22992	工程地质(赠送课件)	35.00	王桂林	土建学科专业"十二五"规划教材
V22183	工程荷载与可靠度设计原理(赠送课件)	28.00	白国良	土建学科专业"十二五"规划教材
V23001	混凝土结构基本原理(赠送课件)	45.00	朱彦鹏	土建学科专业"十二五"规划教材
V20828	钢结构基本原理(赠送课件)	40.00	何若全	土建学科专业"十二五"规划教材
V20827	土木工程施工技术(赠送课件)	35.00	李慧民	土建学科专业"十二五"规划教材
V20666	土木工程施工组织(赠送课件)	25.00	赵　平	土建学科专业"十二五"规划教材
V20813	建设工程项目管理(赠送课件)	36.00	臧秀平	土建学科专业"十二五"规划教材
V21249	建设工程法规(赠送课件)	36.00	李永福	土建学科专业"十二五"规划教材
V20814	建设工程经济(赠送课件)	30.00	刘亚臣	土建学科专业"十二五"规划教材